卷烟材料对烟气
有害成分的影响

彭桂新　主编

中国轻工业出版社

图书在版编目（CIP）数据

卷烟材料对烟气有害成分的影响/彭桂新主编. --北京：中国轻工业出版社，2019.11

ISBN 978-7-5184-2557-0

Ⅰ.①卷… Ⅱ.①彭… Ⅲ.①卷烟—原料—影响—烟草—烟气—有害物质—研究 Ⅳ.①TS452 ②TS41

中国版本图书馆 CIP 数据核字（2019）第 224605 号

责任编辑：张 靓 责任终审：滕炎福 封面设计：锋尚设计
版式设计：砚祥志远 责任校对：吴大鹏 责任监印：张 可

出版发行：中国轻工业出版社（北京东长安街 6 号，邮编：100740）
印　　刷：三河市国英印务有限公司
经　　销：各地新华书店
版　　次：2019 年 11 月第 1 版第 1 次印刷
开　　本：720×1000　1/16　印张：19.25
字　　数：350 千字
书　　号：ISBN 978-7-5184-2557-0　定价：68.00 元
邮购电话：010-65241695
发行电话：010-85119835　传真：85113293
网　　址：http：//www.chlip.com.cn
Email：club@ chlip.com.cn
如发现图书残缺请与我社邮购联系调换
190208K4X101ZBW

本书编写人员

主　　编　彭桂新

副 主 编　聂　聪　田海英　孙学辉　顾　亮

参编人员（按姓氏笔画为序）

　　　　　　冯晓民　孙培建　李明哲　李国政

　　　　　　杨　松　郝　辉　胡少东　高明奇

　　　　　　鲁　平　楚文娟

前言

PREFACE

烟用材料是指用于加工或包装卷烟过程中所使用的各种材料,即卷烟中除了烟草原料以外的部分,包括卷烟纸、接装纸、成形纸、滤棒、胶黏剂、烟用油墨以及烟用包装材料等。烟用材料作为卷烟产品不可或缺的重要组成部分,在新产品开发、产品结构调整、产品质量控制等过程中起着重要的作用,并且还直接影响卷烟产品的生产成本。其中卷烟纸、接装纸、成形纸、滤棒等卷烟材料不仅影响烟支外观,还通过调节燃烧、稀释烟气、过滤粒相物等途径影响烟气的形成与释放,进而影响卷烟的感官质量,是卷烟产品创新发展的核心要素。

近年来,为了践行"国家利益至上、消费者利益至上"的行业价值观,关注消费者的安全与健康,烟草行业大力推行"降焦减害"工程,切实降低卷烟有害成分释放量。在产品设计中合理地搭配使用卷烟材料,是开发低焦油低危害卷烟、实现降焦减害的重要途径,其重要作用已经被行业认同并取得了显著效果。为了满足产品开发人员、质检人员、科研院所、烟用材料生产企业以及物资管理人员的技术需求,笔者对近十余年开展的烟用材料对有害成分的影响相关研究成果进行总结提炼,结合长期从事卷烟材料研究积累的经验,编写了此书。

本书围绕卷烟纸、接装纸、成形纸、丝束及滤棒等影响卷烟烟气有害成分的主要烟用材料,从以下七方面进行阐述:①烟用材料的类别、生产工艺、技术指标;②卷烟烟气中有害成分;③卷烟纸主要参数对主流烟气有害成分、感官质量以及燃烧性能的影响规律;④接装纸和成形纸主要参数对主流烟气有害成分、滤嘴的通风和吸阻以及感官质量的影响规律;⑤滤棒对烟气成分的影响机制、滤棒主要参数对主流烟气有害成分、感官质量的影响规律以及特种滤棒对烟气有害成分的影响;⑥建立预测模型的常用方法,以及卷烟材料对烟气中有害成分的预测模型;⑦采用烟用材料实现卷烟产品降焦减害的应用实例。

本书由河南中烟工业有限责任公司、郑州烟草研究院合作编写。全书由彭桂新统筹策划,聂聪、田海英统稿。

由于编写人员学识有限，时间仓促，书中难免存在不妥之处。恳请专家和读者批评指正，使其渐臻完善，共同为推进行业卷烟产品降焦减害做出贡献。

编者

目 录
CONTENTS

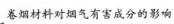

第一章
烟用材料

烟用材料是指用于加工或包装卷烟过程中所使用的各种材料，如卷烟用纸、烟用丝束、烟用滤棒、烟用包装材料等。烟用材料是卷烟产品研发的核心技术之一，是产品设计上水平、质量控制精准化的重要影响因素，在产品升级中发挥着至关重要的作用，是企业开展技术创新活动的准确发力点。

第一节　概述

卷烟除了烟草以外即为烟用材料，包括卷烟纸、接装纸、成形纸、滤嘴、增塑剂、胶黏剂以及包装材料，其中卷烟纸、接装纸、成形纸、滤棒等卷烟用材料，即常说的"三纸一棒"，用于烟支卷制，通过调节卷烟燃烧、稀释和过滤烟气影响卷烟烟气的形成与释放，进而影响卷烟感官质量；内衬纸、商标纸、透明纸和拉线等包装材料主要用于保护和宣传产品，是传达产品风格特征、彰显品牌特色的重要载体。烟用材料作为卷烟产品不可或缺的组成部分，是决定卷烟产品品质的关键因素，更是推动卷烟产品创新发展的核心要素。烟草行业与烟草制品发展历程中的重大突破和跨越与烟用材料的创新与应用密不可分。滤材研究突破及成功应用带来了滤嘴卷烟的问世，有效推动了卷烟产品的划时代飞跃；滤嘴通风技术和高透卷烟纸等的应用，进一步促进了低焦油和低有害成分释放量卷烟的发展，一定程度缓解了吸烟与健康的矛盾；沟槽、中空等异形结构滤嘴技术的应用，衍生出了不同外观特征的卷烟产品，满足了市场的多元化发展需求，引领了市场的消费潮流。因此，烟用材料长期以来一直是烟草行业技术创新中极为重要并被高度重视的技术领域，也是国际各大卷烟企业提高产品技术含量的突破口。

烟用材料品种繁多，涉及造纸、化工、纺织、印刷等多个行业和学科领域。按照材料特性和用途，可分为烟用丝束、烟用滤棒、卷烟用纸、烟用包装材料、烟用添加剂、烟用胶黏剂和烟用印刷油墨 7 大类，具体分类见表 1-1。

表 1-1 　　　　　　　　　　　烟用材料分类

序号	大类	中类	小类	
1	烟用丝束	二醋酸纤维素丝束	常用规格醋纤丝束	
			特种规格醋纤丝束	
		聚丙烯纤维丝束	常规聚丙烯丝束	
			改性聚丙烯丝束	
		其他类型丝束		
2	烟用滤棒	普通滤棒	醋酸纤维滤棒	
			聚丙烯丝束滤棒	
		特种滤棒	复合滤棒	
			加香滤棒	
			异形滤棒	
			其他类型滤棒	
3	卷烟用纸	卷烟纸	木浆/麻浆/混合浆卷烟纸	有罗纹/无罗纹卷烟纸
		烟用接装纸	打孔接装纸	
			非打孔接装纸	
		滤棒成形纸	普通滤棒成形纸	
			高透滤棒成形纸	
			其他类型滤棒成形纸	
4	烟用包装材料	烟用内衬纸	无铝内衬纸	
			真空镀铝（直镀）内衬纸	
			真空镀铝（转移）内衬纸	
			复合内衬纸	
			复合转移内衬纸	
			其他类型内衬纸	
		烟用框架纸	白卡框架纸	
			印刷框架纸	
			复合框架纸	
			真空镀铝（直镀）框架纸	
			真空镀铝（转移）框架纸	
			其他类型框架纸	

续表

序号	大类	中类	小类		
4	烟用包装材料	卷烟条/盒包装纸	平张/卷盘	胶版纸	
				铜版纸	
				白卡纸	
				复合铝箔卡纸	
				真空镀铝纸	直镀铝箔纸
					转移镀铝纸
		烟用封签纸	平张/卷盘	普通封签纸	
				防伪封签纸	
				其他类型封签纸	
		烟用包装膜		普通 BOPP（条/盒）包装膜	
				微收缩 BOPP（条/盒）包装膜	
				收缩 BOPP（条/盒）包装膜	
				其他类型（条/盒）包装膜	
		烟用拉线	普通/微收缩/收缩	透明拉线	
				印刷拉线	
				其他类型拉线	
		烟用瓦楞纸箱	50 条装/25 条装	普通印刷	软条盒烟箱
					硬条盒烟箱
				彩色印刷	软条盒烟箱
					硬条盒烟箱
			异形装	硬条盒/软条盒烟箱	
5	烟用胶黏剂	烟用水基胶		醋纤滤棒中线胶	
				聚丙烯丝束滤棒成型用胶黏剂	
				聚丙烯丝束滤棒中线胶	
				聚丙烯丝束滤棒搭口胶	
				卷烟搭口胶	
				卷烟接嘴胶	
				条/盒包装用胶黏剂	
		烟用热熔胶		醋纤滤棒成形用胶黏剂	
				条/盒包装用胶黏剂	
		烟用三乙酸甘油酯		醋纤滤棒成形用胶黏剂	

续表

序号	大类	中类	小类
6	烟用油墨	钢印印刷油墨	卷烟纸印刷油墨
		接装纸印刷油墨	接装纸、接装原纸印刷油墨
		包装材料用印刷油墨	内衬纸印刷油墨
			框架纸印刷油墨
			封签纸印刷油墨
			条/盒包装纸印刷油墨
			条/盒包装膜印刷油墨
			拉线印刷油墨
			卷烟用瓦楞纸箱印刷油墨

一、烟用丝束

烟用丝束是成型卷烟滤棒的主要材料，主要包括二醋酸纤维素丝束和聚丙烯纤维丝束。二醋酸纤维素丝束是指以特定水解度的纤维素二醋酸酯为原料，经丙酮溶解、过滤、纺丝、卷曲、烘干等工艺加工成的有多根单丝纤维互相抱和在一起的带状纤维束。二醋酸纤维素丝束具有良好的吸附性能和压降控制特性，是烟草行业最主要的滤棒成形材料，目前，98%以上的卷烟都采用该丝束成形的滤棒。此外，一些卷烟还在使用聚丙烯纤维丝束，该丝束采用聚丙烯材料，经熔融、纺丝、卷曲等工艺加工而成，由于该丝束吸附性和压降稳定性能较二醋酸纤维素丝束稍差，该丝束的使用量正逐年减少。

二、烟用滤棒

烟用滤棒是以烟用丝束、滤棒成形纸为主要原料，经开松、放松、卷制、分切等工艺成形的圆柱体。烟用滤棒与打孔技术配合，是控制主流烟气成分、调节卷烟吸阻、影响感官品质的重要手段。烟用滤棒可分为普通滤棒和特种滤棒，其中特种滤棒通过不同滤棒结构组合或添加特殊材料，实现不同卷烟外观、风格特征以及理化指标和功能的差异，提升产品的个性化和差异化。

三、卷烟用纸

卷烟用纸指加工卷烟过程中所使用的纸品，主要有卷烟纸、烟用接装纸、滤棒成形纸等。在实现包裹烟丝卷制卷烟的前提下，使用不同规格和技术参数的卷烟用纸，实现卷烟燃烧状态和感官质量的变化，是形成卷烟风格特征的关键因素之一。

四、烟用包装材料

烟用包装材料是指包装卷烟过程中所使用的材料，主要有烟用内衬纸、烟用框架纸、卷烟条/盒包装纸、烟用封签纸、烟用包装膜、烟用拉线、烟用瓦楞纸箱等。烟用包装是突出品牌特征、密封保湿、确保烟支储存、运输安全的重要保证。

五、烟用胶黏剂

烟用胶黏剂指滤棒成形、卷烟接装、包装过程中所使用的黏合剂，主要有烟用水基胶、烟用热熔胶等。烟用水基胶是以水为分散介质的水溶性或水乳型胶黏剂。主要用于滤棒中线胶、卷烟搭口、接嘴和包装等。烟用热熔胶指常温固态，加热熔融成液态的胶黏剂，主要用于滤棒成型的搭口黏合，以及部分高速包装设备上的包装黏合。胶黏剂应用在卷烟生产的全过程，对卷烟质量和生产效率都有重要的影响，需要针对不同的烟机设备和特定的包装材料准确调整胶黏剂参数，确保产品质量的稳定和生产的正常运行。

六、烟用印刷油墨

烟用印刷油墨是卷烟、接装纸及包装纸生产过程中使用油墨的总称，主要有钢印油墨、接装纸印刷油墨、包装材料印刷油墨等。油墨通过印刷将图案、文字表现在承印物上，是表达品牌理念、实现产品特色的重要载体。由于油墨在印刷的过程必须在溶剂中溶解，极易在印刷物上带来挥发物残留，必须在油墨体系选型、印刷工艺调整等方面优化设计，防止卷烟污染，提高产品安全性。

第二节　卷烟纸

卷烟用纸指加工卷烟过程中所使用的纸品，其中卷烟纸参与烟支的燃烧，因此卷烟纸理化特性对卷烟品质有重要影响，涉及外观、感官、烟气、包灰、安全等多个方面，且部分指标对卷烟性能起关键作用。

一、卷烟纸类别

卷烟纸是用于包裹烟丝成为卷烟烟支的专用纸，制成卷筒后分切成盘状，故又称为盘纸。卷烟纸根据质量特性分类如下。

1. 按照纤维种类分类

依据纸张使用的纤维种类，卷烟纸分为木浆卷烟纸、麻浆卷烟纸、混合浆卷烟纸等。

2. 按照罗纹方式分类

依据罗纹方式，卷烟纸分为横罗纹卷烟纸、竖罗纹卷烟纸、斜罗纹卷烟纸、方格罗纹卷烟纸、无罗纹卷烟纸等。

3. 按照外观设计分类

依据外观设计，卷烟纸分为普通白色卷烟纸、彩色卷烟纸、印刷卷烟纸、防伪卷烟纸等。

4. 按照燃烧性能分类

依据卷烟纸的燃烧特性，卷烟纸分为普通卷烟纸、低引燃倾向（Low Ignition Propensity）卷烟纸、加热不燃烧卷烟纸等。

5. 按照功能特性分类

依据纸张的功能特性，卷烟纸分为普通卷烟纸、快燃卷烟纸、低侧流卷烟纸、降 CO 卷烟纸、强包灰卷烟纸、加香卷烟纸、保润卷烟纸等。

6. 按照质量等级分类

依据质量等级，卷烟纸从高到低依次分为 A、B、C 三个等级，卷烟企业通常使用 A 级纸。

7. 按照产品规格分类

依据烟支规格，卷烟纸的宽度一般使用 26.5mm（常规卷烟）、19mm（细支卷烟）、22mm 或 24mm（中支卷烟）。依据设备机型，双盘卷烟纸常用的宽度为 53mm 等。

二、卷烟纸特性

卷烟纸在纸张分类中属于薄页纸、特种纸，具有以下特性。

1. 具有自然的透气性

卷烟纸由植物纤维和遍布在其结构中的无机填料组成，结构疏松，纤维之间的空隙形成多孔，从而具有渗透性和扩散性。

2. 具有不透明度、白度等光学性能

卷烟纸质量的三分之一由碳酸钙组成，碳酸钙具有比木浆纤维高的对光的折射与反射，使卷烟纸的不透明度较高，可以良好遮盖烟丝，从卷烟外向内看，不能见到烟丝，不"露底"同时，其具有比木浆纤维高的白度，使卷烟纸的白度较高，可美化烟支外观。

3. 具有良好的燃烧性

烟支燃烧时，卷烟纸与烟丝部分混成一体共同燃烧。卷烟纸质量占整支卷烟质量的5%以上，它的燃烧产物对烟气组分不会产生很大影响，但卷烟纸的燃烧温度和燃烧速度则直接影响卷烟燃烧效果，从而影响到卷烟烟气组分。

4. 具有一定拉伸强度

卷烟机采用张力控制系统实现卷烟纸供给，为了适应高速卷烟机的需求，卷烟纸需要具有较高的拉伸强度和均匀性，保证卷烟机在高速运行过程中不断纸。

5. 具有工艺两面性

纸张正面（背网面）的填料和细小纤维含量相对多于纸张反面（贴网面），纸张正面比较平滑，结构比较紧密；助燃剂单面施加在卷烟纸的反面，有助于保持烟灰状态。

6. 具有吸湿性

卷烟纸具有很强的吸湿和放湿能力。在环境温湿度改变时，纸张含水率随之发生变化，影响纤维的结合，影响纸张上机使用的抗张强度。当纸张的水分与周围空气的相对湿度相平衡时，其强度达到最佳状态。

三、卷烟纸作用

（1）包裹烟丝，卷制成无皱、不透明的烟支，是卷烟纸的基本功能。

（2）美化烟支外观。通过在卷烟纸上压制罗纹、涂布色彩图案等，使烟支外观新颖，吸引消费者；个性化的罗纹及图案设计同时具有产品防伪效果。

（3）调节卷烟燃烧，影响烟气形成与释放。卷烟纸直接参与烟支燃烧，对卷烟静态燃烧速率、通风率、抽吸口数、压降和主、侧流烟气释放量都有较大影响。

（4）影响烟气扩散，与卷烟感官质量、包灰与灰色具有直接相关性。

（5）功能元素载体。在卷烟纸中施加具有改善包灰、加香或者减害作用的功能助剂，可赋予卷烟产品更多的技术特色。在卷烟纸背面涂布一定宽度的阻燃条，形成低引燃倾向卷烟纸，有助于降低火灾风险。

四、卷烟纸原材料及生产工艺

1. 原材料

卷烟纸由植物纤维（约70%）和遍布在其结构中的无机填料（约28%）、助剂（约2%）组成。主要包括：植物纤维、填料、助燃剂、增强剂、助留剂、消泡剂、防腐剂等。

（1）纤维原料　卷烟纸的原料主要为木浆、麻浆等植物纤维。其中，木浆是当前造纸最常用的纤维原料，木浆通常分为针叶木浆和阔叶木浆；麻浆通常选择亚麻浆。

不同的纤维原料，由于纤维形态和强度等性能的差异，对卷烟纸的物理指标和外观质量产生直接影响，不但影响卷烟纸透气性，还影响卷烟纸在卷烟机上运行的稳定性。

①针叶木浆：主要原料有云杉、松树、冷杉、落叶松、铁杉等，其性能特点：纤维长而宽、细胞壁厚、壁腔比大、强度高，容易吸水润胀、分丝、帚化，为纸张结构提供强度和骨架性网络，卷烟纸纵向拉力好；但透气性差，也影响卷烟纸的匀度和不透明度。

②阔叶木浆：主要原料有杨木、桦木、桉木、榉木、相思木类等，其性能特点：纤维短而细、壁腔比小、结构疏松、强度较低，能够提高卷烟纸的透气度且改善匀度和不透明度；但不易帚化，纵向拉力差。

③麻浆：主要原料有亚麻、大麻、红麻、马尼拉麻等，其性能特点为纤维长、纤维素含量高、灰分低。麻料生长期及产地不同，质量差异性较大，在卷烟纸中通常选择亚麻纤维，其特点纤维细而长、透气性和燃烧性能好。不同纸浆纤维形态见图1-1。

(1)针叶木浆　　　　(2)阔叶木浆　　　　(3)亚麻浆

图1-1　不同纸浆纤维形态

由于卷烟纸是薄型、定量低、灰分高的纸种，对纸机运行来说，需要有较高的内在强度；对卷烟纸的燃烧性能来说，需要具有一定的松厚度和透气度；对烟支外观质量来说，需要较高的匀度和不透明度。因此，卷烟纸的纤维原料通常选择不同浆种混合使用，针叶木/麻浆（长纤维）赋予纸张较高的强度，阔叶木（短纤维）调节纸张的透气度和不透明度；适当的长、短纤维配比，可同时满足卷烟纸透气度和强度的要求。纸浆通常配比针叶木浆10%~40%，阔叶木浆60%~90%，麻浆10%~50%。

不管何种植物纤维原料，其主要化学组分均为纤维素（40%~50%）、半纤维素（10%~30%）及木质素（20%~30%）三种，另外还有单宁、果胶质、有机溶剂抽提物（树脂、脂肪、蜡等）、色素及灰分等少量组分。纤维素、半纤维素均为碳水化合物，木质素为芳香族化合物。纤维素是不溶于水的均一聚糖，它是由大量葡萄糖基构成的链状高分子化合物；半纤维素是指纤维素以外的全部碳水化合物（有少量的果胶质与淀粉除外），是由两种或两种以上单糖基组成的不均一聚糖，大多带有短侧链；木质素是由苯丙烷结构单体构成的具有三维空间结构的天然高分子化合物。

纸浆的品质主要决定于其纤维形态和纤维的纯净程度。木质素位于纤维素纤维之间，通过形成交织网使植物的木质部维持极高的硬度，起抗压作用。木质素如果不去除，纤维原料不会分散成单根纤维。制浆时，需将植物纤维中大量木质素脱去，使得植物纤维更加柔软，分子质量和聚合度更加稳定。

从纤维的组分来说，麻纤维的综合纤维素含量最高、木质素含量最少，针叶木的综合纤维素含量较低、木质素含量较高，阔叶木组分介于二者之间。从燃烧裂解产物来说，亚麻浆的成分种类较少，木浆的成分种类相对较多。因此，纸浆纤维的类型和纯度是影响卷烟香气和吸味的因素。

纸浆原料的要求：白度高、杂质少、质量稳定、经无氯漂白，无影响抽吸质量的异味。主要检测指标为抗张指数、撕裂指数、耐破指数、D65亮度、D65荧光亮度、灰分、尘埃度等。

（2）填料　填料是卷烟纸生产中不可缺少的部分，它在卷烟纸中的作用：

①提高卷烟纸的折射率，使从卷烟外向内看，不能见到烟丝，不"露底"，即提高不透明度。

②调节卷烟燃烧而不熄火，即控制燃烧速度。

③增加纸张的透气度，以降低主流烟气释放量，减少对人体有害的物质。

④保持烟灰形态。包灰成分主要由填料组成，填料含量及在卷烟纸上分布影响包灰性能。

⑤增加卷烟纸的白度。因为碳酸钙白度比木浆白度高，进口的碳酸钙白度达95%，国产的碳酸钙白度达92%以上。

⑥降低成本。碳酸钙的价格低于纸浆的价格，可以节约宝贵的纤维原料，在低成本下获得更好的纸质。

卷烟纸的填料目前广泛使用碳酸钙（$CaCO_3$）。碳酸钙有轻质碳酸钙

（PCC）和重质（研磨）碳酸钙（GCC）之分，一般用于生产纸张的碳酸钙为轻质碳酸钙（也称沉淀碳酸钙）。轻质碳酸钙为卷烟纸的优良填料，在卷烟纸生产过程中添加，通过纤维间良好的组织结构和填料的疏松性，保证透气度稳定，满足卷烟内在质量要求；同时提高卷烟纸匀度、不透明度和白度，满足卷烟外观质量要求。

但碳酸钙对纸张抗张强度的影响是不利的。碳酸钙的加入，阻碍了纤维的相互靠近，减少纤维间的相对结合面积，导致纤维结合力的降低。因此，碳酸钙应适量加入，一般在成纸中含量为 30% 左右（以 CaO 计为15%~20%）。

作为生产卷烟纸的重要原料，轻质碳酸钙与卷烟纸的性能有直接关系，如抗张强度、透气度、透气度变异系数、白度、不透明度、灰分、匀度等。碳酸钙质量的稳定性直接影响着卷烟纸质量的稳定性。

碳酸钙（$CaCO_3$）的主要检测指标为：沉降度、沉降体积、游离碱、白度、pH、吸油值、筛余物、浓度等。通常从吸油量、沉降度和沉降体积三个指标来考核碳酸钙的质量品质。吸油量大表示表面积大，粒子小，表面处理好。沉降度、沉降度体积能说明粒径的大小，碳酸钙沉降速度慢而且基本成直线形平稳下降，则晶体均匀，粒径大小也均一，有利于卷烟纸质量的稳定。

（1）$CaCO_3$在卷烟纸中的分布　　　　（2）纺锤体状$CaCO_3$

图1-2　碳酸钙（$CaCO_3$）形态及分布

碳酸钙（$CaCO_3$）作为填料，在选择使用时着重强调的质量指标：

①碳酸钙结晶形状：要求 $CaCO_3$ 粒子之间、粒子与纤维之间的良好交结和孔隙的存在；有较高的折射覆盖率；分布均匀。卷烟纸生产时一般选用单晶型、纺锤体状的沉淀碳酸钙（$CaCO_3$）。

②粒子尺寸：通常情况下，碳酸钙（$CaCO_3$）的粒径大，比表面积小，在纸层中形成的自然孔隙大，有利于提高透气度，但又容易造成纸页出现大

量针眼；粒子直径若太小，比表面积大，覆盖能力强，成纸的不透明度过高，容易阻塞自然孔隙，影响纸张的强度和伸长率。因此，要保证透气度的稳定性，对碳酸钙（$CaCO_3$）粒子尺寸的选择十分重要。卷烟纸生产时碳酸钙（$CaCO_3$）的平均粒径通常为 $2.0 \sim 3.0\mu m$，晶体大小分布均匀，碳酸钙间有良好的分散性，杂质含量少。

（3）助燃剂　助燃剂也称燃烧调节剂，是卷烟纸中的主要添加剂，赋予卷烟纸一定的燃烧性能，影响卷烟纸的燃烧特性和灰分外部特征，进而影响到卷烟的静燃速率、通风率和主、侧流烟气。卷烟纸助燃剂的变化不但会影响卷烟的燃烧性能，而且会使卷烟烟气成分和感官吸味有一定的改变。

助燃剂的常用种类，主要为有机酸碱金属盐（如柠檬酸盐、苹果酸盐、酒石酸盐等），国内造纸行业广泛使用的助燃剂为柠檬酸钾、柠檬酸钠等。其中，钾盐对烟气释放具有开放性，促进卷烟燃烧和烟气释放；钠盐具有收敛性，有利于烟支包灰的聚拢性，对烟气扩散具有抑制作用。选用不同种类的助燃剂并控制其添加量，能改变卷烟的燃烧速率及抽吸口数，是调整卷烟燃烧速率、减害降焦和改善包灰等重要的手段。

此外，为改善烟灰特征，卷烟纸中会加入烟灰调节剂（如磷酸二氢铵等），只改变灰分外部特征而不改变静态燃烧速率，主要用于调整卷烟燃烧的灰色、包灰力等。

在进行卷烟配方设计时，卷烟纸助燃剂与烟丝的匹配性显得尤为重要。卷烟纸助燃剂与烟丝的匹配是指通过调节卷烟纸中助燃剂含量及比例，使卷烟烟气成分、卷烟燃烧外观、卷烟吸味同时达到设计要求。

助燃剂的主要检测指标为有机酸盐的含量。

（4）水　水作为抄造卷烟纸的介质，消耗量巨大，水质的优劣不仅影响浆料的化学平衡和成纸的物理指标，而且其内部含有的某些有机杂质和微生物可能影响烟气成分和卷烟吸味。

水中的杂质会不同程度地残留在卷烟纸中，色度和浊度较高的生产水，水中杂质在大约350℃温度下碳化分解，并产生具有刺激性气味的气体，影响卷烟吸味。因此，造纸用水不能低于生活饮用水标准。

（5）助剂

①增强剂、助留剂：增强剂的主要作用是增加造纸过程中纤维之间的结合力，改善纸页匀度，提高卷烟纸强度、改善卷烟纸上机适用性，减少断纸。

卷烟纸用的增强剂主要是一些植物胶增强剂（也是食品添加剂），如瓜尔胶、淀粉、甲基纤维素钠等。

助留剂的主要作用是提高细小纤维及填料的保留率。通常采用阳离子改性淀粉作为助留剂。

淀粉的优点是利于纸页抄造及成纸强度；瓜尔胶来自豆科植物，特点是能够使纸浆纤维在纸张中更有规则的分布，改善匀度，增强撕裂、弯曲、拉伸的强度，缩短纸浆水合时间，减少纸面掉粉掉毛。

②消泡剂：消泡剂的主要作用是消除造纸过程产生的气泡，避免成纸出现小针孔眼。

浆料中混入气体时就会产生泡沫。造纸过程中，纸浆不断被泵进行流送，接触气体和受到搅动或冲击时，很容易产生大量的气泡，这些泡沫既给造纸带来困难，也影响成纸质量，形成小针孔眼。在造纸系统中，气体通常是空气或 CO_2。纸张生产过程中，浆料呈瀑布状落下、浆泵的空气泄漏、锥形除渣器排渣口压力过低、白水/损纸的回收利用等操作或导致空气混入而形成泡沫；浆料的发酵和碳酸盐的酸化分解会释放出 CO_2，也会形成泡沫。气泡含量高，不仅影响网部脱水，造成纸病，而且气泡会产生气蚀，使浆泵的运行性能下降，增加能耗。上浆系统不稳定，压力装置中的压力产生波动。因此消泡剂是造纸不可缺少的湿部化学品，添加微量消泡剂，可降低小气泡的表面张力而使气泡破裂。通常采用高级脂肪醇作为消泡剂。

③杀菌剂：杀菌剂的作用是避免因浆料变质而产生的黄色尘埃和降低纸张强度，改善纸机的运行性能，减少纸面的孔洞和浆块。

卷烟纸是一种定量轻、碳酸钙含量高的纸，浆料中的 pH 为 8 左右，浆料温度 20～25℃，浆内又有糖类化合物的增强剂，是微生物菌类生长的温床。同时，废纸的回用，纸机采用白水封闭循环系统，造成了生产车间各种设备和管道中沉积物的积累，使得微生物快速生长，引起腐浆障碍；混入腐浆的浆料上网，轻者影响纸机网部滤水，污染毛毯，使得经过伏辊后的湿纸页干度下降，强度下降，进而提高干燥部干燥负荷，重者造成断纸，影响纸机生产效率，并且易在成纸表面产生各种颜色的斑点和"孔洞"等纸病，以及纸页尘埃超标，成品率下降。

因此，造纸过程中有必要在浆料中加入杀菌防腐剂，以减少或基本消除腐浆障碍。杀菌剂作为造纸过程中控制细菌滋生的过程助剂添加使用，只在造纸白水循环系统和水处理系统中存在，杀菌剂会随着水而脱除。

2. 生产工艺

卷烟纸生产工艺流程主要由打浆、抄纸和完成三大工序组成。

卷烟纸基本生产工艺流程见图 1-3。

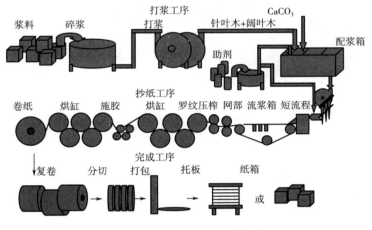

图 1-3　卷烟纸生产工艺流程

（1）打浆工序　打浆是对纤维进行润胀、压溃、帚化和切断的一个过程。通过打浆，使纤维无论在形态和性质上都发生很大的变化，使其达到满足造纸机生产要求和卷烟纸预期质量指标的要求。打浆对透气度、匀度、抗张强度等关键物理性能有较大影响。

①碎浆：碎浆是对浆料进行充分疏解，使纤维互相分散。碎浆质量的控制，主要依据浆料品质，控制好碎浆的疏解浓度和时间。

②打浆：打浆是通过对纤维产生挤压、摩擦、剪切、冲击等机械作用，进行必要的切短和细纤维化处理，达到规定的浆度，使其具有适应造纸机生产要求的特性。

由于长纤维、短纤维等原料性质不同，因此打浆时需要针对不同原料分别采取相应的打浆工艺。对长纤维采用的打浆方式是黏状打浆，使纤维高度分裂，达到分丝、帚化目的；对短纤维采用的打浆方式是适当切断和疏解方式。同时，对损纸进行精浆处理。

打浆的程度用打浆度来表示。一般通过控制打浆浓度、功率、时间以及磨片材质和形状对打浆进行控制。

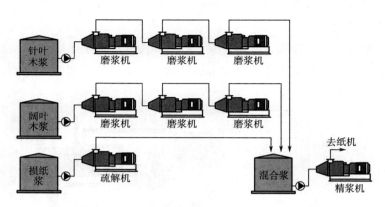

图 1-4　打浆流程

（2）抄纸工序　长网造纸机是连续工作的联动机，由湿部和干部组成，湿部包括流浆箱、网案和压榨部，干部包括干燥部、表面施胶机和卷纸机。工艺流程见图 1-5。

上网布浆 ⇨ 脱水压榨 ⇨ 前烘干 ⇨ 施胶 ⇨ 后烘干 ⇨ 卷取

图 1-5　抄纸流程

①网部：网部是造纸机的关键部分，主要组成为流浆箱和网案。主要作用是使浓度小于 1% 的浆料脱除水分，形成纸页，并使全幅纸页的定量、厚度、匀度均匀一致。

流浆箱是浆料上网的流送装置，沿纸机横向均匀分布浆料；有效的分散纤维；将浆料流送上网。通过控制横向每个点的稀释水量，调节各点的定量差异，使定量、透气度变异系数和其他物理指标更稳定。流浆箱需确保液位、压力恒定，布浆稳定均匀。

网案的作用是使浆料脱水和成形为湿纸页。从浆料流送系统输送到网前箱的纸料浓度为 0.4%~1%，经脱水板脱水和真空脱水，纸页出网水分在 80% 左右。由于卷烟纸定量低，匀度要求高，对进入网前箱的浆浓度和浆度需严格控制。

②压榨部：从网部出来的湿纸页，需要在压榨部利用机械压榨作用进一步脱水，在提高干度的同时增加纸的紧度和强度，改善纸页的表面性质、外

观及纹理。通常从压榨部出来的纸页水分为65%左右。

罗纹压榨用于压制卷烟纸罗纹，由压榨部压制而成，称为湿压罗纹；个别是由干燥部压制，称半干压罗纹；由网上的水印辊压制，称水印纹。湿压罗纹在现代化卷烟纸生产纸机上使用最为广泛，其特点是从任何角度看罗纹均很清晰。

③干燥部：干燥部是造纸机中最长的部分，主要起连续通过蒸汽加热蒸发水分的作用，同时也起到提高纸页强度、增加纸页平整性和完成施胶的辅助作用。

卷烟纸长网造纸机的干燥部由多个烘缸组成，因为中间需表面施胶，干燥部又被分为前干燥部和后干燥部；卷烟纸在前干燥部出来的纸页水分通常在3%~5%，较高纸页的干度有利于进入施胶充分吸收燃烧助剂，保证助燃剂添加的稳定性，然后通过后干燥部干燥，使成纸水分达到4%~5%，且纸面平整。控制好干燥部烘缸温度曲线，是保证成纸透气度稳定、水分均匀、纸页平整的重要环节。

④表面施胶：表面施胶位于前干燥部和后干燥部之间，主要用于助燃剂等的添加，改善卷烟纸的燃烧性能。卷烟纸表面施胶的形式目前通常采用计量棒涂布的方法，使用计量棒在压榨辊的表面形成一层固定厚度的膜，再转移到纸张上。通过调整计量棒的规格，就能改变助燃剂的加入量。该方法可提高卷烟纸助燃剂添加的精确性和均匀性。

⑤卷纸：卷纸是造纸机的最后部分，靠卷纸缸的摩擦力带动卷纸轴完成卷纸。

（3）完成工序

①复卷：将造纸机下来的大卷筒，经复卷使纸页松紧更均匀，分切成适应分切机的小卷筒，并初步剔除经检测有纸病的纸。

②分切：满足卷烟机使用规格的宽度、长度。具有全自动张力控制、米数计量和缺陷剔除功能，保证盘纸表面平整性、同心性及松紧一致性。

③包装：产品标识，防潮、防水、防损等。

五、卷烟纸质量要求

1. 卷烟纸技术指标

（1）GB/T 12655—2007《卷烟纸》 GB/T 12655—2007《卷烟纸》中，规定了卷烟纸的技术指标要求和相应的试验方法，见表1-2。

表 1-2   **GB/T 12655—2007《卷烟纸》技术指标**

指标名称		单位	技术要求			试验方法
			A	B	C	
宽　度		mm	设计值±0.25			游标卡尺
定　量		g/m²	设计值±1.0			GB/T 451.2—2002
透气度	≤45	CU	设计值±5	设计值±6	设计值±7	YC/T 172—2002
	>45		设计值±6			
透气度变异系数		%	≤8	≤10	≤12	
纵向抗张能量吸收		J/m²	≥6.00			GB/T 12914—2008
白度		%	≥87			GB/T 7974—2013
荧光白度		%	≤0.6			
不透明度		%	≥73			GB/T 1543—2005
灰　分		%	≥13			GB/T 742—2008
阴燃速率		s/150mm	设计值±15			YC/T 197—2005
水　分		%	4.5±1.5			GB/T 462—2008
尘埃度	0.3~1.5mm²	个/m²	≤12	≤16	≤24	GB/T 1541—2012
	1.0~1.5mm²的黑色尘埃		0	≤4	≤4	
	>1.5mm²		0	0	0	

卷烟纸的技术指标与卷烟质量密切相关。在以上卷烟纸技术指标中，宽度、定量为纸张的基本规格指标；白度、不透明度、尘埃度为影响烟支外观质量指标；纵向抗张能量吸收、水分为影响卷烟纸上机性能指标；透气度、灰分、阴燃速率影响烟支燃烧状态及静燃速率，与通风率、烟气释放量和感官质量直接相关。

①宽度：卷烟纸的宽度主要影响卷烟搭口的宽窄，宽度过窄时易造成卷烟黏合牢度不够，出现烟条跑条现象；宽度过宽时易造成卷烟搭口过宽，导致纸通风下降，或者出现搭口翘边、烟支圆周变化等质量问题。卷烟纸的宽度设计要与烟支圆周相匹配，保持烟支搭口宽度在2mm左右比较适宜。

②定量：定量指纸张单位面积的质量，以 g/m² 表示，是卷烟纸的基本物理指标。定量对卷烟质量的影响主要表现在以下五个方面：

a. 烟支外观：定量增加，烟支更加挺直，烟丝遮盖性好。定量过低，纸张的挺度和不透明度降低，导致烟支露底，容易发皱。

b. 上机强度：定量过低，纸张的强度降低，导致上机断纸；定量过高，吸胶性能差，烟条容易爆口。

c. 主流烟气：定量过高，降低卷烟纸的透气性和燃烧性，卷烟 CO 释放量明显增加。

d. 感官质量：定量增加，卷烟木质气息显露，香气趋向浑浊。

e. 包灰性能：定量增加，有更多物料形成包灰，烟灰机械强度高，碎片少。

③透气度：透气度指在 1.00kPa 的测量压力下，通过 $1cm^2$ 的被测样品表面的空气流量（cm^3/min），单位是 $[cm^3/(min \cdot cm^2)]$，简称 CU。

透气度测试时要求气流从纸张正面通向背面，即通过试样的气流与卷烟抽吸时气流方向一致，因此透气度也可表征空气由卷烟纸外侧向内侧的扩散量。透气度对卷烟质量的影响主要表现在以下三个方面：

a. 燃烧性能：透气度过小，卷烟燃烧供氧量减少，烟支熄火。

b. 主流烟气：透气度增加，卷烟燃烧供氧量增加，静燃速度加快，焦油量、烟碱量和 CO 量降低。

c. 感官质量：透气度过大，卷烟香气会趋向淡薄、烟气干燥感增强。

④纵向抗张能量吸收：抗张能量吸收指将单位面积的纸或纸板拉伸至断裂时所需要做的总功，以 J/m^2 表示。抗张能量吸收代替抗张强度和伸长率两项指标，综合反映卷烟纸的机械性能。

抗张能量吸收较高时，纸张在卷烟机上运行越稳定；但纸张强度太高时会影响纸张透气性，因此卷烟纸的强度以能满足上机使用为原则。

同时，纸张的强度还与纸张水分、纸张均匀性、纸张分切质量以及有无浆块、孔洞、砂眼等相关。为保证卷烟纸在高速机上平稳运行，不能单纯追求抗张能量吸收指标的高低，而要控制纸张的均匀性，避免因为纸张强度值大小不均造成断纸。

⑤白度、不透明度、荧光白度：白度、不透明度均为纸张的光学性能。白度是以蓝光（波长 457nm）为光源，照射到纸样后，检测纸样吸光后漫反射因数，以%表示。不透明度是指绿光（波长 550nm）条件下以单张试样在衬以全吸收的黑色衬垫上反射的光通量与一叠试样作衬底的反射的光通量的

比值,以%表示。

白度与不透明度的测试,使用同种反射光度计,区别仅在于测定时光谱功率分布不同。

卷烟纸的不透明度主要取决于卷烟纸的定量和匀度:定量与不透明度呈正相关性,定量增加,不透明度提高,烟丝遮盖性好;定量过低,不透明度降低,导致烟支露底。此外,纸张匀度较差时会降低不透明度。

卷烟纸的白度主要依靠浆料和填料的白度来决定,卷烟纸生产中不应使用荧光增白剂等对人体有害的物质。

⑥阴燃速率:卷烟纸阴燃速率是指卷烟纸样品阴燃 150mm 所需的时间,以 min/150mm 表示。

卷烟纸阴燃速率可表征纸张的燃烧性能,测试表明其与纸张定量有一定关系,定量增高时,阴燃速率较慢,数值较大;但与卷烟燃烧速率并不直接相关。

卷烟纸燃烧速度应与烟丝燃烧保持同步。若卷烟纸的燃烧速率快于烟丝的燃烧速率,会使抽吸口数减少、烟支燃烧后爆口散灰、烟支燃烧锥过长掉头脱落;若卷烟纸的燃烧速率慢于烟丝的燃烧速率,则烟头会缩进卷烟纸内,因缺乏氧气而造成烟支熄灭,燃烧较慢时还会使抽吸口数增加,主流烟气增加。因此,通过调节卷烟纸的燃烧速率与烟丝燃烧速率相匹配,可使卷烟燃烧处于一个良好的状态,提高卷烟的燃烧品质。

除了国家标准中规定的以上指标外,在卷烟纸生产过程中通常还要控制影响产品质量的内在化学组分,尤其是灰分、助燃剂的种类、含量及钾钠离子比例等,这些指标直接影响卷烟产品感官质量、烟气释放量和包灰性能的稳定性。

①灰分:是纸张经 900℃ 以上高温灼烧后的残余物与原试样的绝干质量之比,以%表示。卷烟纸的灰分主要为氧化钙的含量,还包括原料自然灰分和助剂中金属离子等。

卷烟纸生产中通常用灰分指标表示填料的含量,依据分子质量进行二者的换算,公式:

$$填料含量(\%)=灰分/0.56$$

灰分对卷烟质量的影响主要表现在以下三个方面:

a. 烟支外观:卷烟纸加入一定量的填料($CaCO_3$),可提高匀度、透气度、不透明度,增加白度,改善烟支外观质量。

b. 燃烧性能：灰分过低，会造成烟支熄火；增加灰分，烟灰聚灰能力提高，可改善包灰性能。

c. 上机性能：灰分过高，降低纸张强度，易造成断纸。

因此，卷烟纸设计宜在保证纸张强度的前提下，适当提高纸张灰分。

②助燃剂含量及比例：卷烟纸通常使用柠檬酸钾、柠檬酸钠作为助燃剂，不同的助燃剂含量及不同的钾钠配比，对卷烟质量产生的影响存在一定差异。

a. 主流烟气：适当提高助燃剂含量，可减少主流烟气释放量，烟气各指标与助燃剂含量均呈良好负线性相关。同时提高钾钠比有助于降低主流烟气，焦油、CO 等与钾钠比呈良好负线性相关。

b. 感官质量：提高助燃剂添加量，卷烟的香气浓度、透发性、丰富性有所提升，但刺激也有增加。钾盐有利于香气透发。

c. 包灰性能：卷烟纸助燃剂含量过高或过低，烟支容易燃烧炸灰、灰色发黑。钠盐有利于包灰质量。

（2）GB/T 12655—2017《卷烟纸基本性能要求》 近年来，随着消费者对健康的关注和越来越多的个性化需求，卷烟产品致力于减害降焦和特色发展，对卷烟纸设计也呈现多样化的需求。在进行卷烟配方设计时，卷烟纸与烟丝的燃烧匹配性尤为重要，通过调节卷烟纸定量、透气度、助燃剂含量及比例等，使卷烟烟气成分、卷烟燃烧外观、卷烟吸味同时达到设计要求；同时，为彰显产品特色，烟支外观开展卷烟纸的个性化罗纹、图案及色彩的创新设计。因此，卷烟纸的质量指标需要依据产品设计特点制定。

2018 年，在 GB/T 12655—2007《卷烟纸》的基础上，修订发布了 GB/T 12655—2017《卷烟纸基本性能要求》。新版国家标准只保留了定量、透气度、阴燃速率三项物理指标，满足上机运行和燃烧性能的基本要求，强调国家标准的指导性和普适性。具体见表1-3。

表1-3　　　　　　GB/T 12655—2017《卷烟纸基本性能要求》

指标名称	单位	技术要求	检测方法
定量	g/m²	标称值±1.0	GB/T 451.2—2005
透气度	cm³/(min·cm²)	标称值±7	GB/T 23227—2018
阴燃速率*	s/150mm	设计值±15	GB/T 12655—2017

注：*仅适用于透气度均匀分布的卷烟纸。

可以看出，在国家标准层面上，更加关注卷烟纸的基本性能要求，卷烟纸其他技术指标由卷烟企业依据产品设计要求自行制定标准，实施质量控制。GB/T 12655—2017《卷烟纸基本性能要求》2018年5月1日正式实施，对卷烟纸的基本性能规定如下：

①卷烟纸不应有影响卷烟抽吸质量的异味。

②卷烟纸应使用原生的植物纤维。

③同一批卷烟纸图文或颜色不应有明显差异。

④卷烟纸卷芯应牢固，不易变形。卷芯内径为（120.0±0.5）mm。

⑤卷烟纸卷盘应紧密，盘面平整洁净，不应有机械损伤。

⑥卷烟纸上机后应运行平稳，不应有影响上机使用的明显跳动、摆动现象。

⑦卷烟纸产品品名应至少包含标称定量、标称透气度、纤维原料组成和罗纹形式等可用于产品识别的内容。相关内容应与合格证和内标签的表示一致。

2. 卷烟纸质量安全指标

卷烟纸生产中不应使用对人体有害的物质，所使用的添加剂应符合 GB 9685—2016《食品安全国家标准　食品容器、包装材料用添加剂使用标准》规定。卷烟纸中不应加入荧光增白剂，不应加入除原生植物纤维外的特殊纤维。卷烟纸的质量安全卫生指标见表1-4。

表1-4　　　　　　　　　　　　卷烟纸安全卫生技术指标

指标名称	单位	技术要求	试验方法
荧光白度	%	≤0.6	GB/T 7974—2013
特殊纤维	—	无检出	YC/T 409—2018

（1）荧光白度　荧光增白剂，是一种复杂的有机化合物，其作用是把制品吸收的不可见的紫外线辐射转变成紫蓝色的荧光辐射，与原有的黄光辐射互为补色成为白光，提高产品在日光下的白度，达到增白的效果。

通常采用白度仪测定荧光白度，判定是否人为使用了荧光增白剂。如果在纸中加入增白剂等荧光性物质，其能吸收不可见的紫外光变成可见光，该纸张的荧光白度值会较高。由于卷烟纸生产使用的浆料纤维中仍含有少量木质素，而木素中的共轭双键能激发荧光、吸收可见光中的紫光或蓝色光，所以采用白度仪测定无荧光增白剂的纸张也会有一定的荧光反应，但荧光白度通常不会超过1%。

（2）特殊纤维 特殊纤维是具有特殊的物理化学结构、性能和用途，或具有特殊功能的化学纤维。对卷烟纸来说，特殊纤维指卷烟纸中添加的连续态的人造玻璃纤维或短棒状的硅酸盐纤维，国际癌症研究机构（IARC）、欧盟（EU）均将这类纤维列为危害人体健康的物质。目前采用光学显微镜或台式扫描电子显微镜方法进行鉴别。

第三节 接装纸与成形纸

接装纸和成形纸是包裹滤棒，并使滤嘴与烟支卷接到一起的专用纸张。通过接装纸与成形纸透气度的合理搭配，可以使烟支具有一定的滤嘴通风率，从而调变卷烟的烟气释放量，改变卷烟的感官质量。

一、接装纸

烟用接装纸是指将滤棒和卷烟烟支卷接到一起的专用纸张。接装纸主要有三个功能：一是通过黏接，接装纸将滤棒和烟支段连接在一起；二是接装纸上印刷的独特图案，可以作为卷烟产品的外观辨识特征；三是对于有透气度要求的接装纸，在卷烟抽吸过程中，空气从打孔区域进入，稀释主流烟气，进而达到降低焦油、一氧化碳等目的。

1. 接装纸的分类

按烫印方式不同可分为烫印接装纸和非烫印接装纸。

按打孔方式不同可分为非打孔接装纸（含自然透气度接装纸）和打孔接装纸。打孔接装纸按照打孔方法可分为激光打孔接装纸、等离子打孔接装纸、静电打孔接装纸；按照在线打孔与否可以分为在线激光打孔和预打孔两种方式，目前能实现在线打孔的是激光打孔方式，等离子打孔接装纸和静电打孔接装纸只有采取预打孔。

（1）激光打孔接装纸 规则的排列孔，在打孔区域内，孔眼大小的规则性、排列的一致性直接影响接装纸透气度的稳定性。激光打孔的原理如图1-6所示：利用激光发生器产生激光，形成光路，再采用旋转棱镜分切激光光束从而实现打孔。激光打孔机可分为单盘或多盘激光打孔机。由于激光打孔具有透气度稳定、无异味、效率高的特点，现在已成为接装纸打孔的主流方式。

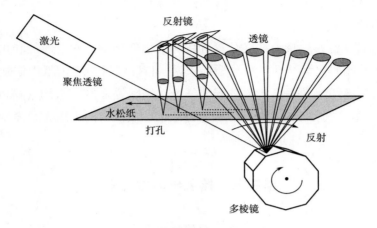

图 1-6　激光打孔示意图

在线激光打孔和激光预打孔接装纸的对比如表 1-5 所示。

表 1-5　　　　　　　　在线打孔和预打孔对比表

特点	在线打孔	预打孔
通风度大小	≥25%	≥10%
通风度调整	在线	接装纸/成形纸的规格有特别要求
打孔位置调整	根据需要调节设备	新的接装纸，上胶辊
通风度变化	低，1%（绝对值）	中等，3%~5%（绝对值）

（2）等离子打孔接装纸　等离子体是一种自由电子、离子和中性粒子的气体和流体状的混合物组成的准中性粒子系统。等离子打孔的产生是接装纸材料的蒸发，无燃烧过程。打孔区域内是大小、分布不规则的高密度小孔。等离子打孔比激光打孔和静电打孔有更稳定的透气度。

（3）静电打孔接装纸　静电打孔是在打孔区域内呈不规则散射状的微型孔带，其优点是在最小的打孔面积内实现更多的孔目数，空气透过接装纸上的小孔或垂直或斜向进入滤嘴。静电打孔的原理如图 1-7 所示。利用电极电晕放电完成打孔。静电打孔机分为宽幅静电打孔机和单盘静电打孔机。

按纸张材质工艺，接装纸分为普通接装纸、透明接装纸、转移接装纸、高光接装纸、防渗透接装纸等。

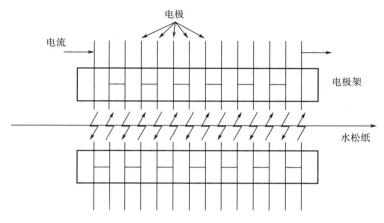

图 1-7　静电打孔示意图

2. 接装纸的生产工艺

接装纸按照加工工艺可以分为涂布接装纸、印刷接装纸以及其他类型接装纸等。接装纸的生产是在接装纸原纸上进行印刷、印后再加工处理的工艺技术过程，通常包括：原纸生产、设计、制版、印刷、分切等工序。

（1）接装纸原纸生产工艺　接装纸原纸的生产流程主要由打浆、抄造、分切包装三大工序组成。

①打浆：打浆的目的是根据纸张的质量要求及纸浆的种类，利用物理方法，对水中纤维悬浮液进行机械处理，使纤维受到剪切力，改变纤维的形态，使纸浆获得某些特征（如机械强度、物理性能等），以保证抄纸出来的产品符合预期要求。

通过打浆，控制纸料在网上的滤水性能，以适应造纸机生产的需要，使纸幅获得良好的成形，改善纸张的匀度和强度。打浆是复杂而细致的生产过程，即使采用同一种浆料，随着打浆设备、打浆方式和打浆工艺以及操作的不同，可以生产出多种不同性质的纸和纸板。同样，采用不同的原料和不同的打浆工艺，也可以生产出要求相同的产品。

②抄造：目前接装纸原纸抄造的方法主要是湿法抄造，即先在抄纸前将浆板碎解成符合要求的浓度后进行打浆、配浆，然后加入大量的水将浆料制成纤维均匀分布的悬浮液，再在造纸过程中脱去加入的水使纤维形成均匀的纸页的过程。造纸机的形式主要有长网、圆网和夹网三种，生产接装纸原纸

一般都用长网纸机。

③分切包装：纸卷下机后需经分切复卷成为所需规格的卷筒纸，用塑料薄膜、牛皮纸板等包装物包装，并在卷纸适当位置标上品名、规格、定量等信息。

（2）接装纸成品生产工艺　成品印刷是在接装纸原纸上进行印刷，印后再加工处理的工艺技术过程，通常包括：设计、制版、印刷、分切等工序，其生产工艺流程如图1-8所示。

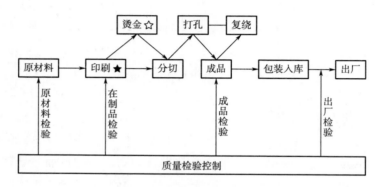

图1-8　接装纸生产工艺流程

注："★"为关键工序，"☆"为特殊工序

3. 接装纸的技术要求

接装纸的技术指标按照 YC 171—2014《烟用接装纸》的规定执行，见表1-6。

表1-6　　　　　　　　　　　　烟用接装纸技术要求

项目	单位	指标	
透气度	CU	≤150	>150
		标称值±标称值×12%	标称值±标称值×10%
透气度变异系数	%	≤6	
孔带（孔线）宽度	mm	标称值±0.3	
孔带（孔线）距边宽度	mm	标称值±0.5	
异味	—	不应有妨碍卷烟香味的气味	
荧光亮度（荧光白度）	%	≤0.7	

续表

项目	单位	指标
色差	—	$\triangle E \leqslant 2.0$
纵向抗张强度	kN/m	$\geqslant 1.5$
褪色	—	2h 不褪色
宽度	mm	标称值±0.3
外观		外观应整洁、色泽一致，图案、花纹、线条、字迹清晰；应无脱色，无划痕，无重影、漏印、错印等印刷缺陷；应无皱纹、砂眼、孔洞、裂口、硬质块等影响使用的外观缺陷
定量	g/m²	标称值±标称值×4.5%
纵向伸长率	%	$\geqslant 1.0$
亮度（白度）	%	$\geqslant 82.0$
交货水分	%	标称值±1.5
接头	个	每盘纸的接头≤2 个。接头处应牢固，不应有上下层粘连的现象。接头宽度及接头标记应按合同规定
长度	m	每盘纸的长度及允差应按供需双方合同规定

由于接装纸属于口触材料，所以在安全卫生指标方面也需要进行监控，具体情况见表 1-7。

表 1-7   **烟用接装纸卫生指标**

项目			单位	指标
无机元素	铅（以 Pb 计）		mg/kg	≤5.0
	砷（以 As 计）		mg/kg	≤1.0
	镉（以 Cd 计）		mg/kg	≤0.5
	六价铬		mg/kg	≤0.5
溶剂残留	溶剂残留总量①		mg/m²	≤10.0
	溶剂杂质②	总量	mg/m²	≤1.0
		苯系数③	mg/m²	≤0.5
		苯	mg/m²	≤0.02

续表

项目	单位	指标
甲醛	mg/dm²	≤0.3
邻苯二甲酸酯总量	mg/kg	≤100
五氯苯酚	mg/kg	≤0.15
多氯联苯总量	mg/kg	≤10
特定芳香胺④	mg/kg	不得检出
二异丙基萘	mg/kg	≤1.0
非挥发性物质总迁移量	mg/dm²	≤10
耐唾液色牢度	级	≥4
D65荧光亮度⑤	%	≤1.0
异味	—	无异味
微生物　大肠菌群	个/100g	≤30
致病菌（系指肠道致病菌、致病性球菌）	—	不得检出

注：①溶剂残留总量是指除乙醇以外许可使用溶剂残留量与溶剂杂质残留量之和；许可使用溶剂为Q/HNZY J15 JS 100.3规定的乙醇、正丙醇、异丙醇、乙酸乙酯、乙酸正丙酯、乙酸异丙酯、丙二醇甲醚、丙二醇乙醚、丁二酸二甲酯、戊二酸二甲酯、己二酸二甲酯和2-丁酮。

②溶剂杂质为Q/HNZY J15 JS100.3未许可的挥发性物质。

③苯系物为甲苯、乙苯、二甲苯。

④特定芳香胺为邻甲苯胺、2,4-二甲基苯胺、2,6-二甲基苯胺、邻氨基苯甲醚、对氯苯胺、2,4,5-三甲基苯胺、2-甲氧基-5-甲基苯胺、4-氯邻甲苯胺、2,4-二氨基甲苯、2,4-二氨基苯甲醚、2-萘胺、4-氨基联苯、4,4′-二氨基二苯醚、4,4′-二氨基二苯甲烷、联苯胺、3,3′-二甲基-4,4′-二氨基二苯甲烷、3,3′-二甲基联苯胺、4,4′-二氨基二苯硫醚、3,3′-二氯联苯胺、3,3′-二氯-4,4′-二氨基二苯甲烷、3,3′-二甲氧基联苯胺、邻氨基偶氮甲苯、5-硝基邻甲苯胺和4-氨基偶氮苯。

⑤该指标包括烟用接装纸正、反面D65荧光亮度。

二、成形纸

1. 成形纸的分类

成形纸是指加工烟用滤棒时，用于包裹滤嘴滤材的专用纸张。滤棒成形纸主要有两个功能：一是用于包裹滤嘴滤材，形成形状规整、稳定的圆柱形滤棒结构；二是高透滤棒成形纸提供滤嘴段通风，是滤嘴段通风的一个重要组成部分。按照成形纸的透气度分类，可以分为普通滤棒成形纸和高透滤棒成形纸。成形纸规格分类如表1-8所示。

表1-8　　　　　　　　　　　　滤棒成形纸分类规格

分类	普通滤棒成形纸	高透滤棒成形纸
用途	对透气度没有特殊要求，用于非通风滤嘴和复合滤嘴	对透气度有明确要求，用于通风滤嘴、复合滤嘴和少量非通风滤嘴
定量	$22\sim45g/m^2$，常用 $26\sim32g/m^2$	$17\sim44g/m^2$，常用 $22\sim28g/m^2$
透气度	—	$1000\sim32000CU$，常用 $3000\sim12000CU$
长度	3000~5500m	
卷芯内径	$\phi120mm$	

2. 成形纸的生产工艺

（1）普通成形纸生产工艺　普通成形纸工艺流程如图1-9所示。

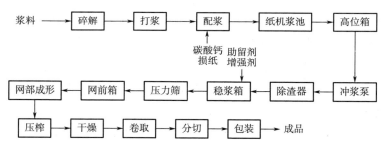

图1-9　普通滤棒成形纸生产工艺流程图

普通成形纸生产主要分为三个工序：打浆工序、抄纸工序和完成工序，各工序生产工艺情况说明如下：

①打浆工序：打浆工序是生产普通成形纸的首道工序，主要是对各种浆料进行打浆磨制，切断、分丝和帚化纤维，让处理后浆料适应纸机抄造并得到预定的成品质量。打浆后的成浆主要控制指标有打解度、湿重、帚化率、匀整度等。主要过程控制参数有打浆浓度、打浆功率、通过量、打浆时间等。通过采用分布式控制系统（Distributed Control System，DCS）对生产线的工艺参数测量、控制，保证工艺参数处于最佳值，工艺设备处于最佳运行状态，通过控制打浆质量，保证了各种物料、生产状态和各部参数的稳定可控及浆料处理质量。

处理好的浆料经过配浆，加填碳酸钙、助剂，冲浆稀释，除渣、净化、筛选等步骤，经网前箱上网并进入抄纸工序。浆料流送的每一步骤，均采用了DCS系统控制，过程质量控制精确，而且碳酸钙加入量还可通过质量控制系统（Quality Control System，QCS），在线监控纸张主要质量指标，确保产品横向质量始终保持在标准要求的偏差之内，通过在线监测灰分值、自动控制和调节，保证了灰分等指标的稳定性。

②抄纸工序：抄纸工序是普通成形纸产品质量形成的关键工序，主要过程控制参数有浆料上网浓度、纸机各部水分、干燥温度曲线、助剂加入量等。抄纸工序主要的工艺技术特点有：

a. 纸机采用了DCS系统控制，对浆料/助剂流量、液位、压榨压力、干燥汽压、各部速度等关键指标控制精确，保证各种物料、生产状态和各部参数稳定可控；b. 施胶机采用了计量棒计量薄膜涂布技术，保证表涂助剂控制稳定精确；c. 纸张各项主要控制指标均可进行在线监测、在线调整；定量、水分、灰分采用QCS质量控制系统在线监测并可通过信号反馈、在线自动控制调整；d. 纸病检测系统在线检测纸张纸病。操作人员据此采取措施、消除纸病，检验人员据此剔出纸病，确保产品外观质量。

③完成工序：完成工序主要包括复卷、分切和包装入库，主要控制指标有盘纸宽度、长度、直径、圆度，端面平整、洁净情况等。在纸辊复卷前需对普通成形纸的物理指标和外观指标等进行全面检验，不合格产品予以报废，在分切后对纸病进行有效剔除。

（2）高透成形纸生产工艺　高透成形纸要求纸张具有大量的孔隙，以保证纸张的透气性，这将造成纸张的强度和匀度下降。为此，在生产高透滤棒成形纸时，需要采用长而细的纤维在非常低的纸浆浓度下抄造，通常采用斜网或者圆网纸机来抄造。高透成形纸工艺流程见图1-10。

高透成形纸生产主要分为三个工序：打浆工序、抄纸工序和完成工序，各工序生产工艺情况与普通成形纸相同。

高透成形纸要求纸张具有大量的空隙，以保证纸张的透气性。所以生产关键工艺是选择纤维原料，要使原料很好地在水中分散，保证纸张的强度和匀度，解决透气度与强度的相互矛盾。

3. 成形纸的技术要求

YC/T 208—2006《滤棒成形纸》对滤棒成形纸的技术要求进行了规定，

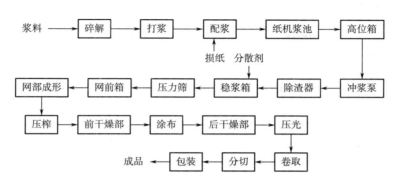

图 1-10 高透滤棒成形纸生产工艺流程图

见表 1-9。

表 1-9　　　　　　　　　　滤棒成形纸技术要求

指标名称		技术要求		
	普通	高透		
定量/(g/m²)		设计值±设计值×4%		
宽度/mm		设计值±0.24		
纵向抗张能量吸收/(J/m²)	≥15	≥9		
透气度/CU	—	设计值±设计值×10%		
透气度变异系数/%	—	<4000CU	4000~10000CU	>10000CU
		≤12	≤10	≤8
白度/%	≥82	≥80		
荧光白度/%		≤1.2		
灰分/%	≤12	—		
交货水分/%		4.5±1.5		
尘埃度/(个/m²)	0.3~1.5mm²	≤40		
	>1.5mm²	0		

第四节　丝束和滤棒

丝束是加工滤棒的主要原料。最早的卷烟是无滤嘴卷烟，随着卷烟工业及卷烟材料的发展，才出现了滤嘴卷烟，并且随着公众对"吸烟与健康"的关注，加速了滤嘴卷烟的发展。

一、烟用丝束

1. 丝束类别

烟用丝束指加工烟用滤棒时所使用的纤维丝束。由多根长纤维组成，呈长条带状，主要有二醋酸纤维丝束、聚丙烯纤维丝束以及其他类型的丝束。

（1）二醋酸纤维丝束　以天然木浆为原料，经醋化处理成二醋酸纤维素片，通过溶解、过滤、纺丝、卷曲等工序，加工制成的单根纤维互相抱合在一起的带状纤维束，即为烟用二醋酸纤维丝束（简称醋纤丝束）。醋纤丝束中单根纤维的截面形状为异形，常见的为Y形。该纤维的比表面积较大，使用该丝束成型的滤棒具有无毒、无味的优点，同时还具有良好的弹性、热稳定性，对卷烟烟气中的有害成分具有较好的吸附与截留作用。

（2）聚丙烯纤维丝束　聚丙烯纤维丝束指以纤维级聚丙烯为主原料，经熔融纺丝、卷曲等工序，加工制成的单根纤维互相抱合的带状纤维束。聚丙烯纤维丝束中单根纤维的截面形状为异形，常见的为Y形。该丝束与二醋酸纤维丝束相比，具有化学惰性、耐热性差、单丝断裂强度高、吸湿性和相对密度低、比表面积大的特点。

2. 醋酸纤维丝束加工技术

醋纤丝束的生产加工工艺由二醋片生产工艺和醋纤丝束生产工艺两部分组成。木浆粕（含α纤维素96%以上）原料首先被粉碎研磨，经乙酸预处理活化，然后以硫酸为催化剂、乙酸作溶剂的条件下与乙酸酐进行酯化反应，经水解、沉析、洗涤和干燥后成为二醋片。二醋片再经过丙酮溶解混合后，经过过滤、纺丝、卷曲、干燥、摆丝等工序，最后打包成为醋纤丝束成品，如图1-11和图1-12所示。

（1）二醋片生产工艺　二醋片生产的基本工序包括：木浆粕粉碎、预处理、结晶、醋化、水解、沉析、洗涤和干燥等。最主要的化学反应是醋化反应和水解反应。醋化反应是以硫酸为催化剂，乙酸酐与木浆粕反应，从反应机理上讲，用乙酰基取代纤维素中葡萄糖单元所含的羟基，反应在乙酸溶液中进行，这样有助于分散热量。水解反应是从已形成的三醋酸纤维素中去除与硫酸的结合部分，并将部分醋化好的乙酰基还原成羟基，使最终产品成为平均约有2.43个醋化位置的醋酸纤维素，同时将大分子进行适当解聚，使产

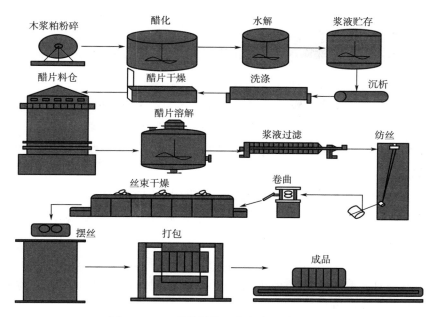

图 1-11　二醋酸纤维丝束生产工艺流程图

品具有合适的黏度。

（2）醋纤丝束生产工艺　醋纤丝束生产的基本工序包括：溶解、过滤、纺丝、卷曲、干燥、摆丝与打包等。

①制浆：制浆生产是将丝束生产所需的各种物料按照一定的比例进行配制和过滤，向纺丝提供浓度、温度、压力稳定以及过滤质量符合纺丝生产要求的浆液。丝束生产所需的物料包括二醋片、水等主要原料以及木浆粕等辅助原料。配比后的各种物料加入溶解反应釜中经过充分搅拌、混合、溶解后形成浆液。

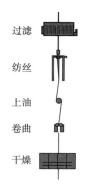

图 1-12　二醋酸纤维丝束生产重要
工艺控制节点

浆液由输送泵加压并送至浆液预热器进一步加温。在压力的作用下使浆液强行流过一级压滤机，完成初级过滤，约 95% 的杂质在这里被滤除。初级过滤浆液加压后强行流过二级压滤机以完成二次过滤，浆液中的杂质在这里被进一步滤除，经过了三级过滤合格后的浆液由供料泵输送到纺丝机。

制浆生产的重要参数如下：

a. 浆液浓度。浆液浓度指浆液中二醋酸纤维素的质量分数。浆液浓度波动直接影响到丝束的单丝线密度和丝束线密度。在生产中，通过控制系统溶剂的加入量，调整浆液浓度。浆液浓度一般控制在25%~30%。

b. 浆液水分。浆液水分指浆液中水分占溶剂的质量分数。浆液水分波动将影响到丝束卷曲、滤棒压降和丝束外观。在生产过程中浆液水分通过控制系统对水加入量进行调整。浆液水分一般控制在3%~6%。

c. 纺丝泵浆液压力。纺丝泵浆液压力指制浆向纺丝输送浆液的压力，一般控制在1.0~2.5MPa，在生产过程中通过控制系统对纺丝回流的浆液的量进行调节，保持向纺丝供应的浆液压力不变。

d. 浆液温度。浆液温度是浆液质量的重要指标，在生产过程中通过调节溶解反应釜加热温度、浆液加热器加热温度，保持浆液温度的稳定。浆液温度一般控制在52~58℃。

②纺丝：浆液经过纺丝机的计量泵计量、烛形过滤器过滤、预热器加热，通过喷丝板在纺丝机的甬道内喷丝。经过预热空气的对流加热，使丝束中的残余溶剂控制在规定范围内。丝束被加热的同时，大量的溶剂被蒸发出来，这些溶剂经过纺丝机上一系列VLA管道送到溶剂回收系统进行回收处理。

纺丝的重要工艺控制参数包括浆液浓度、浆液纺丝温度、计量泵速度、喂丝辊速度、卷取机速度、预热空气的温度与压力等。对这些工艺参数的有效调节，可以减少丝束端头和避免丝束凝丝，满足单丝线密度、丝束线密度、丝束截面形状的质量控制要求。

纺丝上油工艺的重要控制参数包括乳液油含量和上油辊速度。有效调节这两个工艺参数，可严格控制丝束产品的外油含量。

③卷曲：被固化的丝束经过甬道内集丝器将其集成一股，从甬道出来后经过上油辊的上油，喂丝辊牵伸，通过节点捕丝器后，根据不同品种要求，将一定股数的丝并成一条丝带，再通过一系列的导丝器，被卷取机对辊拉进腔内卷曲。

控制丝束卷曲的重要工艺参数包括卷曲机对辊速度、对辊压力和压板压力。对这三个工艺参数的有效调节，可以满足丝束卷曲数与卷曲能的质量要求，避免丝束毛边、跳卷等质量问题。

④干燥：卷曲过的丝束进入干燥机烘干。丝束中的残留溶剂也被挥发出来，这些溶剂通过 VLA 管道，送到 VLA 冷却器内冷却后，再送到溶剂回收系统进行回收处理。

丝束干燥的重要工艺参数包括干燥机的加热温度与链板速度，以及调节铺丝均匀性，对这些工艺参数的有效调节，可有效控制丝束水分含量和均匀性。

⑤摆丝打包：干燥过的丝束在摆丝机的作用下有规则地摆放在蓄丝箱内，直至落入预打包箱内继续摆放，摆满的预打包桶送到打包机上进行包装。将包装完毕的丝束称量后入库。

丝束摆丝的重要工艺参数包括摆丝速度、往复架速度。对这些工艺参数的有效调节，可保证丝束摆放均匀、平整，在滤棒生产过程中使丝束带便于抽取和提升。丝束打包的重要工艺参数是打包机的工作压力。根据不同速度的滤棒成形机设置不同的打包机压力，对提高滤棒的压降稳定性有益。

3. 二醋酸纤维丝束性能参数

醋纤丝束的性能参数主要包括丝束线密度、单丝线密度、卷曲数、断裂强度、截面形状、水分、丝束外观等。

（1）丝束线密度　丝束线密度是丝束规格的主要技术指标，指一定长度丝束的质量。英制以"旦（D）"为单位，用 9000m 丝束的质量（g）表示；国际单位制以"特（tex）"为单位，用 1000m 丝束在公定回潮率下的质量（g）表示。丝束线密度现用千特（ktex）表示、旦（D）。1 千特（ktex）=1000 特（tex）=1110 旦（D）。例如规格为 5.0Y/35000 的丝束，代表丝束线密度是 35000den。不同的丝束线密度适合制作不同规格的滤棒。在单丝线密度相同的情况下，丝束线密度越大，则丝束中所含单丝的根数就越多。均匀的丝束线密度，在滤棒生产过程中起到稳定滤棒压降、硬度的作用。丝束线密度波动越大，则滤棒的压降稳定性、硬度稳定性、卷烟的过滤效率等都得不到保证。

（2）单丝线密度　单丝线密度是丝束规格的主要技术指标之一，指丝束中一定长度单根丝的质量。英制以"旦（den）"为单位，用 9000m 单根丝的质量（g）表示；国际单位制以"特（tex）"为单位，用 1000m 单根丝在公定回潮率下的质量（g）表示。单丝线密度常用分特（dtex）、旦（D）表示。1 特（tex）=10 分特（dtex）=1.11 旦（D）。例如规格为 5.0Y/35000

的丝束，代表单丝线密度是 5.0D。当丝束线密度一定时，单丝线密度小，则单丝根数就多，适合制作压降高的滤棒；单丝线密度大，则单丝根数就少，适合制作压降低的滤棒。均匀的单丝线密度，是保证丝束线密度稳定的重要因素之一，在滤棒生产过程中起到稳定滤棒压降、硬度的作用。

（3）卷曲数 丝束必须经过卷曲，才具有加工成棒和过滤烟气的特性。适当、均匀的丝束卷曲数，起到稳定滤棒生产的作用。卷曲的个数不能过多，也不能过少。卷曲的个数多，则增加纤维间的摩擦力，静电干扰增加，不易开松；卷曲的个数少，则纤维间的抱合力降低，不能形成完美的网状，丝束带易分裂，对滤棒的压降和烟气过滤效率的稳定性都不利。

在丝束卷曲过程中，确保适当、均匀的丝束卷曲数，同时，另一项特性指标丝束卷曲能也很重要。丝束卷曲能是以一定拉力拉伸丝束所做的功与丝束拉伸长度之比表示，单位为克·厘米每厘米（g·cm/cm）。丝束卷曲能是反应丝束卷曲程度的一个综合性指标。它可以增加丝束的蓬松性，阻止纤维间的相对滑动。

稳定的丝束卷曲能，在滤棒生产过程中起到稳定滤棒压降、硬度的作用。丝束的卷曲能偏低，丝束特性曲线就偏低，影响滤棒的产率。丝束的卷曲能高，影响滤棒生产时的丝束开松，同时在制作滤棒时产生的丝束飞花也偏多。

（4）断裂强度 丝束在滤棒成型加工过程中必须保持一定的断裂强度。合适的丝束断裂强度，可确保丝束能顺利地被加工成滤棒，减少丝束飞花的产生。卷曲丝束的断裂强度与丝束的卷曲能呈反比关系，卷曲丝束的断裂强度越大，丝束的卷曲能越低。针对不同的丝束规格，选择适当的丝束断裂强度，对滤棒生产有益。

（5）截面形状 不同形状的喷丝板孔型可以生产出不同截面形状的丝束，常见的丝束截面图形见图 1-13。喷丝板的孔型是正三角形的，从孔中喷出的浆液随着溶剂的挥发，形成 Y 形截面的纤维，理想的截面形状使得丝束具有较好的蓬松性和较大的比表面积，可获得较为理想的滤棒产率和烟气过滤效率。

（6）水分 丝束水分反应丝束中含水量的多少，丝束生产过程中通过干燥机温度来调节丝束水分。丝束的水分控制，是丝束生产过程中的一项重要控制指标。合适、稳定的丝束水分，在滤棒生产中起到降低丝束飞花、稳定滤棒水分和滤棒硬度的作用。

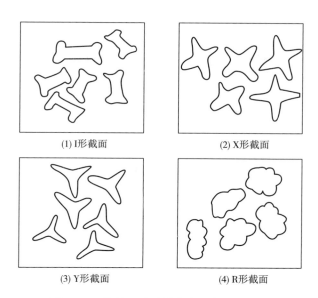

(1) I形截面   (2) X形截面

(3) Y形截面   (4) R形截面

图1-13 常见二醋酸纤维素丝束截面形状

（7）丝束外观 丝束不应有滴浆、切断、分裂和折叠等缺陷。

滴浆是指丝束带上有一个或多个由浆液凝固所形成的硬块，见图1-14。有滴浆质量问题的丝束在滤棒生产过程中，滴浆处丝束无法开松，导致滤棒出现质量问题。

切断是指丝束带横向上形成一处或多处裂口，见图1-15。有切断质量问题的丝束在滤棒生产过程中，影响丝束的正常开松或造成丝束缠绕在开松辊上，导致滤棒出现质量问题或停车。

图1-14 滴浆

图1-15 切断

4. 烟用丝束的产品技术要求

（1）丝束应无异味。

（2）丝束标称规格应符合以下要求：

①丝束线密度应在标称丝束线密度的 0.95~1.05 倍范围内。

②单丝线密度应在标称单丝线密度的 0.90~1.16 倍范围内。

（3）丝束技术指标应符合表 1-10 规定。

表 1-10   **烟用丝束技术指标**

项目	单位	技术要求	
		醋纤	丙纤
丝束线密度变异系数	%	≤0.60	≤1.2
残余溶剂含量	%	≤0.30	—
回潮率	%	≤8.0	≤0.30

（4）外观

①每包丝束接头数不应超过两个，且接头处应有明显标志。

②丝束不应有滴浆、切断、分裂和毛边等缺陷。

③丝束在包内应规则铺放，易于抽出。

④丝束目测色泽应一致。

⑤有特殊供货要求的丝束由供需双方协商确定。

二、烟用滤棒

1. 烟用滤棒类别

烟用滤棒主要为普通滤棒和特种滤棒，普通滤棒包括醋酸纤维滤棒、聚丙烯丝束滤棒，特种滤棒按结构分为复合滤棒、沟槽滤棒等，其中使用最为广泛的是醋酸纤维滤棒。

2. 丝束特性曲线

丝束特性曲线也称作丝束的能力曲线，即用特定的滤棒成型设备和一定的成型条件生产一定规格的滤棒，每一规格丝束具有一个从最低压降到最高压降的加工范围。特性曲线受丝束规格、滤棒规格，成型设备及成型工艺条件等影响。以滤棒的压降和丝束的质量为坐标，用一根曲线来表示以上的成型范围，它体现了滤棒压降与丝束质量的对应关系，这就是丝束特性曲线，即该丝束的加工能力范围。图 1-16 列出了部分细支卷烟用丝束的特性曲线。

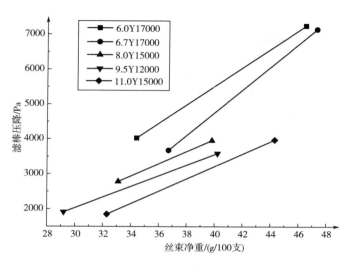

图 1-16　部分丝束特性曲线

丝束的加工区间以丝束特性曲线自下而上，15%～75%长度段最为适宜。在其余长度段生产时，滤棒质量（尤其压降指标）的波动将随着加工点向特性曲线两端点的移动而逐步加大。加工点选择越低，滤棒中丝束填充量越少，滤棒易出现"缩头"、硬度偏低、过滤效率偏低、热塌陷等质量问题。加工点选择过高，滤棒中丝束填充量增多，不经济，且滤棒的压降稳定性下降。所以，要根据具体需求，选择合适的加工点。

3. 烟用滤棒加工工艺

烟用醋酸纤维滤棒由经过开松的二醋酸纤维丝束施加三乙酸甘油酯后，外层包裹成型纸而成。原料丝束拆除包装物，在滤棒成型机后部定制摆放后，丝束被提取并按照一定的顺序传入开松机，经过空气开松和机械螺纹开松环节，使卷烟的丝束得到充分开松并消除卷曲后，施加三乙酸甘油酯，以便提高滤棒的硬度和加工性能，经过上述加工工序后，丝束被引入成型机，经过烟枪成型、包裹成形纸、施加内黏接胶和搭口黏结胶后，形成滤条并最终按照一定的长度要求，截断成某一规格滤棒。

醋酸纤维滤棒加工关键工序为丝束开松工序和施加三乙酸甘油酯工序，这两道工序完成的好坏，将直接影响滤棒的质量和过滤性能。

（1）丝束开松　丝束开松的目的主要是调节控制滤棒中丝束卷曲至适宜范围。丝束开松的效果取决于丝束开松程度和开松宽度，良好的丝束开松可保证丝束在成型加工过程中均匀施加三乙酸甘油酯，提高滤棒硬度、压降和各指标的均匀性，改善滤棒外观质量等，因此控制好开松质量尤为重要。丝束开松方式包含空气开松和机械开松两种。

①空气开松。空气开松主要通过空气开松器对丝束进行横向开松，其示意图见1-17。为了保证良好的空气开松效果，应保证有足够的空气量和一定的空气压力，同时应保证开松空气的清洁和气路的畅通。

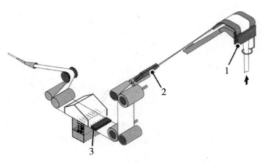

图1-17　KDF4滤棒成型机3级空气开松示意图

1~3—空气开松板

②机械开松。机械开松主要是通过开松辊对丝束进行纵向拉伸开松和横向开松，如图1-18所示。通常情况下，开松辊为左、右旋螺纹钢辊，同向转动，使得运行中的丝束一部分处于夹持状态，其余部分处于不同程度的拉伸松弛状态。成型机组通过调整开松辊和喂丝辊的负载比来调节丝束夹持、松

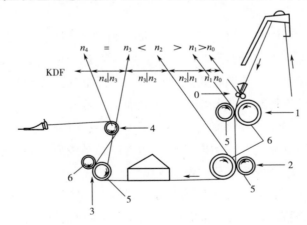

图1-18　KDF4机械开松控制图

0—制动辊　1—输入辊　2—伸展辊　3—导向辊　4—楔形槽辊　5—螺纹辊　6—橡胶辊

弛的程度来控制开松的状态。

丝束开松程度的大小一般用开松比即开松辊与喂丝辊的线速度比来表示。丝束在开松辊与喂丝辊之间处于拉伸状态，为了保证良好的机械开松效果，应将开松比控制在适当的范围，同时应保证喂丝辊、开松辊、输出辊安装良好、平衡稳定。

辊组有不同的转速。由此形成的转速比决定预伸展、伸展和松弛的过程，不同工序辊速比控制比例见表 1-11。

表 1-11　　　　　　　　　　成形机辊速比控制比例

	转速比
预伸展	输入辊（n_1）/制动辊（n_0）；$n_1/n_0 > 1$
伸展	伸展辊（n_2）/输入辊（n_1）；$n_2/n_1 > 1$
松弛	导向辊（n_3）/伸展辊（n_2）；$n_3/n_2 < 1$
供给系数	输入辊（n_1）/主驱动装置（n_{KDF}）；$n_1/n_{KDF} > 1$

③丝束回缩控制。为了保证滤棒良好的外观质量和稳定的滤棒硬度、压降，应保证开松拉伸后的丝束得到适当的放松回缩，消除丝束收缩应力。丝束回缩比，即开松辊与输出辊的线速度比，通常应控制略大于丝束开松比。

丝束带开松宽度的控制。为了保证开松效果、均匀施加三乙酸甘油酯，丝束带经过各道开松环节开松后应达到一定的开松宽度，通常第一道空气开松后的宽度应达到 75mm，第二道空气开松后的宽度应不小于 100mm，机械开松后的宽度应不小于 200mm，主空气开松后的宽度应不小于 230mm。

④丝束开松静电消除。为了防止丝束绕丝缠辊，应注意消除静电。最好在开松机上加装接地金属棒或静电消除器，同时应控制好生产现场的温湿度，一般温度应控制在 20~25℃，相对湿度在 60%~70%。

（2）施加三乙酸甘油酯　三乙酸甘油酯是增塑剂，在丝束中施加三乙酸甘油酯主要是为了增加滤棒硬度、弹性，提高滤棒的过滤性能，改善滤棒的切割、复合、接装等加工性能，满足卷烟接装的需求。

施加三乙酸甘油酯通常有四种方式，即滚筒涂布法、涂刷喷雾法、离心喷雾法和电热喷雾法。

①滚筒涂布法。滚筒涂布法施加三乙酸甘油酯是利用两个相反转动的涂胶辊（同时作为丝束的输出辊）来完成涂布任务。丝束呈 S 形穿过两辊，两

只钢辊上装有条形羊毛毯，依靠羊毛毯的渗透作用将三乙酸甘油酯涂到钢辊上，再由钢辊转涂到丝束上。使用该方法具有涂布流程短、设备简单的优点，但是羊毛毯涂布过程中易被三乙酸甘油酯中的杂质堵塞，致使涂布流量波动较大且涂布不均匀。FRA3 成型机组使用该工艺施加三乙酸甘油酯。

②涂刷喷雾法。涂刷喷雾法施加三乙酸甘油酯是通过计量泵向三乙酸甘油酯雾化箱供应三乙酸甘油酯，施胶毛刷高速旋转通过离心力将三乙酸甘油酯均匀地撒向丝束。适用该法可以较为准确控制滤棒中三乙酸甘油酯施加量，但是施加过程中雾滴均匀性不稳定。KDF2、KDF3 机组采用该方法。

③离心喷雾法。离心喷雾法施加三乙酸甘油酯是通过径向打有小孔的高速旋转的甩胶盘，将三乙酸甘油酯甩出、雾化，撒向丝束。使用该方法三乙酸甘油酯施加量与雾化效果可控程度一般，目前一般使用在低速设备上，特别是生产丙纤滤棒时施加黏度较高的水乳胶工序中。

④电热雾化法。该方法是自 KDF4 机组发展而来的一种雾化施加三乙酸甘油酯的方法，见图 1-19。通过对三乙酸甘油酯进行加热，然后经加压泵增压后，三乙酸甘油酯通过雾化喷嘴喷射雾化的方式对扩散开的丝束带进行施加。甘油酯施加量通过采集设备运行速度，计算后准确施加累计修正，可以保证较高精度要求。但使用该方法对设备的调整要求较高，如喷嘴角度、喷嘴直径参数不当，容易发生雾化效果差，出现胶孔概率较大。

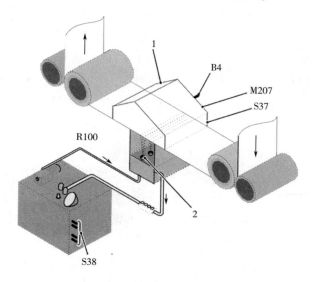

图 1-19 KDF4 电热喷雾示意图

　　在喷雾室 B4 内，增塑剂被雾化喷嘴 2 精细地喷涂到丝束上。喷涂量将随着生产速度而成比例地改变。

　　施加三乙酸甘油酯控制要求如下。

　　a. 适量施加：通常三乙酸甘油酯施加量应控制在 6%～12%，以确保滤棒固化效果和滤棒硬度达到要求，防止出现施加太少而滤棒松散或施加过量出现胶孔等严重质量缺陷。

　　b. 均匀施加：应保持三乙酸甘油酯施加系统安装良好、无异常磨损、工作正常，以确保均匀施加三乙酸甘油酯。防止发生滤棒硬度不均匀、胶孔等现象。

　　c. 清洁生产：应确保三乙酸甘油酯施加系统清洁，尤其应防止丝束飞花聚集在三乙酸甘油酯箱内，形成挂丝胶滴，导致大胶孔的产生。

　　d. 三乙酸甘油酯的使用温度：应控制在 30～40℃，以保证雾化充分，均匀施加。

　　e. 三乙酸甘油酯品质控制：应确保三乙酸甘油酯品质符合要求，尤其应关注酸值的高低，由于该指标不仅会影响滤棒及卷烟的感官质量，而且还会影响三乙酸甘油酯的固化效果。同时还应关注三乙酸甘油酯中杂质的多少，以防止堵塞三乙酸甘油酯施加系统。

　　f. 三乙酸甘油酯的存放：应存放在阴凉、干燥、洁净、密封的不锈钢容器中，不宜在高温、高湿环境下贮存，应特别关注三乙酸甘油酯在贮存和使用中的水解问题。

　　4. 烟用滤棒产品技术指标

　　目前，醋酸纤维滤棒产品质量要求须符合 GB/T 5605—2011《醋酸纤维滤棒》规定，具体要求如下：

　　（1）滤棒应无毒，符合我国食品安全标准的规定。

　　（2）滤棒的各项技术指标应符合表 1-12 规定。

表 1-12　　　　　　　　　　　　醋纤滤棒技术指标要求

项目		单位	指标要求
长度		mm	标称值±05
圆周		mm	标称值±0.20
压降	<4500	Pa	标称值±290
	≥4500		标称值±340

续表

项目	单位	指标要求
硬度	%	≥82
含水率	%	≤8
圆度	mm	≤0.35

（3）外观应满足下列要求：

①滤棒切口应平齐，端面不应有毛茬、胶孔，不应有面积大于横截面三分之一且深度大于0.5mm的缩头。

②滤棒表面应洁净，不应有油渍，不应有长度大于2mm的不洁点，或长度虽不大于2mm，但多于3点的不洁点。

③滤棒表面应光滑，不应有破损、皱折。

④滤棒搭口应匀贴牢固整齐，不应翘边、泡皱。

⑤滤棒应平直，不应有拱高大于1mm的轴向弯曲。

⑥爆口：滤棒经90°扭转，搭口一次爆开长度不应大于支长的1/6。

⑦内黏接线：滤棒的丝束棒与成形纸之间应有内黏接线。

5. 特种滤棒

随着社会对吸烟与健康问题的日益关注，在原有醋纤丝束滤棒的基础上，对滤材改性和开发、滤嘴参数优化、滤嘴结构设计和滤嘴添加剂技术等领域进行大量研究，研制出了外观多样、功能各异的特种滤棒。按功能分，主要有以下几种。

（1）复合滤棒　随着吸烟与健康矛盾的日益突出，减害降焦是烟草行业发展的趋势，因此，国内外对烟用滤棒的开发、研究越来越深入，各种功能滤棒被广泛应用，其中使用最普遍的是复合滤棒。目前复合滤棒常见的有二元复合滤棒、三元复合滤棒等，见图1-20。

①二元复合滤棒。与醋纤滤

图1-20　二元复合滤棒示意图（活性炭）

棒等单一结构滤棒相比，二元复合滤棒由两端不同结构的段节组成，其段内可以添加各种功能性的颗粒、粉末、液体等材料，因此，二元复合滤棒不但具有选择性吸附烟气中的有害成分等功能，还可以弥补减害降焦造成的香气流失。添加功能性材料的二元复合滤棒，早在20世纪50年代末已经在国外开始使用，后逐渐被国内外认同，常用二元复合滤棒有以下几种：

a. 活性炭二元复合滤棒：活性炭由于其多孔结构，从而具有极大的比表面积，由于在加工处理过程中经改性处理，可以吸附烟气中的挥发性成分；同时，加入的活性炭颗粒可明显提高滤棒压降，增加滤嘴拦截碰撞概率，使得滤嘴对焦油和烟碱的过滤效率提高15%以上，另外还可以除去烟气中的部分挥发物、半挥发物和不挥发物。活性炭还可以改变烟气中焦油与烟碱的比值，使焦油与烟碱的截留率相差10%~15%。因此活性炭能用来改变焦油、烟碱的平衡，给出相对高的烟碱量，这为设计低焦油卷烟而仍能保持或接近高焦油卷烟所具有的吸味创造了有利条件。活性炭不但能提高对烟气中气相物质的吸附效果，同时可除去烟气中的涩味成分，可以起到改善卷烟吸味、醇正烟气的作用。

b. 植物纤维颗粒二元复合滤棒：纤维素粒子二元复合滤棒中添加的纤维素粒子是以天然植物纤维为原料加工而成，具有良好的吸水性和吸油性，易降解、属于新型环保材料。纤维素粒子具有多孔结构，有较大的比表面积，过滤效率很高，选择吸附能力较强。

c. 生物材料二元复合滤棒：随着减害降焦的深入，利用天然植物资源定向提取其各种活性成分，并通过各种组合的功能化进行匹配性应用研究，可以达到降焦减害、增强烟香、舒适润喉、提高协调性的目的。天然植物提取物合成的添加材料，因其味道与烟草本香协调，可在对卷烟吸味无影响的前提下，达到减害降焦的目的，是今后功能性添加材料研究和应用的方向。

d. 纸质二元复合滤棒：由于纸质滤棒对的过滤效率要高于醋纤滤棒，因此用纸质滤棒可以解决因滤棒压降太高而影响抽吸的问题，用低压降的纸质滤棒就可以达到所需的过滤效率，但由于纸质滤棒对卷烟产品的抽吸口味影响较大，会增加烟气的刺激性、减少香气量，加之纸质滤棒在应用上由于其端面的视觉效果与醋纤滤棒的差异较大，因此很少有单独使用纸质滤棒的卷烟，通常都将纸质滤棒与其他材料制成复合滤棒使用，这样既可利用纸质滤棒高吸附的性能，又能减轻纸质滤嘴所特有的刺激和辛辣味，容易被消费者接受，目前应用较广的有以下两种纸质滤棒：一是纸与醋纤二元复合滤棒，该滤棒的结构是以二醋酸纤维素丝束为近唇端，另一端为纤维素皱纹纸。这种滤棒有纸纤维的高吸附优点和醋酸纤维外观的优点，其特点是单位压降的过滤效率比醋纤纤维滤棒高，在同样过滤效率下，压降比普通醋纤滤棒小。二是纸加添加物二元复合滤棒，把功能性加害材料添加到纤维素纸上，再成型制作为复合滤棒，使其不仅具有二元复合滤棒的特点，还有纸质滤棒的优点，减害降焦效果更加显著。

②三元复合滤棒。三段式三元复合滤棒因其内端（近烟端）两段节可添加两种以上不同的添加物，既可以添加具有降焦减害功能的材料，又可以添加补偿香气的材料，赋予该滤棒选择性减害、降焦、增香、保润的多重功效。因此三段式三元复合滤棒与二元复合滤棒相比，功能性滤棒的作用尤为显著。随着减害降焦工程的深入，三元复合滤棒的应用将会被更多关注。

（2）沟槽滤棒　沟槽滤棒是一种综合性能很强的滤棒，其结构为：中心是二醋酸纤维素丝束滤芯，外层用压有沟槽的沟槽纤维素纸包裹，最外层包裹成形纸，内外包裹层之间形成一系列沟槽。从外观看，滤嘴芯周围有一条条纵向的 V 形沟槽，见图 1-21。这种沟槽有两种情况，一种是沟槽内置（沟槽在近烟端），另一种是沟槽外置（沟槽在近唇端）。沟槽滤棒按照结构可分为截点式、间断式和多段式三种。

①截点式沟槽滤棒。沟槽贯穿于整支滤棒，每隔一定长度就有一小块截点（凸起）截断沟槽。其过滤原理是当主流烟气在沟槽中行进到截点时，立即改变行进方向，其中大部分烟气横向穿过沟槽纤维素纸，与纵向行进的烟气发生碰撞，形成大颗粒，更容易被醋纤丝束截留。

②间断式沟槽滤棒。沟槽并不是贯穿于整支滤棒，相邻的两段沟槽间是固定长度的无沟槽部分，其过滤原理是：当烟气通过滤嘴时它会自然而然地沿着阻力最小的方向前进，也就是沿着沟槽走。由于沟槽并不是贯穿于滤棒的整个长度，当烟气在到达沟槽的末端时就会透过沟槽纤维素纸进行横向或斜向运动，烟气方向不断改变，被纤维丝束截留和沟槽纤维素纸吸附。

③多段式沟槽滤棒。此滤棒相当于两只普通的间断式沟槽滤棒连接起来使用，即近唇端和近烟端均为沟槽，中间为无沟槽段。因此，在滤棒长度、压降不变的情况下起到双重过滤的效果。

以上结构的沟槽滤棒都是通过"横流效应"的原理来提高丝束对粒项成

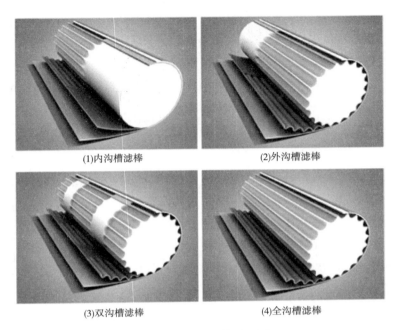

|（1)内沟槽滤棒|（2)外沟槽滤棒|
|（3)双沟槽滤棒|（4)全沟槽滤棒|

图 1-21　沟槽滤棒示意图

分的吸附、截留作用。同时，沟槽纤维素纸是由特殊纤维制成，具有一定厚度，纤维含量高且分布均匀紧密，因此，烟气在通过沟槽纤维素纸时被大量截留，由于在沟槽纤维素纸上压制成沟槽时扩大了其比表面积，改变了主流烟气在沟槽滤嘴中的行进路线，提高了惯性碰撞和扩散沉积概率，沟槽滤棒能较多地截留烟气的粒项成分，具有极高的吸附性能，因此沟槽滤棒在同压降下比醋酸滤棒具有更高的截留效率，使得沟槽滤棒的过滤效果更明显。

由沟槽滤棒可以派生出许多种类的滤棒，如加线沟槽滤棒，彩色沟槽纤维素纸滤棒，沟槽复合滤棒等。

（3）香线滤棒　香线滤棒是将香料采用适当的包埋技术进行处理后，适量加入滤棒中，在卷烟抽吸过程中香味成分缓释而使吸烟者能明显感受到香气，见图 1-22。

常见的香料添加方式：

①将香料与三乙酸甘油酯混合，添加到滤棒中。

②将香料吸附到棉线上，滤棒成形过程中，将棉线卷制于滤棒中心。

③将薄荷添加到凝胶中，随棉线或使用压力泵通过针孔将融化状态下凝

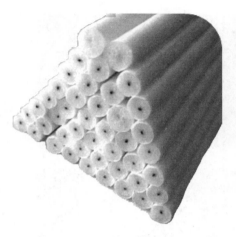

图 1-22　香线滤棒示意图

胶香料混合物施加到滤棒中心。

（4）爆珠滤棒　为了弥补降低焦油含量导致的烟气香味损失，越来越多的品牌开始使用"爆珠添加"技术作为辅助加香手段。爆珠由一层胶皮外壳包裹液体内容物组成，部分产品有包衣膜。"爆珠添加"作为一种卷烟赋香的创新技术，可以在滤棒中加入一粒或者多粒易捏破的爆珠，实现在卷烟吸食过程中人为可控的特色功能物质释放，减少外界环境对吸味的影响和造成的香精损失，丰富卷烟吸食口味，实现吸食过程的增香、保润、降害等效果，见图 1-23。

图 1-23　爆珠滤棒示意图

（5）同轴心滤棒　同轴心滤棒是由一根芯棒和外包丝束组成的滤棒，一般情况下芯棒和外棒是同轴的，因此称同轴心滤棒，见图 1-24。

同轴心滤棒的芯棒丝束和外层丝束密度相差很大，在烟气通过滤棒时对

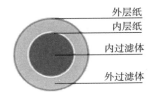

外层纸
内层纸
内过滤体
外过滤体

图 1-24　同轴心滤棒示意图

烟气的机械截留能力有较大差异，产生压力差，烟气在芯棒和外棒产生横向流动，这样主流烟气在滤嘴中既存在纵向过滤又有横向穿越丝束的过滤，加大了烟气碰撞概率，增大烟气流动路径，同时也延长了烟气在滤嘴中运行时间。从而截留了烟气中更多的烟气粒相物，达到了降低焦油的效果。

（6）空腔滤棒　采用热熔挤压定型等特殊加工技术制成的中空、端面可见各种空腔图案的滤棒，具有新颖性和防伪功能，见图 1-25。烟气在进入口腔之前在空腔中有一定的滞留，滞留的烟气会有部分会沉积，还有一部分散发到空气中，可减少危害。同时中空部分可将烟气聚拢不发散，对改善卷烟吸味有一定的提高。

图 1-25　空腔滤棒示意图

参考文献

[1] 曹建华. 改性醋酸纤维丝束及其在烟气过滤中的应用研究 [D]. 东华大学，2006.

[2] 盛培秀. 沟槽醋酸纤维滤棒的开发 [J]. 烟草科技，2004，(4)：17-19，22.

[3] 刘熙，夏国聪. 卷烟滤嘴技术的应用研究进展 [J]. 科技信息，2011 (13)：448+473.

[4] 余洋. 烟用三乙酸甘油酯纯化工艺的改进 [D]. 云南大学，2016.

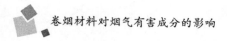
［5］胡群，卷烟辅料研究［M］．云南：云南科技出版社，2001.

［6］韩云辉，烟用材料生产技术及应用［M］．北京：中国标准出版社，2012.

［7］沙力争，造纸技术实用教程［M］．北京：中国轻工业出版社，2017.

［8］G．A．斯穆克，曹邦威等，制浆造纸工程大全［M］．北京：中国轻工业出版社，2015.

［9］安随元．卷烟材料对卷烟品质影响因子的研究［D］．湖南农业大学，2013.

［10］李艳平．几种烟气有害成分在滤嘴中的过滤效率和分布模式研究［D］．湘潭大学，2013.

［11］杨琳．几种 Hoffmann 烟气成分在滤嘴中的截留和分布模式研究［D］．湘潭大学，2014.

［12］国家烟草专卖局行业标准统一宣贯教材《烟用二醋酸纤维素丝束》和《烟用丝束理化性能的测定》系列标准实施指南［M］．北京：中国质检出版社，2011

第二章
卷烟烟气有害成分

　　卷烟烟气是烟草在燃吸期间不完全燃烧产生的气溶胶。近年来，先进的分离、分析技术被不断地应用于烟草化学成分分离分析研究，极大地推动了烟草化学成分的发现，烟草和烟气中检测到的化学成分的数量飞速发展，一些微量的未知的化学成分被进一步发现和鉴定。随着社会对吸烟与健康的关注，对卷烟主流烟气有害成分的相关研究得到了广泛开展，烟气中有害成分受到越来越多的关注。烟气中已报道的有害成分达到了149种，其中最重要的有害成分在40种左右，加拿大、澳大利亚和巴西等国家已要求卷烟生产商公布其产品部分有害成分的释放量。同时，一些安全性毒理学的技术和手段也逐步在卷烟危害性评价中应用起来。

第一节　烟气化学成分

　　烟气是极其复杂的化学体系，它是各类烟草制品在抽吸过程中，烟草不完全燃烧形成的。抽吸期间，在燃烧着的卷烟或其他制品中的烟草暴露于从常温至高达约950℃的温度下和变化着的氧浓度中，这致使烟草中数以千计的化学成分或裂解或直接转移进入到烟气中，这些成分分布于组成烟气气溶胶的气相和粒相之中，从而形成由数千种化学物质组成的复杂的化学体系。

一、烟气的形成

1. 卷烟的燃烧

　　当卷烟被燃吸时，在烟支的点燃端形成燃烧区。无论是卷烟、雪茄还是斗烟都发生两类不同的燃烧：抽吸燃烧和抽吸之间的自然阴燃。在抽吸期间，空气经过燃烧区被吸入，同时产生主流烟气。在抽吸之间的间歇期，燃烧区周围的空气向上方向的自然对流维持着燃烧（即阴燃），并产生侧流烟气。烟草被加热，导致水分和挥发性物质从烟草中蒸馏出来，同时它的组分受热分解（热解），两者导致产生挥发性气体并留下残余的焦化的碳。这种碳很容易与阴燃期间自然对流的或抽吸期间强制主流的空气中的氧起反应。这个放热燃烧反应产生了简单的燃烧气体 CO_2、CO 和水，留下烟草无机物灰分。这些气体和挥发性物质会继续形成主流烟气或侧流烟气。在放热的燃烧期间产生的一些能量反馈加热未起反应的烟草，形成典型的自我维持的燃烧环。图 2-1 所示为吸烟周期不同时间点燃烧着的卷烟内部温度变化情况。

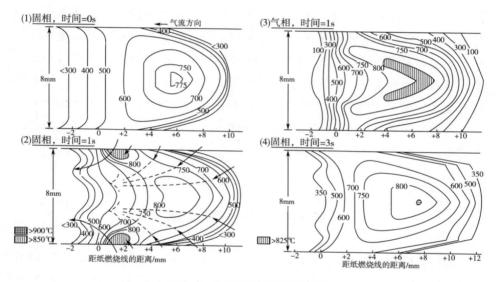

图 2-1　燃烧区内温度分布变化

在抽吸之间的自然阴燃期，气相和固相接近热平衡，此时燃烧区的中心最高温度约 800℃。在抽吸期间，气、固两相温度在燃烧中心区相近，但在表面附近的温度分布有很大差异。在燃烧区的周边，在抽吸开始后 1~2s 时，卷烟纸燃烧线前约 0.1~1.0mm 处固相温度达到最高点（910℃）。这是空气流入燃烧区最大的区域，因而这里发生最剧烈的放热燃烧。同一区域的气相温度相对低些，在抽吸过程中，气相温度在 600~770℃ 变动。在抽吸结束之后，在燃烧区周边的固相温度在 1s 内从 900℃ 以上降至 600℃，在 4s 内两相在整个燃烧区达到准平衡。

在烟支内，烟草的燃烧速度受氧气传至烟草表面的速度所控制。在燃烧区，气体的黏度和速度随着温度而增加，所以燃烧区对气流有相当高的吸阻。因而抽吸期间空气趋于在燃烧区基部靠近卷烟纸燃烧线处进入烟支，因为在此处吸阻是最低的。抽吸期间，燃烧区基部由烟草的放热燃烧释放的热量大于热量损失，固相周边的温度增加到远远超过900℃。因而，抽吸期间往前推进的主要是燃烧区的周边。在抽吸的前半期，通过燃烧区的压降迅速增加，因而气体速度、温度以及黏度都有所增大。这样，当抽吸进行时所消耗的卷烟体积趋向于恒定值，而主流烟气增加的部分由绕过燃烧区的和经过卷烟纸进入的空气所组成。卷烟纸在大约300℃开始降解，其透气性急剧增加，在卷烟纸燃烧线稍后即有大量空气流入。所以，由于抽吸期间大部分进入烟支的空气绕过了燃烧区的中心区域，中心区域的气相和固相温度比之周边温度的增幅要小很多（从略低于800℃上升到约850℃）。

当抽吸结束时，输送到燃烧区表面的氧气大大减少，因而放热的表面氧化作用也大大减弱。由于向周围热辐射，燃烧区周边迅速变冷，此时的主要热源是燃烧锥的中心。氧气通过卷烟纸扩散进入燃烧区的后部。燃烧区的中心区域向前推进，在燃烧区的后部重新建立一个比较扁平的区域，其径向温度相对恒定。这样，在抽吸之后、在卷烟纸燃烧线发生可见移动之前，常常立即有一个长达15s的时间延迟。

在抽吸期间从烟支燃烧区吸出的气体量大于进入燃烧区的空气量。这是由于气体产物的净产生之缘故。采用许多方法测定这一体积的增加量，其合理的平均估计值为20%。

2. 主流烟气的形成

图2-2所示为烟气产生的模拟图。卷烟燃烧区内部是缺氧和富氢的，实际上能分为两个区，放热的燃烧区和吸热的热解、蒸馏区。空气在抽吸期间被吸入烟支内，氧气由于焦化的烟草燃烧而消耗，形成了简单的燃烧产物CO、CO_2和水，伴随释放出热量，此热量维持着整个燃烧过程。在这个区域，产生700~950℃的温度，加热速度高达500℃/s。

在燃烧区域的下游即为热解、蒸馏区，温度约在200~600℃，氧气的水平仍然较低。大部分烟气产物在这个区域通过各种各样机制产生，这些反应基本上都是吸热的。已知烟气成分中约有1/3是直接从烟草转移进入烟气的。从烟草蒸馏出来的物质包括各种饱和的与不饱和的脂肪族和萜类烃、内酯类、酯类、羰基化合物、醇类、甾醇类、生物碱类、氨基酸类和脂肪胺类。化合物的直接转移与其挥发性及其所带的功能团和热稳定性有关。挥发性较高的物质，在这个区域可以有效地转移到主流烟气中，如薄荷醇等。

大部分非挥发性物质不可能从烟草中蒸馏出来，包括大部分碳水化合物、糖类、多糖类（纤维素、淀粉、果胶）、多酚类（木质素）和蛋白质。这些物质在燃吸过程中分解为各种各样的产物，包括高沸点化合物。由复杂的热解形成的其他种类的化合物包括吡啶类、吲哚类、腈类、芳香胺类、呋喃类、酚类和羰基化合物。

但是，在卷烟烟气中确实能检测到一些真正的非挥发性、高分子质量的或者热不稳定的物质，如无机盐、金属、甾醇、糖、叶色素和氨基酸。当然，这些成分的转移率都很低。所有这些物质在烟气中的存在，意味着在热应力作用下发生了细胞喷发，非挥发性固体在热分解之前，迅速被喷射入烟气流中。可能是这些固体粒子构成了使较大挥发性物质在上面凝结的核，形成烟气中的气溶胶颗粒。

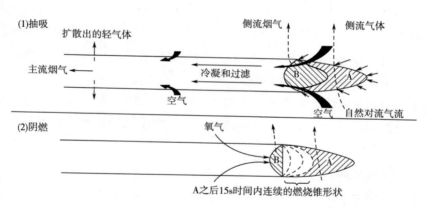

图 2-2 烟气产生过程模拟图

A—燃烧区 B—热解与蒸馏区

烟气中许多成分可以同时通过直接转移和热解形成。而且，碳水化合物和蛋白质或它们的热解产物可以在燃烧的不同区域内相互反应，进而产生更多的烟气成分。因为整个热解、蒸馏区域的氧含量都比较低，在这个区域形成的产物仅有较小量会发生二级氧化作用。

在燃烧区内吸热的热解、蒸馏区域中产生了高度浓集的超饱和蒸气，在抽吸期间，这些蒸气从烟支中被吸出形成主流烟气。当蒸气从这个区域被吸出时，在从卷烟纸燃烧线处进入的稀释空气存在下，几毫秒内就从约600℃冷降至接近于室温。这使较低挥发性的化合物很快达到其饱和点，随即发生冷凝。如前所述，因为在燃烧区内存在已形成的大量冷凝核，冷凝作用会立即在空气中以悬浮状态发生。在较冷的烟丝表面上也会发生直接冷凝作用。不同的化合物蒸气会有选择地冷凝在特种类型核上，形成由不断增长的液滴微粒组成的浓密气溶胶，这些液滴微粒有不同的组分和生长速度。当蒸气冷至350℃以下时，就形成烟气微粒。

气溶胶粒子一旦形成，它们将会随同气流通过烟柱。当它们通过燃烧区后面正在降低的温度梯度时，它们将由于凝结和在其表面上继续冷凝而增长。在较低的粒度范围，小于0.1μm的液滴微粒具有的热扩散速率，使得它们与其他粒子或烟草表面发生碰撞的概率较高，而约1μm大小的粒子因其较大的惰性而不会随同曲折的气流通过烟柱，但会由于碰撞在烟草表面而被移去。

除了气溶胶粒子这些物理效应外，当烟气经过烟柱时，在气相中持久存在的部分物质会扩散通过卷烟纸，逃逸至空气中，成为侧流烟气。

二、烟气的化学组成

卷烟烟气是在卷烟被抽吸的状态下产生的，因而卷烟烟气的形成受卷烟抽吸方式影响。卷烟抽吸方式因吸烟者、吸烟者状态、吸烟场所等诸多原因而千差万别，这些因素在不同程度上影响卷烟烟气的形成，导致烟气在成分上的差异。

为了比较各种卷烟的烟气释放量并研究烟气成分，国际标准化组织烟草技术委员会制定了标准吸烟条件（ISO-TC126），具体抽吸参数为：一次抽吸量35cm^3，抽吸时间2.0s，每分钟抽吸一次，吸至23mm烟蒂长度（无滤嘴卷烟）或接装纸加3mm（滤嘴卷烟）。这种标准抽吸程序被多家机构，尤其是烟草科学研究合作中心（CORESTA）、国际标准化组织、美国联邦贸易委员会和英国官方化学家委员会所采纳，并且，在此条件下测量的卷烟烟气释放量已成各国政府制定相关政策或法规的基础。在标准吸烟机制式（ISO-TC126）下，研究美式混合型卷烟主流烟气的化学组成的结果（表2-1）显示，主流烟气总重量约76%是空气，约有17%是永久气体CO_2、CO、H_2和CH_4，水占2%，其他有机化学成分约占总重量的8%。

表 2-1 主流烟气的基本化学组成

成分	质量分数/%	成分	质量分数/%
空气	—	粒相	—
氮气	62	水	0.8
氧气	13	烷烃类	0.2
氩气	0.9	萜烯类	0.2
气相	—	酚类	0.2
水分	1.3	酯类	0.2
CO_2	12.5	烟碱	0.3
CO	4	其他生物碱	0.1
氢气	0.1	醇类	0.3
甲烷	0.3	羰基化合物	0.5
烃类	0.6	有机酸类	0.6
醛类	0.3	叶色素	0.2
酮类	0.2	其他化合物	0.9
腈类	0.1		
杂环类	0.03		
甲醇	0.03		
有机酸类	0.02		
脂类	0.01		
其他化合物	0.1		

1. CO 和 CO_2

CO 和 CO_2 是卷烟烟气的主要化学成分。它们是许多烟草成分如淀粉、纤维素、糖、羧酸、酯、氨基酸等通过热分解和燃烧而形成的。研究表明，稍多于一半的 CO 和 CO_2 是通过上述烟草成分燃烧形成的。在燃烧卷烟内部，CO 约有 30% 是烟草组分的热分解产成的，约 36% 通过烟草燃烧产生。此外，至少 23% 是通过二氧化碳的碳还原产成的。

2. 水

水是烟草成分的主要燃烧产物，按质量计算，在烟气中，气相水分的量与 CO 和 CO_2 含量相当。但是和碳氧化物不同，气相水分主要被输送到侧流，与大气氧结合进入侧流烟气的量远远高于结合进入主流烟气的量。这表明，烟气中的气相水分主要是烟草成分通过热解产生的氢所形成的二步产物，即氢扩散入侧流气流中，在燃烧区表面附近于 300~500℃ 温度下被氧气氧化成水。

3. 烃类

烟气含有许多种烃类化合物。研究表明，烟草中烃类物质和烟叶中的 n-$C_{25}H_{52}$、植物醇、新植二烯、n-三十二烷以及豆甾醇等物质直接相关，其形成种类与烟草热解期间的温度有关。在约 400~600℃ 时，产生一系列正构烷烃和烯烃；在 500℃ 以上时，形成苯和烷基苯；在约 700℃ 温度时，形成萘，在 800℃ 以上产生多环芳烃。

目前，从烟气中已鉴定出的烷烃类物质超过 100 种，烯烃类有 150 种，脂环烃类有 55 种。这些化合物多数是从含有烷烃、烯烃、醇、羧酸、酯、醛、酮和生物碱的烟草蜡质中转移到烟气中，它们或者结构完整地转移，或者碎裂为链长短于 C_{25} 的烷烃和烯烃后转移。

研究证实，卷烟烟气中低级烃，如甲烷、乙烷、丙烷、乙烯、丙烯和乙炔是由烟叶成分中的蜡、甘油三酯、脂肪酸、氨基酸、醛和酯等多种成分在约 300~550℃ 温度下热分解产生的。同时，至少有超过 75 种单环芳烃如苯和甲苯可由氨基酸、脂肪酸、肉桂酸、糖和蜡质等带有芳环或环己烷环的前体热解形成，或者由初级烃基热合成形成。此外，目前，已有数百种异戊二烯类物质，包括烟草特有的化合物，都已从烟草和烟气中鉴定出来。最常见的无环异戊二烯类物质主要有茄尼醇、植物酮和新植二烯；环状异戊二烯类物质主要有西柏烷类和胡萝卜素类物质。

4. 肼

烟气中的肼（NH_2—NH_2）一部分是吸烟时从烟草转移至烟气的，也有可能是在燃吸时通过硝酸盐的还原而形成，或者有可能是植物芽生长抑制剂马来酰肼的杂质成分。热解实验的结果也表明，烟气中的肼可以由氨基酸、蛋白质和马来酰肼的热分解而形成。

5. 硫化羰

烟气中的硫化羰（COS）是由烟草中含硫氨基酸如胱氨酸、半胱氨酸、高胱氨酸、甲硫氨酸、甲硫氨酸砜、甲硫氨酸亚砜等在 850℃ 下热分解产成的。

6. 一氧化氮

研究表明，烟气陈化几秒以上，新鲜主流烟气中含有的一氧化氮（NO）就会氧化为二氧化氮（NO_2）。烟气中 NO 的主要来源是烟草内硝酸盐的热分解和大气中的氮经氧化形成的。

7. 氨

烟气中的氨主要来源于硝酸盐还原和甘氨酸热解。研究证实，由硝酸盐还原和甘氨酸热解而形成的氨大部分被转移到侧流烟气；由硝酸盐、甘氨酸、脯氨酸和氨基二羧酸裂解产生氰化氢，主要转移至主流烟气中。

8. 醛酮类

烟草中的醛酮化合物在卷烟燃烧过程中可以部分地通过蒸馏转移进入烟气，但烟气中醛和酮的主要来源是烟草中纤维素、糖、果胶、烟草类脂和蜡质、蛋白质、氨基酸和甘油三酯的热裂解。

9. 醇类

烟气中含有多种醇类物质。除了丙烯醇、苯甲醇和 2-苯乙醇外，烟气中含有从甲醇到 1-二十四（烷）醇［$CH_3（CH_2）_{22}CH_2OH$］及 1-二十八（烷）醇［$CH_3（CH_2）_{26}CH_2OH$］等直链伯醇。烟气中的伯醇是由非结合醇从烟草直接转移或通过长链酯类水解为醇和酸而产生。烟草和烟气中其他的醇类还包括各种萜醇如植物醇（C_{20}）和茄尼醇（C_{45}），后者现在认为是环境烟气合适的标志物。

同时约 20%～25% 的烟草植物甾醇能以原型转移至烟气，这种转移或是通过游离甾醇的蒸馏，或是通过酯类和苷水解释放出甾醇的蒸馏而实现。

10. 酚类

据报道，烟气中酚类物质的总数达 300 多种，其范围从简单的挥发性一元酚到多酚。烟气中的一元酚主要来源于烟叶中的一些多聚物如木质素和纤维素等；多酚类物质则主要通过蒸馏直接从烟草转移入烟气。此外，烟草中的一些多糖、糖类、蛋白质、氨基酸以及烟叶多酚如绿原酸的热解也会产生多种多样的酚类物质，它们也是烟气中酚类物质的重要来源。

11. 羧酸类

烟气中含有许多挥发性羧酸（$C_1 \sim C_5$）、长链脂肪酸（$C_6 \sim C_{22}$）、羟羧酸、二羧酸和苯甲酸类物质。挥发性酸类物质可以从烟草转移到烟气，也可以通过烟草内的物质如酯类、甘油三酯、乳酸盐和淀粉、果胶和纤维素等生物多聚物的热解而产生。烟气中的长链饱和与不饱和脂肪酸则主要是由烟草转移进入烟气的。

12. 胺类

在烟气中检测到大约 200 种脂肪族胺和芳香族胺，烟气中的胺类有一部分来自燃烧过程中烟草成分的直接转移，一部分来自烟草中的生物碱、蛋白质和氨基酸的热降解。

13. N-杂环化合物

在烟气中已鉴定约 50 种吡嗪、55 种吡咯和 350 多种吡啶化合物。烟气中吡啶类物质比其他任何种类的杂环化合物都多。烟草中的 N-杂环化合物在卷烟燃烧时直接转移至烟气。N-杂环化合物也可以通过烟草中烟碱和其他生物碱、氨基酸、蛋白质、硝酸盐、糖类和 Amadori 化合物等物质的热解反应产生。

14. 氮杂-芳烃

氮杂-芳烃（Aza-arens）是指稠合 N-杂环化合物。据报道烟草和烟气中的二环、三环、四环和五环稠合物质总数超过 230 种。这些化合物大多是在烟气中发现的，只有很少量存在于烟草中，这表明它们主要是通过热解和热合成反应产生的。氨基酸、蛋白质，可能还有烟碱和吡咯或者氨基酸（特别是色氨酸）与醛类等经过反应可以形成此类稠环化合物。

15. 多环芳烃

烟气中的多环芳烃化合物主要是烟草中的萜类、植物甾醇如豆甾醇、蜡质、糖、氨基酸、纤维素和许多其他烟草组分通过热解和热合成反应以及初级烃基团的有关反应形成。目前，从卷烟烟气中已经鉴定出了数百种多环芳烃（PAHs），其中带甲基侧链者占多数，因为稠环化合物分子中含有多个取代位置便于结合甲基侧链。例如，仅芘就可能有 3 种单甲基芘、15 种二甲基芘、32 种三甲基芘等，总共可能有 287 种甲基芘，当然，迄今为止并没有在烟气中检测到所有这些化合物。烟气中至少有 80 种萘类物质。

16. 亚硝胺

烟气中含有两大类亚硝胺：

（1）烟草特有亚硝胺［从烟草生物碱衍生而来的如 N'-亚硝基去甲基烟碱（NNN）］，并且仅发现存在于烟草和烟气粒相中；它们是非挥发性的。

（2）非烟草特有亚硝胺，也发现存在于其他体系（如 *N*–亚硝基甲胺和 *N*–亚硝基吡咯烷），通常称之为"挥发性亚硝胺"，存在于主流烟气的气相或半挥发相中。

当烟草燃烧时，烟草特有亚硝胺会转移至烟气，并会热分解，通过热合成也会形成更多的亚硝胺。利用放射性同位素标记技术研究发现，主流烟气中的 *N*′–亚硝基去甲基烟碱，40%~46%是从烟草直接转移来的，其余的是吸烟期间经热合成形成的。对于 NNK，估计只有 26%~37%是从烟草转移来的，其余部分由热合成产生。

17. 矿物质

在烟气中已检测到约 30 种金属和其他元素，主要源自于烟草中的矿物质。烟草燃烧时，虽然其中含有的大部分金属保留在灰分中，但仍有一小部分可能会形成挥发性化合物或被带入灰分微粒内，进而出现在烟气中。

18. 自由基

除了上面讨论的比较稳定的分子产物之外，烟气中还含有大量的自由基。卷烟烟气自由基有两种类型：存在于粒相中的长寿命自由基和存在于气相中的短寿命自由基。烟气冷凝物中主要长寿命自由基是含有与醌和氢醌基团相关的半醌自由基的多聚物，烟气气相物的自由基主要是烷基和烷氧基自由基。

三、烟气成分在粒相和气相中的分布

卷烟烟气是由气态、蒸气态和固态物质组成的复杂气溶胶，人们把在室温下能通过剑桥滤片（一种玻璃纤维制成的滤片，它能滤除 99.5%以上的直径大于 0.3μm 的微粒）的烟气部分称为气相物质，被截留的烟气部分称为粒相物质。烟气成分分布于烟气气溶胶的粒相和气相之中。表 2-2 和表 2-3 所示为主要的烟气气相成分和粒相成分的含量。

一般来说，相对分子质量低于 60 的化学物质主要趋向于在气相中分布，而相对分子质量超过 200 的化学物质则全部趋向于分布在粒相中。而相对分子质量在 60~200 的大多数物质以及水分在某种程度上在气相和粒相之间分布。当纯化合物的蒸气压增大时，该物质在烟气气相中的分配比例就会增加。此外，这种分配还与物质的极性有关。例如，41%间二甲苯（相对分子质量 106）分配在气相中，而烟气中极性较强的甲（苯）酚（有类似的相对分子质量，108）则全部分布在烟气的粒相中。表 2-4 所示为一些主流烟气化学成分在气相和粒相中分布的情况。

表 2-2 卷烟烟气气相成分及其释放量

化合物	每支含量	化合物	每支含量
氮气	280~320mg	甲醛	20~100μg
氧气	50~70mg	乙醛	400~1400μg
CO_2	45~65mg	丙烯醛	60~240μg
CO	14~23mg	其他挥发性醛	80~140μg
水	7~12mg	丙酮	100~650μg
氩	5mg	其他挥发性酮	50~100μg
氢	0.5~1.0mg	甲醇	80~180μg
氨	10~130μg	其他挥发性醇	10~30μg
氮氧化物	100~600μg	乙腈	100~150μg
氢氰酸	400~500μg	其他挥发性腈	50~80μg
硫化氢	20~90μg	呋喃	20~40μg
甲烷	1.0~2.0mg	其他挥发性呋喃	45~125μg
其他挥发性烷烃	1.0~1.6mg	吡啶	20~200μg
挥发性烷烃	0.4~0.5mg	甲基吡啶	15~80μg
异戊二烯	0.2~0.4mg	3-乙烯基吡啶	7~130μg
丁二烯	25~40μg	其他挥发性吡啶	20~50μg
乙炔	20~35μg	吡咯	0.1~10μg
苯	6~70μg	吡咯烷	10~18μg
甲苯	5~90μg	N-甲基吡咯烷	2.0~3.0μg
苯乙烯	10μg	挥发性吡嗪	3.0~8.0μg
其他挥发性芳烃	15~30μg	甲胺	4~10μg
甲酸	200~600μg	其他脂肪胺	3~10μg
乙酸	300~1700μg	甲酸酯	20~30μg
丙酸	100~300μg	其他挥发酸	5~10μg

表 2-3 卷烟烟气粒相成分及其释放量

化合物	每支含量/μg	化合物	每支含量/μg
尼古丁	100~3000	其他二羟基苯	15~30
降烟碱	5~150	莨菪亭	n.a.
新烟草碱	5~15	其他多酚	40~70

续表

化合物	每支含量/μg	化合物	每支含量/μg
假木贼碱	5~12	cyclotenes	0.5
其他烟草生物碱	n.a.	醌	600~1000
二吡啶基化合物	10~30	茄尼醇	200~350
$n-31$ 碳烷（$n-C_{31}H_{64}$）	100	新植二烯	30~60
总难挥发性烃	300~400	柠檬烯	n.a.
萘	2~4	其他萜烯	100~150
萘衍生物	3~6	棕榈酸	50~75
菲衍生物	0.2~0.4	油酸	40~110
蒽衍生物	0.05~0.1	亚油酸	150~250
芴衍生物	0.3~0.5	亚麻酸	150~250
芘衍生物	0.3~0.45	乳酸	60~80
荧蒽衍生物	0.1~0.25	吲哚	10~15
致癌多环芳烃	80~160	3-甲基吲哚	12~16
酚	60~180	其他吲哚	n.a.
其他取代酚类化合物	200~400	喹啉	2~4
儿茶酚	100~200	其他氮杂芳烃	n.a.
其他取代儿茶酚化合物	200~400	苯并呋喃	200~300

注：n.a. 表示无定量数据。

表 2-4   某些主流烟气化学成分在气相和粒相中的分布

成分	在气相中的比例/%	在粒相中的比例/%	成分	在气相中的比例/%	在粒相中的比例/%
乙醛	98	2	氰化氢	50	50
丙烯醛	93	7	丙酮	34	66
丙醛	85	15	柠檬烯	31	69
苯	78	22	甲苯酚	0	100
甲醛	68	32	烟碱	0	100
间二甲苯	59	41			

当条件改变时，烟气成分在气相和粒相之间的分配会有所改变，粒相成分可能会进入气相，气相成分也有可能凝结到粒相中去。采用剑桥滤片捕集粒相物的方式研究烟气成分在卷烟烟气中的分布情况可能并非最恰当的手段，因为剑桥滤片的捕集效率受许多因素的影响，其中包括被收集物质的性质和含量、流经剑桥滤片的气流量、滤片的温度与含水率以及吸烟时卷烟的状态（如含水率）等。而且对于同时在粒相和气相中都有分配那些物质，仅有一部分能被捕集在剑桥滤片上。有些烟气成分分配在两相之间，这种分配随着时间温度和烟气的稀释而变化。另外，烟气是一个不断变化着的化学体系，将其一分为二地进行分析研究可能会割裂气相和粒相化学成分之间的某些化学反应，从而不能真实地反映烟气的化学特征。但是，目前尚没有用于烟气成分分析的更为有效的手段。采用剑桥滤片将烟气分为气相物和粒相物进行分析一直是目前通用的技术手段，大量关于烟气成分在气相和粒相中分布研究的数据是建立在剑桥滤片捕集的基础之上。

第二节 烟气中的有害成分

在烟草和烟气中复杂化合物体系当中，有害和致癌成分仅占极小的一部分。1954年，Cooper 等首次从卷烟烟气中分离鉴定出苯并［a］芘，这是在烟气中鉴定出的第一种致癌成分。从那时起，烟草烟气有害成分的分析鉴定研究日趋活跃。

一、烟气中的主要有害成分

1. Hoffmann 名单

1964年，美国公共健康服务部咨询委员会有关吸烟和健康的报告中出现了第一份卷烟烟气有害成分名单收录。此后，几乎每年都有新的主流烟气有害物质名单发表，或对以前发表过名单的修订再公布。最著名的是 Hoffmann 和 Hecht 1991年公布的"43种成分"名单（表2-5）。

随着研究的发展，最近几年 Baker 和 Proctor、Hoffmann 等、Smith 等也分别发表了补充的和修订的烟气有害物质名单。表2-6所示为 Hoffmann 2001年发表的69种有害成分名单。

表 2-5　　　　　　　　　　　**Hoffmann 名单（1991）**

类别	化合物	类别	化合物
多环芳烃 （11）	苯并 [a] 蒽 苯并 [b] 荧蒽 苯并 [j] 荧蒽 苯并 [k] 荧蒽 苯并 [a] 芘 䓛 二苯并 [a, h] 蒽 二苯并 [a, i] 芘 二苯并 [a, l] 芘 茚并 [1, 2, 3-cd] 芘 5-甲基䓛	亚硝胺 （9）	N-二甲基亚硝胺 N-甲基乙基亚硝胺 N-二乙基亚硝胺 N-亚硝基吡咯烷 N-亚硝基二乙醇胺 N′-亚硝基降烟碱 4-（N-甲基亚硝基）-1- （3-吡啶基）-1-丁酮基 N′-亚硝基假木贼碱 N-亚硝基吗啉
杂环烃 （4）	喹啉 二苯并 [a, h] 吖啶 二苯并 [a, j] 吖啶 7H-二苯并 [c, g] 咔唑	芳香胺 （3）	1-甲基苯胺 2-氨基萘 4-氨基联苯
无机化合物 （7）	肼 砷 镍 铬 镉 铅 钋-210	醛 （3）	甲醛 乙醛 巴豆醛
		其他有机化合物 （6）	苯 丙烯腈 1, 1-二甲肼 2-硝基丙烷 氨基甲酸乙酯 氯乙烯

　　尽管 Hoffmann 等人对烟草和烟气有害成分的研究比较详尽和权威，但对他提出的有害成分名单仍然存在争议，比如他采用的烟气数据均为无滤嘴卷烟的数据，并且一些分析方法还可能存在人为生成物的问题。

　　2. 加拿大卫生部名单

　　1998 年，加拿大政府通过立法，要求卷烟生产商定期检测卷烟主流烟气中 46 种有害成分（表 2-7）的释放量，并将结果向社会公布。这一名单实际是一个修正的 Hoffmann 名单，在世界范围内造成了很大的影响，名单中的有害成分得到了医学界和烟草行业的普遍认可。

表 2-6 **Hoffmann 名单（2001）**

类别	化合物	类别	化合物
多环芳烃 （10）	苯并［a］蒽 苯并［b］荧蒽 苯并［j］荧蒽 苯并［k］荧蒽 苯并［a］芘 二苯并［a，h］蒽 二苯并［a，i］芘 二苯并［a，l］芘 茚并［1，2，3-cd］芘 5-甲基䓛	亚硝胺 （10）	N-二甲基亚硝胺 N-甲基乙基亚硝胺 N-二乙基亚硝胺 N-二正丙基亚硝胺 N-二正丁基亚硝胺 N-亚硝基吡咯烷 N-亚硝基哌啶 N-亚硝基二乙醇胺 N′-亚硝基降烟碱 4-（N-甲基亚硝胺基）-1- （3-吡啶基）-1-丁酮基
芳香胺 （4）	2-甲基苯胺 2，6-二甲基苯胺 2-氨基萘 4-氨基联苯	醛 （2）	甲醛 乙醛
杂环胺 （8）	2-氨基-9H-吡啶并［2，3-b］吲哚 2-氨基-3-甲基-9H-吡啶并［2，3-b］吲哚 2-氨基-3-甲基-3H-咪唑并［4，5-f］喹啉 3-氨基-1，4-二甲基-5H-吡啶并［4，3-b］吲哚 3-氨基-1-甲基-5H-吡啶并［4，3-b］吲哚 2-氨基-6-甲基二吡啶并［1，2-a：3′2′-d］咪唑 2-氨基-吡啶并［1，2-a：3′2′-d］咪唑 2-氨基-3-甲基-6-苯基咪唑并［4，5-f］吡啶	硝基烃 （3）	硝基甲烷 硝基丙烷 硝基苯
		其他有机化合物 （10）	乙酰胺 丙烯酰胺 丙烯腈 氯乙烯 滴滴涕（DDT） 滴滴伊（DDE） 1，1-二甲肼 氨基甲酸乙酯 环氧乙烷 环氧丙烷
无机化合物 （9）	肼 砷 铍 镍 铬 镉 钴 铅 钋-210	杂环烃 （6）	呋喃 喹啉 二苯并［a，h］吖啶 二苯并［a，j］吖啶 7H-二苯并［c，g］咔唑 苯并［b］呋喃
挥发烃 （4）	1，3-丁二烯 异戊二烯 苯 苯乙烯	酚 （3）	儿茶酚 咖啡酸 甲基丁子香酚

表 2-7 　　　　　　　　　　加拿大卫生部名单

类别	化合物	类别	化合物
芳香胺（4）	3-氨基联苯 4-氨基联苯 1-氨基萘 2-氨基萘	无机化合物	氢氰酸 氨 NO NO_x
挥发性有机化合物（5）	1，3-丁二烯 异戊二烯 丙烯腈 苯 甲苯 吡啶	有害元素（7）	汞 镍 铅 镉 铬 砷 硒
半挥发性有机化合物（3）	喹啉 苯乙烯		
常规成分（3）	焦油 烟碱 CO	挥发性酚类成分（7）	对苯二酚 间苯二酚 邻苯二酚 苯酚 间甲酚 对甲酚 邻甲酚
羰基化合物（8）	甲醛 乙醛 丙酮 丙烯醛 丙醛 巴豆醛 2-丁酮 丁醛	亚硝胺（4）	NNN NAT NAB NNK
		多环芳烃（1）	苯并［a］芘

这 46 种有害成分的来源和产生有很大的区别，主要可以分为三种类型：

（1）苯并［a］芘、4 种无机化合物（气体成分）、8 种羰基化合物、5 种挥发性有机化合物、7 种挥发性酚类成分以及焦油、CO，它们主要是在烟草燃烧过程中由一些大分子化合物燃烧和热裂解生成；

（2）芳香胺和半挥发性有机化合物，一部分是由烟草直接转移到烟气中，另一部分也是由一些大分子化合物燃烧和热裂解生成；

（3）烟草特有亚硝胺和有害元素主要是由烟草直接转移到烟气中。

由于烟草中的有害元素主要是烟草在生长过程中由环境吸收而来，与其他植物相比没有特殊性，因此各国对烟草中有害元素的重视程度相对较低。而其他39种有害成分都是与烟草本身是密切相关的，所以应当是吸烟与健康研究的重点。

3. WHO 推荐优先管控有害成分名单

WHO《烟草控制框架公约》提出对烟草制品进行调控的要求，认为以往的烟碱、焦油评价方法不能真实反映其危害性，需要建立更加科学的危害性评价方法。2008年WHO发布了《WHO烟草产品管制研究组技术报告：烟草产品管制的科学基础》第951号文件，对卷烟烟气中有害成分进行优先分级，筛选出了需要优先管制的有害成分（表2-8）。

表2-8　　　　　　　　WHO 推荐优先管控的有害成分名单

乙醛	CO	苯	对苯二酚
丙烯醛	邻苯二酚	B［a］P	氮氧化物
丙烯腈	巴豆醛	1，3-丁二烯	NNN
4-氨基联苯	甲醛	镉	NNK
2-萘胺	HCN		

综合考虑以上18种化合物的毒性、降低的可能性以及在卷烟烟气中的分布特性，世界卫生组织确定了需要优先管制的9种有害成分建议名单，包括：NNK、NNN、乙醛、丙烯醛、苯、B［a］P、1，3-丁二烯、CO和甲醛。

二、卷烟烟气主要有害成分测定方法

卷烟烟气气溶胶由粒相和气相两部分组成，气相中的主要有害成分包括一氧化碳、氨、氢氰酸、氮氧化物以及挥发性羰基物、挥发性烃类和挥发性胺类化合物等；粒相中的主要有害成分包括稠环芳烃、烟草特有亚硝胺、酚类、芳香胺和重金属元素等。准确测定这些有害成分在卷烟烟气中以及环境气氛中的含量是进行卷烟烟气危害性评价的重要物质基础。

1. 气质联用法测定烟气总粒相物中的多环芳烃

我国于2007年发布了 GB/T 21130—2007《卷烟　烟气总粒相物中苯并［a］芘的测定》。该方法用玻璃纤维滤片捕集卷烟烟气中总粒相物，用环己烷萃取总粒相物中的苯并［a］芘，萃取物经固相萃取柱纯化，通过气相色谱-

质谱联用仪（GC-MS）定量测定苯并［a］芘的含量。实验过程如下：

将样品卷烟在（22±1）℃、相对湿度60%±2%条件下平衡48h，然后根据质量及吸阻选出合适烟支。在温度（22±2）℃、相对湿度60%±5%条件下，用SM450二十孔道吸烟机抽吸卷烟，每60s抽吸一次，每次抽吸2s，抽吸体积35mL。每个孔道抽吸4支烟，用剑桥滤片捕集卷烟主流烟气。将收集有20支卷烟的总粒相物滤片放入100mL锥形瓶中，加入内标溶液和40mL环己烷，超声波萃取40min，静置数分钟，移出10mL萃取液加到甲醇和环己烷活化后的硅胶固相萃取柱上，使液体全部流过柱子，然后再分两次加入30mL环己烷洗脱，收集所有洗脱液，将洗脱液在旋转蒸发仪上，30kPa压力下浓缩至0.5mL，即可进行气-质分析。

2. 高效液相色谱法测定主流烟气中的主要羰基化合物

我国烟草行业2008年发布了YC/T 255—2008《主流烟气中主要酚类化合物的测定　高效液相色谱法》，该标准方法采用玻璃纤维滤片捕集卷烟主流烟气中主要酚类化合物，通过高效液相色谱对萃取样品中酚类化合物进行分离，并用荧光检测器对卷烟主流烟气中主要酚类化合物进行定量分析。实验过程如下：

衍生化试剂的配制：称取1.5g经提纯的DNPH固体加入约80mL乙腈中，加热至50℃，振荡溶解，加入200μL 70%高氯酸后，冷却至室温后用乙腈定容至100mL。使用前加热至50℃，振荡溶解，冷却至室温后使用。

将卷烟在（22±1）℃、相对湿度60%±2%条件下平衡48h，然后根据质量及吸阻选出合适烟支。卷烟烟气的捕集使用两张44mm玻璃纤维滤片。将两张滤片叠放，用移液管加入2mL DNPH衍生化试剂，放置于真空干燥器内中晾干。在卷烟抽吸前，在晾干的滤片上准确加入1mL DNPH衍生化试剂，在温度（22±2）℃、相对湿度60%±5%条件下，用SM450二十孔道吸烟机抽吸卷烟，每口抽吸2s，抽吸体积35mL，每60s抽吸一口。每孔道抽吸2支卷烟。

卷烟抽吸结束后，空吸2口，取出捕集器，放置3min，使烟气中的羰基化合物充分与DNPH进行反应。取出滤片，转移至100mL锥形瓶中，用移液管准确加入50mL 2%的吡啶/乙腈（体积分数）溶液，机械振荡10min，静置2min，取适量萃取液用0.45μm微米滤膜过滤后，移到2mL色谱瓶中，即可进行HPLC分析。

取同样卷烟，不点燃，每支进行 10 口空吸，然后按照上述条件进行处理分析，得到的结果为室内空气空白值，在最后的测定结果中要进行空白扣除。

3. 高效液相色谱法测定卷烟主流烟气中主要酚类化合物

我国烟草行业 2008 年发布了 YC/T 255—2008《主流烟气中主要酚类化合物的测定 高效液相色谱法》，该标准方法采用玻璃纤维滤片捕集卷烟主流烟气中主要酚类化合物，通过高效液相色谱对萃取样品中酚类化合物进行分离，并用荧光检测器对卷烟主流烟气中主要酚类化合物进行定量分析。实验过程如下：

将样品卷烟在（22±1）℃、相对湿度 60%±2% 条件下平衡 48h，然后根据质量及吸阻选出合适烟支。在温度（22±2）℃、相对湿度 60%±5% 的条件下，用 SM 450 二十孔道吸烟机抽吸卷烟，每 60s 抽吸一次，每次抽吸 2s，抽吸体积 35mL。每个孔道抽吸 4 支烟，用剑桥滤片捕集卷烟主流烟气。

将 1 张捕集有粒相物的剑桥滤片折叠放入 200mL 锥形瓶中，准确加入 50mL 1% 醋酸，室温下超声萃取 20min，静置 5min。取 2mL 萃取液，用 0.45μm 微孔滤膜过滤，滤液进行 HPLC 分析（处理好的样品必须在 3d 内进行分析），外标法定量。

4. 气相色谱-质谱联用法测定主流烟气总粒相物中主要芳香胺

我国于 2009 年发布了 GB/T 23358—2009《主流烟气总粒相物中主要芳香胺的测定气相色谱 质谱联用法》。该方法用玻璃纤维滤片捕集卷烟主流烟气中的总粒相物后，用 5% 的盐酸溶液萃取总粒相物中的芳香胺，萃取液经二氯甲烷洗涤、氢氧化钠溶液还原、正己烷萃取后，使用五氟丙酸酐进行酰化、固相萃取柱纯化，通过气相色谱-质谱联用仪定量测定芳香胺的含量。实验过程如下：

所用卷烟实验前在（22±1）℃、相对湿度 60%±2% 条件下平衡 48h，然后经质量及吸阻分选，挑出均匀一致的试验烟支。吸烟使用一台十孔道吸烟机，每口抽吸 2s，体积 35mL，每口间隔 58s，环境温度（22±2）℃、相对湿度 60%±5%。收集 20 支卷烟的粒相物。

将滤片放入 250mL 锥形瓶中，加入 200mL 5% 盐酸，40μL 内标，超声波萃取 30min，静置数分钟，准确移取 100mL 萃取液加到 250mL 分液漏斗中，用 150mL 二氯甲烷分三次洗涤，弃去有机相，水相用氢氧化钠调节 pH = 12～13，用 150mL 正己烷分三次萃取，萃取液加无水硫酸钠干燥过夜，加入 80μL

盐酸三甲胺和 40μL 五氟丙酸酐酰化至少 40min，然后在高纯氮气保护下旋转蒸发浓缩至约 0.1mL。取 1000mg florisil 固相萃取柱，柱上加少量无水硫酸钠。用 10mL 洗脱液洗涤柱子，（洗脱液为正己烷：苯：丙酮 = 5：4：1），然后将样品浓缩液移至固相萃取柱上，加入 20mL 洗脱液洗脱，洗脱速度为 0.8 ~ 1mL/min。收集所有洗脱液。将洗脱液在旋转蒸发仪上氮气保护下浓缩至 1mL，即可进行气-质分析。

5. 连续流动法测定主流烟气中的氰化氢

我国烟草行业于 2008 年发布了 YC/T 253—2008《主流烟气中 HCN 的测定 连续流动法》。该标准应用异烟酸-1，3-二甲基巴比妥酸显色体系在连续流动分析仪上检测氰化氢，其反应单元发生的显色反应：在微酸性条件下，氰离子与氯胺 T 作用生成氯化氰，氯化氰与异烟酸反应，经水解生成戊烯二醛类化合物，再与 1，3-二甲基巴比妥酸反应生成蓝色化合物，在 600 nm 处进行光度检测。实验过程如下：

将样品卷烟在 (22±1)℃、相对湿度 60%±2% 条件下平衡 48h，然后根据质量及吸阻选出合适烟支。在温度 (22±2)℃、相对湿度 60%±5% 条件下，用 SM 450 二十孔道吸烟机抽吸卷烟，每 60 s 抽吸一次，每次抽吸 2s，抽吸体积 35mL。每个孔道抽吸 4 支烟，用剑桥滤片捕集卷烟主流烟气。

抽吸卷烟后，取出截留主流烟气的剑桥滤片，放入 125mL 锥型瓶中，准确加入 50mL 氢氧化钠溶液，常温下用回旋振荡器振荡 30min，振荡速度控制在 160 ~ 170r/min。用注射器取滤片浸提液 5mL，然后用 0.45μm 过滤器过滤，弃去前 0.5mL，滤液装入连续流动样品杯中。气相捕集液：用 30mL 氢氧化钠溶液捕集 4 支卷烟主流烟气气相中的氰化氢。用氢氧化钠溶液淋洗吸收瓶与主流烟气接触的部分，合并捕集液及淋洗液，转入 50mL 容量瓶中，用氢氧化钠溶液定容至刻度，摇匀，装入样品杯内。

样品的测定：样品在连续流动仪上经过在线稀释二次进样分析。分析工作标准液系列和样品溶液，由 600nm 处检测器响应值（峰高）外标法定量。每个样品重复测定两次。

6. 离子色谱法测定主流烟气中氨

利用剑桥滤片和吸收瓶捕集卷烟主流烟气，离子色谱-电导检测器测定气相吸收液和剑桥滤片中的氨。实验过程如下：

将样品卷烟在温度 (22+1)℃、相对湿度 60%+2% 条件下平衡 48h，然后根据重量选出合适烟支。在温度（22+2）℃、相对湿度60%+5%条件下，用JJ-3A十孔道吸烟机按照YC/T 29—1996规定的标准条件抽吸卷烟，每个孔道抽吸4支卷烟，连接装有20mL 0.005mol/L HCl吸收液的吸收瓶在捕集器和抽吸筒之间，用剑桥滤片和吸收瓶捕集卷烟主流烟气。

将1张捕集有粒相物的剑桥滤片折叠放入100mL锥形瓶中，准确加入20mL 0.005mol/L HCl萃取，室温下振荡30min，静置5min。准确移取5mL萃取液和5mL吸收液至25mL容量瓶中，用0.005mol/L HCl稀释定容至刻度。取2mL稀释溶液，经0.45μm微孔滤膜过滤，滤液进行离子色谱分析（处理好的样品必须在冷藏条件下2d内进行分析），采用对照标样与烟气样品色谱峰的保留时间进行定性，外标法定量。

7. 静电捕集-ICP-MS测定卷烟主流烟气中痕量有害元素

利用静电捕集器捕捉卷烟烟气，甲醇洗脱液经消解后，用ICP-MS内标法测定无机有害元素。实验过程如下：

将样品卷烟在（22±1）℃、相对湿度60%±2%条件下平衡48h，然后根据重量及吸阻选出合适烟支。按照GB/T 16450—2004《常规分析用吸烟机定义和标准条件》调整检查吸烟机抽吸参数。连接静电捕集器于抽吸通道上并检漏，将装有20mL 10%硝酸（体积分数）的吸收瓶连接于静电捕集器与抽吸针筒之间，测试使吸烟机抽吸容量满足标准要求。随机选取平衡后的卷烟20支进行抽吸。为保证抽吸结果可靠，注意静电捕集器的电流不能大于0.2mA。卷烟抽吸终止后，迅速将静电捕集器取下并密封，用50mL甲醇分四次将静电捕集器上的粒相物质洗脱并转移至消解罐中，将盛有粒相物洗脱液的消解罐放置在电加热板上，盖上带风扇的防尘罩，使溶剂挥发至近干，加入5mL 65%HNO$_3$和1mL 30%H$_2$O$_2$，进行消解。消解结束后，待温度降至40℃以下，取出消解罐，在通风橱内将样品转移至预先称重的50mL聚酯PET样品瓶中，用约40mL去离子水洗涤消解罐三次，洗涤液一并转移至样品瓶中，称重后摇匀。用同样的方法制备样品空白溶液。消解产物用ICP-MS内标法进行分析。

8. 气相色谱-质谱联用法测定卷烟主流烟气中主要挥发性有机物

挥发性有机化合物（Volatile Organic Compounds，VOCs）一般是指在25℃和0.1MPa，蒸气压大于18.67Pa的脂肪族和芳香族的非甲烷类有机化合物，其所含碳原子数为2~12。

卷烟烟气中有害挥发性烃类主要有 1，3-丁二烯、异戊二烯、丙烯腈、苯、甲苯（表2-7）。加拿大卫生部推荐采用冷溶剂捕集烟气气相成分，利用气-质联用法测定 1，3-丁二烯、异戊二烯、丙烯腈、苯和甲苯，R. J. Reynolds 公司采用类似的方法测定 1，3-丁二烯、异戊二烯、丙烯腈、苯、甲苯和苯乙烯。

参考加拿大卫生部推荐方法，我国烟草行业制定了卷烟主流烟气中主要挥发性有机物测定的分析方法行业标准。该方法采用溶剂捕集卷烟主流烟气，利用气相色谱-选择离子质谱联用法测定这 5 种主要有机挥发物。实验过程如下：

将样品卷烟在温度（22+1）℃、相对湿度60%+2%条件下平衡48h，然后根据质量选出合适烟支。在温度（22+2）℃、相对湿度60%+5%条件下，进行卷烟抽吸。抽吸方案按照 ISO 4387：2000 的规定作部分修改抽吸卷烟，检查抽吸容量，并作相应修正，不空吸。使用直线吸烟机时，抽吸 5 支卷烟，使用转盘吸烟机时，抽吸 10 支卷烟，捕集装置见图3-19（吸收瓶与捕集器及两个吸收瓶之间以 PVC 管连接，死体积要尽可能小，吸收瓶体积 100mL，高度 23cm，内径 2.6cm，吸收管收口高度 1cm，吸收管距离吸收瓶底部尽可能小，收集烟气时，要置于异丙醇-干冰冷却的冷阱中，温度≤-70℃，干冰的高度为吸收瓶高度的一半左右。捕集器与第一个吸收瓶连接的管路长度尽量小，吸收瓶之间的连接管尽可能短，尽量减小关系对目标化合物的吸附）。粒相部分由剑桥滤片捕集，气相部分中的 1，3-丁二烯、异戊二烯、丙烯腈、苯，甲苯由串联于剑桥滤片后的两个串联吸收瓶捕集，吸收瓶中装有 15mL 甲醇溶液，干冰冷却至≤-70℃。

卷烟抽吸后，用洗耳球对吸收瓶中的吸收管抽吸 5 次进行清洗，然后将收集完卷烟烟气样品的吸收瓶取出，准确加入 150μL 的内标溶液（D-6-苯的甲醇溶液），振荡均匀后，直接取样进行色谱质谱分析，向色谱瓶中取样时，溶液尽量加至瓶口位置。根据样品中的峰面积计算两个吸收瓶中卷烟烟气挥发性有机化合物的浓度（μg/mL），两者之和为每一个卷烟烟气样品中五种化合物的浓度（μg/mL）。

9. 液相色谱-串联质谱联用法测定卷烟主流烟气中烟草特有 N-亚硝胺

使用玻璃纤维滤片捕集卷烟主流烟气中的总粒相物，用乙酸铵溶液超声萃取总粒相物中的 TSNAs，萃取液经微孔滤膜过滤后，采用内标法使用高效液相色谱-串联质谱联用仪（HPLC-MS/MS）进行定量分析。实验过程如下：

按照 GB/T 19609—2004 抽吸卷烟，使用直线式吸烟机时，采用 44 mm 滤片收集 5 支卷烟的总粒相物；使用转盘式吸烟机时，采用 92 mm 滤片收集 20 支卷烟的总粒相物。每个样品平行测定 2 次。使用直线式吸烟机时，将滤片置于 50mL 锥形瓶中，准确加入 15.0mL 萃取溶液；使用转盘式吸烟机时，将滤片置于 250mL 锥形瓶中，准确加入 60.0mL 萃取溶液。超声萃取 30min 后，静置 5min。取适量萃取液过 0.22 μm 滤膜，移至色谱分析瓶中进行 HPLC-MS/MS 分析。

三、卷烟烟气有害成分（纯品）致癌性评价

国际癌症研究机构（International Agency for Research on Cancer，IARC）从 1971 年起组织专家组收集和评价世界各国有关化学物质对人类致癌危险性的资料。IARC 根据对人类和对实验动物致癌性资料，以及在实验系统和人类其他有关的资料（包括癌前病变、肿瘤病理学、遗传毒性、结构-活性关系，代谢和动力学，理化参数及同类的生物因子）进行综合评价，将环境因子和类别、混合物及暴露环境与人类癌症的关系分为五类四组：第一类：致癌。组 1，对人类是致癌物。第二类：很可能致癌。组 2，对人类是很可能或可能致癌物。又分为两组，即组 2A 和组 2B。组 2A，对人类很可能是致癌物，指对人类致癌性证据有限，对实验动物致癌性证据充分。第三类：可能致癌。组 2B，对人类是可能致癌物，指对人类致癌性证据有限，对实验动物致癌性证据并不充分；或指对人类致癌性证据不足，对实验动物致癌性证据充分。第四类：未知。组 3，现有的证据不能对人类致癌性进行分类。第五类：很可能不致癌。组 4，对人类可能是非致癌物。

如表 2-9 所示为国际癌症研究机构（IARC）对加拿大卫生部卷烟烟气有害成分名单中烟气有害成分的致癌性评价结果，该结果为纯化学品的评价结果。表 2-9 的结果表明，在 46 种有害成分中，11 种成分为人体致癌物质（1），5 种成分为可疑的人体致癌成分（2B），9 种成分为致癌性不明确的化合物（3）。因此，对于纯化学品来说，这些化学成分应当为卷烟烟气中毒性最大的有害成分。

表 2-9　　　　　加拿大卫生部检测名单中有害成分的致癌性评价结果

化合物	分组（IARC）	化合物	分组（IARC）
苯并 [a] 芘	1	吡啶	3
NNN	1	甲苯	3
NNK	1	1，3-丁二烯	2B
2-氨基萘	1	异戊二烯	2B
4-氨基联苯	1	苯	1
甲醛	1	苯乙烯	2B
乙醛	2B	砷	1
丙烯醛	3	镍	1
巴豆醛	3	铬	1
邻苯二酚	2B	镉	1
对苯二酚	3	铅	2B
间苯二酚	3	汞	3
苯酚	3	硒	3
丙烯腈	2B		

　　烟气是极其复杂的化合物，这些有害成分之间相互作用，其毒性作用应该是烟气总体成分共同作用的结果，由单一物质所做的毒理学检测结果几乎是不可能准确外推的。因此，以单纯使用纯化学物质得到的毒性评价结果来评价卷烟烟气这种复杂体系的危害性并不科学。另外，这些有害成分在烟气中的含量差异极大，如果不考虑某种有害成分在烟气中的实际含量，而只是定性地对其进行危害性评估，没有实际意义。

第三节　ZTRI 卷烟危害性指数

　　卷烟烟气是一种非常复杂的气溶胶混合物，对卷烟危害性进行评价是一个非常复杂和困难的问题。从 20 世纪 60 年代起，卷烟危害性评价经历了一个漫长的发展历程。最初采用卷烟焦油释放量作为危害性的评价指标；随着人们对烟气性质的理解进一步深入以及分析手段的发展，20 世纪 70 年代卷烟烟气中的有害成分成为新的危害性评价指标；20 世纪 80、90 年代，安全性毒理学评价原理被引入到卷烟危害性评价中；21世纪初，卷烟危害性评价方法有了很大的发展，形成了一些新的卷烟危害性评价方法。

我国已经正式加入了世界烟草框架控制公约，吸烟与健康问题将日益突出，卷烟烟气危害性逐渐成为社会各界关注的焦点问题。为了减少吸烟者可能遭受的风险，烟草行业正在大力开展降低卷烟烟气危害性的研究工作。卷烟危害性评价是降低烟气危害性技术研究的基础工作，本章对我国目前所采用的卷烟危害性评价方法进行详细介绍。

一、卷烟危害性评价指数技术背景

2005—2008年，国家烟草专卖局组织开展了"卷烟危害性指标体系研究"。该项目以混合物风险度评价导则为依据，从分析卷烟主流烟气有害成分释放量与毒理学指标入手，研究了烟气基质下的有害成分与毒理学指标之间的相关关系。采用烟气复杂基质条件下得到的试验数据，避免了以往研究中使用有害成分纯品毒理学数据不能真实反映卷烟烟气基质下毒理学指标的缺陷，采用多种数理统计方法研究了有害成分与毒理学指标之间的相关关系，建立了有害成分与毒理学指标之间量化数学模型，确定了卷烟主流烟气代表性有害成分，提出了卷烟主流烟气危害性定量评价方法，设立了卷烟产品危害性评价指数（Hazard Index，HI）。

二、分析指标

1. 烟气有害成分指标

从加拿大卫生部检测名单列出的46种有害成分中，选取毒性较强、主流烟气释放量较大，并具有稳定测试方法的29种有害成分（表2-10）作为研究目标化合物。

表2-10　　　　　　　　　　　　有害成分分析

常规成分	焦油、烟碱、一氧化碳
无机成分	HCN、NH_3、NO、NO_x
多环芳烃	苯并［a］芘、苯并［a］蒽、丙酮中屈
烟草特有亚硝胺	NNN、NAT、NAB、NNK
挥发性羰基物	甲醛、乙醛、丙酮、丙烯醛、丙醛、巴豆醛、2-丁酮、丁醛
挥发酚	对苯二酚、间苯二酚、邻苯二酚、苯酚、对甲酚、间-甲酚、邻甲酚

注：在实际分析测试中，对甲酚和间-甲酚很难分离，因此在计算时将两者合并，因此实际测试的是28种成分。

2. 毒理学指标

对于毒理学分析，在 CORESTA 推荐的三项毒理学指标（Ames 试验、微核分析和细胞毒性试验）之外，增加了卷烟烟气动物急性毒性试验，以增强卷烟烟气毒理学评价的全面性和合理性。

三、样品测试及模型建立

1. 卷烟样品

选取中国市场上最具有代表性的 163 种国内外卷烟产品（表 2-11），其中焦油量为 1~5mg 样品 5 个，占 3.1%；6~10mg 样品 24 个，占 14.7%；11~13mg 样品 31 个，占 19.0%；14~15mg 样品 103 个，占 63.2%。

表 2-11　　　　　　　　　　卷烟样品盒标焦油量统计

盒标焦油量/mg	1~5	6~10	11~13	14~15
	0	4	17	95
样品个数/个	2	7	5	6
	1	6	6	1
	2	7	3	1
合计/个	5	24	31	103

2. 样品测试及模型建立

对选取的国内外卷烟产品进行测试，考察烟气中主要有害成分指标以及卷烟烟气毒理学指标分布情况，以试验测定数据（即 163 个卷烟样品主流烟气中的 28 种主要有害成分，4 项毒理学指标）为基础，应用各种数理统计方法，考察烟气中 28 项主要有害成分与 4 项毒理学指标之间的关系，并对 28 种有害成分进行筛选，找到影响卷烟主流烟气危害性最主要的化学成分指标。化学成分的筛选分别采用了无信息变量删除（uninformative variable elimination, UVE）方法、遗传算法和 LG-GA 算法（改良遗传算法），通过考察变量（即化学成分）对定量模型稳定性或预测能力的影响，分别对 28 种化学成分进行评价和筛选。定量模型采用多元线性回归模型。

为了保证模型的可靠性，在研究过程中对所建立的模型均进行了统计检验，并采用留一法交叉验证（leave one out cross validation, LOOCV）对模型的预测能力进行了考察。

最后，综合考察 3 种统计方法得到的变量筛选结果，并结合毒理学指标与化学成分之间以及 28 种化学成分之间的相关关系，得到对烟气毒理学指标影响最大的有害化学成分。

3. 卷烟主流烟气危害性定量评价指数的提出

根据模型建立、优化及验证，确定了影响卷烟危害性最重要的 7 项有害成分指标，即 CO、HCN、NNK、NH$_3$、苯并 [a] 芘、苯酚、巴豆醛。

为综合评价卷烟的危害性，有必要研究确定一种评价指数来表征卷烟烟气对人体的危害性大小。从不同角度，可以提出各种各样的评价指数建立方法。任何一种评价方法能够为各方所普遍接受而没有任何异议是一件非常困难的事情。

为了综合考察 7 种有害成分释放量排序和 4 种毒理学指标排序的相关性，我们将 163 种卷烟在每一种有害成分释放量上进行排序，某样品 7 种成分的得分相加即为该样品的排序和。4 种毒理学指标也按同样方法计算排序和。有害成分排序和与毒理学指标排序和的相关关系如图 2-3 所示。

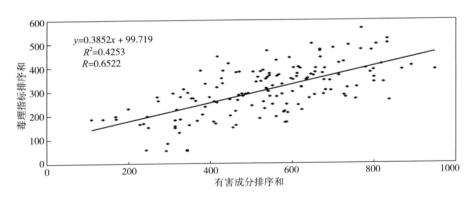

图 2-3 4 项毒理学指标排序和与 28 项有害成分排序和的关系

图 2-3 的结果表明，7 种有害成分释放量排序之和与 4 种毒理学指标排序之和存在显著相关关系，说明 7 种指标等权相加的结果可以反映 4 种毒理学指标的综合结果。基于以上结果，提出了如下式所示的卷烟危害性评价指数：

$$H = \frac{Y_{CO}}{C_1} + \frac{Y_{HNC}}{C_2} + \frac{Y_{NNK}}{C_3} + \frac{Y_{NH_3}}{C_4} + \frac{Y_{B[a]P}}{C_5} + \frac{Y_{PHE}}{C_6} + \frac{Y_{CRO}}{C_7}$$

Y：卷烟主流烟气有害成分释放量；$C_1 \sim C_7$ 为参考值

卷烟危害性评价指数由 CO、HCN、NNK、NH$_3$、苯并 [a] 芘、苯酚、巴豆醛 7 个分项组成，每个分项值为某一卷烟的实测值与参考值之比，7 个分项值之和即为该卷烟的危害性评价指数值。值越大，则危害性越大，值越小，则危害性越小。每项有害成分指标的参考值即本研究测定的 163 个样品的平均值。

ZTRI 方法充分考虑烟气复杂基质对有害物质作用的影响，依据混合物风险度评价的基本原理，建立了有害成分与毒理学指标之间量化数学模型，得到了可以综合评估卷烟烟气危害性的 H 指数。然而，仍存在着一定的局限性，例如，没有考虑可能存在的化学物质之间交互作用和复杂烟气基质的影响，许多使用的毒性评价数据来源众多，差异较大，在评价的过程中存在着不确定因素等。这些局限性对使用量化风险性评估方法来进行卷烟危害性评价提出了挑战。在烟气复杂基质条件下有害成分的危害性鉴定、量化表征以及获取更具代表性、更完善的体内、体外毒理学、流行病数据将是卷烟危害性评价研究的下一个研究重点。

参考文献

[1] 谢剑平. 卷烟危害性评价原理及方法 [M]. 北京：化学工业出版社，2009.

[2] Hoffmann D, Hoffmann I, El-Bayoumy K. The less harmful cigarette: a controversial issue. a tribute to Ernst L. Wynder [J]. Chem. Res. Toxicol. 2001, 14: 767-790.

[3] Baker R R. Temperature variation within a cigarette combustion coal during the smoking cycle [J]. High Temp. Sci., 1975a, 7: 236-247.

[4] Baker R R. Variation of the permeability of paper with temperature [J]. Tappi, 1976b, 59: 114-115.

[5] Baker R R. Combustion and thermal decomposition regions inside a burning cigarette [J]. CombustFlame, 1977, 30: 21-32.

[6] Green C R. Some relationships between tobaccoleaf and smoke composition [C]. In: Proc. 173rd Am Chem. Soc. Symp, Rec. Adv. Chem. Comp. Tob. Smoke., 1977a, pp. 426-470.

[7] Schlotzhauer W S, Chortyk O T. Recent advances in studies on the pyrosynthesis of cigarette smoke constituents [C]. J. Anal. Appl. Pyrol., 1987, 12: 193-222.

[8] 谢剑平. 烟草与烟气化学成分 [M]. 北京：化学工业出版社，2010.

[9] Jenkins R W Jr, Comes R A, Bass B T. The use of carbon-14 labelled compounds in smoke precursor strdies a review [C]. Rec. Adv. Tob. Sci., 1975, 1: 1-30.

［10］ Fenner R A. Thermoanalytical characterization of tobacco constituents ［C］. Rec. Adv. Tob. Sci. , 1988, 14: 82－113.

［11］ Chortyk O T, Scholtzhauer W S. Studies on the pyrogenesis of tobacco smoke constituents (a review) Beitr. Tabakforsch. 1973, 7: 165－178.

［12］ Stedman R L. The chemical composition of tobacco and tobacco smoke ［J］. Chem. Rev. , 1968, 68: 153－207.

［13］ Stober W. Generation, size distribution and composition of tobacco smoke aerosols ［J］. Rec. Adv. Tob. Sci. , 1982, 8: 3－41.

［14］ Keith C H. Physical mechanisms of smoke filtration ［J］. Rec. Adv. Tob. Sci. , 1978, 4: 25－45.

［15］ Report of the adhoe group ISO/TC126 WG. A review of human smoking behaviour data and recommendation for a new ISO standard for the machine smoking of cigarettes ［R］. 2005.

［16］ Dixon M. Smoke yields under human and ISO smoking regimes ［C］. The 1st meeting of ISO/TC126/WG9. 2005.

［17］ Dube M F, Green C R. Methods of collection of smoke for analytical purposes ［J］. Rec. Adv. Tob. Sci. , 1982, 8: 42－102.

［18］ Davis D L, Nielsen M T. Tobacco production chemistry and technology ［M］. CORESTA Blackwell Science Limited, Oxford, 1999.

［19］ Sakuma H Kusama N, Shimojima N, et al. Gas－chromatographic analysis of the P－nitro- phenylhydrazines of low boilling carbonyl compounds in cigarette smoke ［J］. Tob. Sci. , 1978, 22158－160.

［20］ Wynder E L, Graham E A. Tobacco smoking as a possible etiologic factor in bronchiogenic carcinoma: a study of 684 proven cases ［J］. J. Am. Med. Assoc. , 1950, 143: 329－336.

［21］ Doll R, Hill A B. Smoking and carcinoma of the lung ［J］. Br. Med. J. , 1950, 221 (Ⅱ): 739－748.

［22］ Wynder E L, Graham E A, Croninger A B. Experimental Production of Carcinoma with Cig- arette Tar ［J］. Cancer Res. , 1953; 13, 855－864.

［23］ Cooper R L, Lindsey A J, Waller R E. The Presence of 3, 4－benzpyrene in Cigarette Smoke ［J］. Chem, Ind. , 1954, 46: 1418－1419.

［24］ Rodgman A, Green C R. Toxic chemicals in cigarette mainstream smoke－hazard and horpla: contributions to tobacco research ［J］. Beitr. Tobakfor. Int. , 2003, 20 (8): 481－545.

［25］ United States Public Health Service: Smoking and Health. Report of the Advisory Committee to the Surgeon General of the Public Hiealth Service; DHEW Publ. No. （PHS）1103, 1964.

[26] Hoffmann D, Hecht S S. Advances in tobacco carcinogenesis; in: Chemical carcinogenesis and mutagenesis, I, edited by Cooper C S, Grover P L. , Springer-Verlag, London, UK, 1990, Chapter 3, pp. 63-102.

[27] Fowles J, Dybing E. Application of toxicological risk assessment principles to the chemical constituents of cigarette smoke. Tob Control, 2003, 12（4-Dec）: 424-430.

[28] Wilson C L, Potts R J, Bodnar J A, Garner C D, Borgerding M F. Cancer risk calculations for mainstream smoke constituents from selected cigarette brands: Concordance between calculated and observed risk. CORESTA Congress, Shanghai, China, November 2008a.

[29] Pankow J F, WatanabeK H, Toccalino P L, Luo W, Austin D F. Calculated Cancer Risks For Conventional and "Potentially Reduced Exposure Product" Cigarettes, Cancer Epidemiol Biomarkers Prevent, 2007, 16（3）: 584-92.

[30] 谢剑平, 刘惠民, 朱茂祥, 等, 卷烟烟气危害性指数研究 [J]. 烟草科技, 2009, 2: 5-15

[31] US Environmental Protection Agency（EPA）. Guidelines for the health risk assessment of chemical mixture [C]. Published on September 24, 1986, Federal register 51（185）: 34014-34025.

第三章
卷烟纸对烟气有害成分的影响

卷烟纸作为主要的卷烟材料，直接参与卷烟燃烧过程，其组分及特性参数如助燃剂含量、定量、透气度等，通过调控空气和烟气的传递扩散以及燃吸温度分布，对卷烟燃烧状态具有重要的调控作用，直接影响烟气有害成分的释放量。

第一节　概述

卷烟纸是卷烟生产中的重要材料之一，具有自然的透气性、一定的拉伸强度、较高的不透明度和良好的燃烧性等特性，可满足上机运行和燃烧性能的基本要求。近年来，随着消费者对健康的关注和越来越多的个性化需求，卷烟产品致力于降焦减害和特色发展，对卷烟纸设计也呈现多样化的需求。消费者要求烟支具有更有吸引力的外观、较好的吸味和美观的包灰性能等，卷烟纸逐渐成为实现卷烟降焦减害、个性外观和特色风味等功能特性的主要载体。

随着卷烟技术的发展，卷烟纸在常规的木浆卷烟纸、麻浆卷烟纸、混合浆卷烟纸、横罗纹卷烟纸、竖罗纹卷烟纸、无罗纹卷烟纸等类别的基础上，依据其质量性能，又可以分为彩色卷烟纸、防伪卷烟纸、快燃卷烟纸、低侧流卷烟纸、降CO卷烟纸、强包灰卷烟纸、加香卷烟纸、低引燃卷烟纸、低温加热不燃烧卷烟纸等多种类别。卷烟产品设计时要根据卷烟产品的功能、消费者的需求不同，科学地、合理地选择合适的卷烟纸。

卷烟纸直接参与烟支燃烧，对卷烟燃烧温度、静燃速率、通风率、抽吸口数、吸阻和主、侧流烟气释放量都有较大影响，特别是自欧洲有关焦油限量的法规实施以来，卷烟纸的透气性和燃烧性就成了主要的质量指标。不同特性参数的卷烟纸对烟支燃烧和烟气稀释产生不同的影响，从而影响卷烟的烟气成分。其中，透气度影响烟支静态燃烧速率，对烟气具有稀释和扩散作用，提高透气度可降低卷烟烟气中多种成分的释放量；定量变化改变了纸张的组织密度，影响卷烟纸的扩散性，从而对主流烟气有害成分释放量有一定影响；助燃剂会降低纸张纤维的热解温度，改变卷烟的燃烧状态，且不同助燃剂种类及用量对卷烟抽吸口数和烟气成分释放量的影响存在明显差异；纤维原料和填料是影响卷烟纸透气度和燃烧性的主要因素。因此，研究卷烟纸的物理特性（透气度、定量）和配方特性（助燃剂、纤维原料、填料等）对卷烟燃烧性能的影响，进一步改善卷烟纸的燃烧性能，降低卷烟抽吸过程中产生的焦油量、侧流烟气及 CO 等有害气体，对降低烟气有害成分具有十分重要的意义。

第二节　卷烟纸透气度对烟气有害成分的影响

卷烟纸透气度一般指由卷烟纸疏松多孔纤维结构形成的自然透气度，在卷烟燃烧过程中影响烟支静态燃烧速率，对烟气成分具有稀释和扩散作用，进而影响烟支通风率和抽吸口数，对烟气成分释放量控制具有显著的作用。

一、透气度对卷烟静燃速率和通风率的影响

卷烟纸自然透气度取决于纤维种类及配比、填料微粒大小和用量、纸的密度（定量）。卷烟纸打孔可提高纸的透气度，但目前不常采用。

卷烟纸透气度对烟支燃烧时烟气流向的影响见图 3-1。

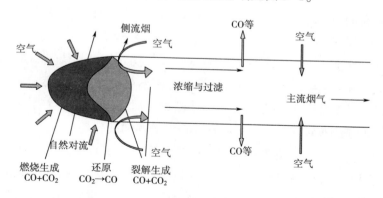

图 3-1　烟支烟气流向示意图

1. 透气度对卷烟静燃速率的影响

卷烟静燃速率取决于氧气通过扩散到达燃烧区的速度和纸上的微孔数。提高卷烟纸自然透气度，卷烟燃烧供氧量增加，静燃速度加快，导致通过抽吸燃烧的烟丝总量减少，抽吸口数减少，烟气释放量降低。当透气度达到一定水平（70~80CU）后，卷烟的静燃速率趋于稳定，抽吸口数也开始趋于稳定或增加。透气度具体的转折点位置取决于基础纸张、添加剂、填料以及叶组配方的组合。

利用打孔的方式提高透气度时，打孔能增加纸的空气渗透能力，但不影响氧气的扩散能力；因此打孔透气度增加时，不会影响卷烟的静燃速率。

2. 透气度对卷烟抽吸口数的影响

卷烟燃吸时，外部空气透过卷烟纸向内扩散稀释烟气，燃烧产生的轻气体向外扩散减少。卷烟纸透气度升高时，纸张微孔数目增加，稀释作用和扩散作用均增强，卷烟抽吸口数减少，降低烟气成分的含量。透气度由12CU增加到100CU，抽吸口数约减少1口。

利用打孔的方式提高透气度时，卷烟静燃速率不改变，但通风率比原纸提高，从而减少了抽吸时烟丝的燃烧量，最终引起抽吸口数增加。透气度由12CU增加到120CU，抽吸口数增加近1口。

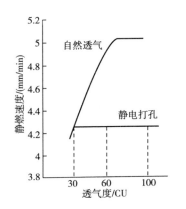

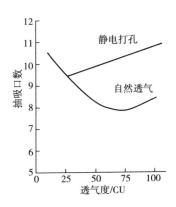

图 3-2　透气度对卷烟静燃速率的影响　图 3-3　透气度对抽吸口数的影响

3. 透气度对通风率的影响

Baker 等人曾报道了公式（3-1）和式（3-2）所示的卷烟纸透气度与烟支段通风率的关系

$$Q_P = \pi P r \omega L \qquad\qquad (3-1)$$
$$V_P = q_P / q_d \qquad\qquad (3-2)$$

式中 V_P——烟支段通风率;

        q_P——给定唇端流量 q_d 时,穿过卷烟纸的气流量;

        P——唇端流量为 q_d 时的烟条吸阻,cmH_2O;

        r——烟条半径,cm;

        ω——卷烟纸透气度/$10cmH_2O$,$cm/min/cm \ H_2O$;

        L——烟条长度,cm。

上述公式中,烟支段通风率随卷烟纸自然透气度的增加而增加,呈线性关系。

提高卷烟纸自然透气度,烟支段通风率增加,燃烧锥的抽吸容量会减少,通过抽吸消耗的烟丝相应减少,烟气释放量也就减少了。

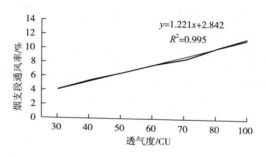

图 3-4   透气度对烟支段通风率的影响

卷烟纸透气度对烟支段通风率的影响程度,还与卷烟的滤嘴段通风率有密切关系。采用相同透气度的卷烟纸,当滤嘴段通风率提高时,烟支段通风率会相应降低,因此,滤嘴通风率越高,卷烟纸透气度对烟气成分释放量的影响就越弱。

二、透气度对卷烟燃吸温度分布的影响

烟支的燃烧温度是影响主、侧流烟气中化学成分及含量进而影响卷烟品质最基本的特性参数之一。它直接影响着燃烧锥后烟草成分的热解合成反应,影响了卷烟各种挥发、半挥发的成分向烟气中的输送量,也与烟气中有害成分的多少有很大的关联。卷烟燃烧温度高时,燃烧部分的分解作用就更迅速更猛烈,而与燃烧点邻近区域中的有机物质受热发生的干馏作用也更强烈,烟气释放量将增加。因此,降低燃烧温度在一定程度上有利于卷烟焦油的

降低。

在卷烟燃吸过程中，卷烟纸透气度可能通过两个方面影响卷烟燃烧状态：一是静燃时的空气自然对流状态下，对燃烧锥空气扩散总量的影响；二是抽吸时的空气主动抽吸状态下，对空气经烟支轴向向燃烧锥扩散量的影响。在这两种作用下，卷烟纸通过影响进入燃烧锥位置的空气量和热量散失而影响卷烟燃吸温度。不同透气度卷烟纸通过改变进入燃烧锥的空气量，进而造成烟支燃烧状态和烟气成分释放量的改变。

1. 卷烟燃吸温度分布的表征

烟支的燃吸是烟支被点燃、静燃（间隔58s）、抽吸2s，阴燃（间隔58s）、再到下一次抽吸2s，如此循环直至烟支燃尽熄灭的过程，该过程中燃吸温度呈动态分布。卷烟燃吸温度的分布可用以下参数表征

$$V = V_0 \exp\{-[(T - 200)/(T_s - 200)]^N\}/[1 + \exp(T - T_{max})] \qquad (3-3)$$

式中　V——温度在 T 以上的累积体积分数；

V_0——燃烧锥体积，指200℃以上的累积体积；

T_s——燃烧锥特征温度，表示燃烧锥体积占全部200℃以上累积体积 36.8%时的温度；

T_{max}——燃烧锥最高温度；

N——分布参数，反映整个温度体积的分散程度。

2. 透气度对卷烟燃烧锥最高温度的影响

研究表明，随着卷烟纸透气度的增加，卷烟燃吸过程中最高温度呈先降低后升高的趋势，在70CU发生转折（见图3-5）。卷烟纸透气度从40CU逐步增加至70CU时，卷烟燃烧锥最高温度从801℃降至784℃，当透气度继续增加至80CU时，最高温度出现转折，从784℃升至791℃。

3. 透气度对卷烟燃烧锥体积的影响

在卷烟燃吸过程的3个阶段（静燃、抽吸及阴燃），随着卷烟纸透气度的增加（40~80CU），燃烧锥体积的变化规律呈现一定的相似性（见图3-6）。①随着透气度的增加，燃烧锥体积呈现先增加后降低的趋势，在70CU左右呈现转折点。因为卷烟纸透气度的增加可明显促进空气向燃烧锥的扩散，进入燃烧锥的空气量增加，促进燃烧过程，从而增加了燃烧锥的体积；当卷烟纸透气度大于70CU后，自然对流的散热作用增强，从而导致燃烧锥的体积减小。②在主动抽吸的作用下，燃烧锥体积呈现快速增加趋势；静燃和阴燃过

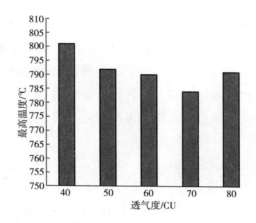

图 3-5　透气度对卷烟燃烧锥最高温度的影响

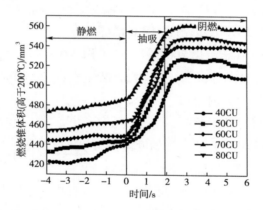

图 3-6　卷烟纸透气度对燃烧锥体积的影响

程的燃烧锥体积变化较小。

4. 透气度对卷烟燃烧特征温度和分布参数的影响

随着卷烟纸透气度的增加（40~80CU），卷烟特征温度 T_S 和分布参数 N 均呈现先增加后降低的趋势，并且转折点随燃吸的不同阶段而发生改变，见图 3-7。

在 40~60CU 范围内，随着卷烟纸透气度的增加，特征温度 T_S 呈现增加趋势，说明燃烧作用加剧。当卷烟纸透气度继续增加至 70CU 时，特征温度 T_S 呈现下降趋势，透气度增加至 80CU 时，特征温度 T_S 下降更加显著，接近 40~50CU 时的水平。

在 40~60CU 范围内，随着卷烟纸透气度的增加，静燃阶段与阴燃阶段的温度分布参数 N 呈现增加趋势，说明温度分布更加集中；当卷烟纸透气度继续增加至 70CU 时，分布参数 N 出现拐点，开始呈现下降趋势。随着透气度的增加（40~80CU），抽吸阶段的温度分布参数 N 在总体上呈现降低趋势，但在 60CU 时出现最高点。

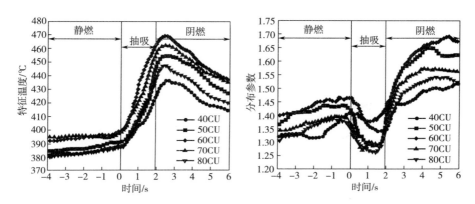

图 3-7 卷烟纸透气度对燃烧锥特征温度 T_S 和分布参数 N 的影响

三、透气度对烟气有害成分的影响

随着卷烟纸透气度的增加，从燃烧锥进入烟支的气流量增加，氧气向烟支内的扩散量与烟气向烟支外的扩散量也增加，同时静燃速度提高；这些因素的共同影响导致每口抽吸所消耗的烟丝量减少，燃烧反应放出的热量相对减少，烟支燃烧锥后区域的温度梯度降低，蒸馏和高温裂解物减少，从而使烟气成分的释放量受到不同程度的影响。

卷烟纸透气度对烟气焦油、7 种有害成分及危害性指数（H）的影响见图 3-8；卷烟纸透气度与 7 种有害成分释放量的线性回归分析见表 3-1。研究结果表明：随着卷烟纸透气度的增加，烟气中的焦油、CO、HCN、NH_3、NNK、苯并 [a] 芘和苯酚释放量均有所降低，但巴豆醛释放量无明显变化。

卷烟纸透气度与 CO、HCN、NNK 和 NH_3 具有显著的负相关性（$R>0.9$），与苯酚和苯并 [a] 芘释放量有一定的负相关性（$R>0.8$），与巴豆醛释放量无相关性。由线性方程推导出，卷烟纸透气度每增加 10CU，NNK、苯酚、CO、苯并 [a] 芘、NH_3 和 HCN 的释放量可分别降低 1.24%，3.04%，3.74%，3.85%，4.42% 和 4.71%。NNK 变化幅度不大，说明透气度对 NNK

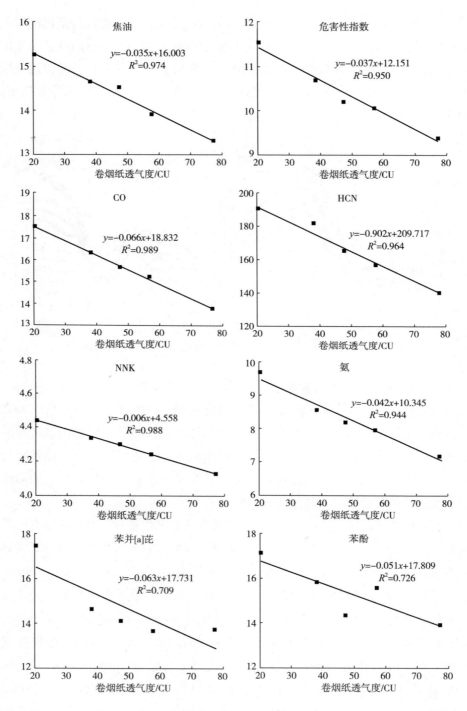

图 3-8

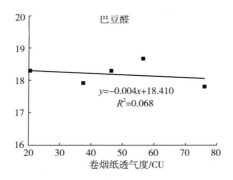

图 3-8　卷烟纸透气度对焦油、H 及 7 种成分释放量的影响

影响较小。

卷烟纸透气度与焦油、危害性指数具有显著相关性。随着卷烟纸透气度的增加，卷烟的焦油、危害性指数明显下降。

表 3-1　　　　　　　卷烟纸透气度与焦油、H 及 7 种成分
释放量的线性回归方程参数

分析物	回归方程参数		
	截距	斜率	R
焦油	16.00	−0.03483	0.9873
H	12.15	−0.03706	0.9746
CO	18.83	−0.06555	0.9945
HCN	209.7	−0.9018	0.9821
NNK	4.554	−0.005491	0.9940
NH_3	10.35	−0.04207	0.9717
苯并 [a] 芘	17.74	−0.06338	0.8433
苯酚	17.81	−0.05097	0.8523
巴豆醛	18.40	−0.004183	0.2515

四、透气度对感官质量和包灰性能的影响

1. 透气度对卷烟感官质量的影响

于川芳等的研究结果见图 3-9，随着透气度的增加，卷烟香气量、烟气浓度略呈下降趋势；当透气度达到一定程度（80CU）后，在一定范围内

（80~100CU），变化的程度便不再明显，但刺激性开始增大，同时烟气的细腻程度、干净程度以及杂气、干燥感等感官质量指标有所下降。

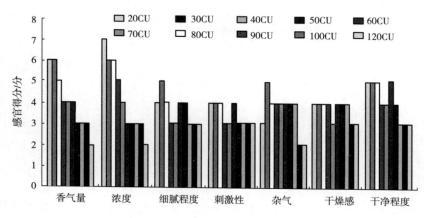

图3-9　透气度对感官质量的影响

同时，卷烟纸透气度过高时，稀释作用增强，易导致烟支前后抽吸口数之间烟气稀释率的大幅度变化，造成在抽吸过程中烟味产生由淡至浓的明显波动，使前后抽吸出现较大吸味差异。

2.透气度对卷烟包灰性能的影响

卷烟纸直接参与烟支燃烧，它与烟丝共同燃烧后形成管状灰体，灰色及是否容易落灰、掉头影响消费者的感官视觉体验，因此包灰性能是衡量卷烟纸品质的一个重要指标。卷烟的包灰性能好，烟柱美观，不容易落灰；包灰性能差，则抽吸时烟灰掉落严重，污染环境。

卷烟包灰性能主要取决于卷烟纸与烟丝的燃烧性能。卷烟纸燃烧比烟丝快时，烟丝来不及变成烟灰，没外围支撑的纸灰就无法向内凝结而破裂散落，还会造成烟支燃烧锥过长，严重时导致燃烧锥掉头。卷烟纸燃烧比烟丝慢时，烟头会缩进卷烟纸内，因缺乏氧气而造成烟支熄灭。

相关研究结果表明，卷烟纸透气度在40~70CU范围变化时，随着透气度增大，空气进入量增加，烟丝燃烧性提高，灰色变白，包灰性能有所改善，但总体变化较小。

第三节　卷烟纸定量对烟气有害成分的影响

卷烟纸通过调节纤维素原料和碳酸钙的用量来改变定量，卷烟燃烧过程中碳酸钙、纤维素原料受热分解，影响烟气释放量。随着卷烟纸定量增加，纤维素含量和单位面积内的助剂含量也相应增加，卷烟静燃速率提高，抽吸口数降低，CO 释放量呈上升趋势，焦油量和危害性指数呈下降趋势。

一、卷烟纸定量对卷烟静燃速率的影响

随着卷烟纸定量增加，纸张单位面积内的纤维含量和助剂含量也相应增加，有利于促进燃烧，烟支的静燃速率加快，如图 3-10 所示。

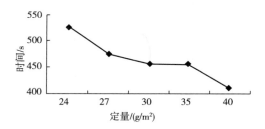

图 3-10　卷烟纸定量对卷烟静燃速率的影响

二、卷烟纸定量对卷烟燃吸温度分布特征的影响

1. 定量对卷烟燃吸最高温度的影响

卷烟纸定量变化时，卷烟燃吸过程中最高温度的变化规律如图 3-11 所示。随着卷烟纸定量的增加，燃吸过程中燃烧锥最高温度呈减小趋势。这是

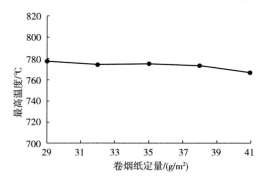

图 3-11　卷烟纸定量对燃烧锥最高温度的影响

因为随着卷烟纸定量的增加，助燃剂绝对量随之有一定程度的增加。卷烟纸定量在 29~41g/m² 范围内，其中助燃剂的绝对含量在 0.73~1.01g/cm² 范围内变化，燃烧锥最高温度从 778℃ 降至 766℃。

当通过改变卷烟纸定量改变助燃剂绝对含量时，燃烧锥最高温度随助燃剂绝对含量的增加略有降低，变化不显著。

2. 定量对卷烟燃烧锥体积的影响

在卷烟燃吸过程（抽吸前 4s 至抽吸结束后 4s）中，随着卷烟纸定量的增加，卷烟燃烧锥体积（高于 200℃）在各时刻点（静燃、抽吸及阴燃）呈增加趋势；同时，燃烧锥的体积在抽吸结束时刻达到最大值，在最大值处可以维持 2s 左右，如图 3-12 所示。

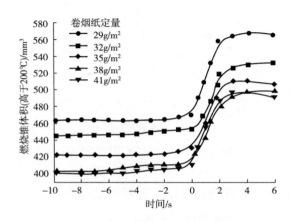

图 3-12　卷烟纸定量对燃烧锥体积的影响

3. 定量对卷烟燃烧温度分布特征的影响

卷烟纸定量对静燃（抽吸前）温度体积分布与分布特征参数的影响，见表 3-2。

表 3-2　　卷烟纸定量对静燃（抽吸前）温度分布特征的影响

卷烟纸定量/ (g/m²)	各温度区域体积/mm³			分布特征参数		
	200~400℃	400~600℃	>600℃	V_0/mm³	T_S/℃	N
29	278.6	117.1	9.9	436	396	1.41
32	293.1	107.8	10.0	421	386	1.43
35	281.0	131.7	12.4	434	394	1.51

续表

卷烟纸定量/	各温度区域体积/mm³			分布特征参数		
(g/m²)	200~400℃	400~600℃	>600℃	V_0/mm³	T_S/℃	N
38	289.8	150.0	11.2	459	397	1.41
41	294.5	146.5	24.9	482	411	1.40

在 29~35g/m² 范围内，随着卷烟纸定量的增加，表征温度体积分布分散程度的分布系数 N 值呈上升趋势，卷烟纸定量继续增加，N 值降低。

卷烟纸定量对卷烟抽吸 2s 时温度分布特征的影响，见表 3-3。

表 3-3 　　卷烟纸定量对抽吸 2s 时温度分布与分布特征的影响

卷烟纸定量/	各温度区域体积/mm³			分布特征参数		
(g/m²)	200~400℃	400~600℃	>600℃	V_0/mm³	T_S/℃	N
29	244.9	167.4	76.9	481	454	1.25
32	251.8	165.5	66.1	472	438	1.34
35	249.6	172.2	82.8	495	454	1.26
38	239.0	166.4	109.8	504	480	1.30
41	282.8	170.1	106.4	551	461	1.19

卷烟抽吸 2s 内，温度分布的变化最为剧烈，仅在高温区域（>600℃）呈一定的规律性，随着卷烟纸定量增加，该区间的体积呈比较明显的增加，但特征温度 T_S 在定量为 41g/m² 处略有降低；分布系数 N 没有明显规律。

三、卷烟纸定量对烟气有害成分的影响

随着卷烟纸定量增加，纸张单位面积内的纤维素含量和助燃含量也相应增加，烟支的燃烧速率加快，使得卷烟抽吸口数下降，导致总粒相物和焦油释放量降低。但纸定量增加后，外部的 O_2 不易立即进入到烟支内部，导致烟支内部的燃烧不够充分，产生 CO；阴燃时燃烧产生的大量热量也不能及时扩散到烟支外部，使生成的 CO_2 在高温缺氧的情况下发生吸热反应，生成了新的 CO，并在下一口抽吸时进入主流烟气中，造成 CO 释放量增加。

卷烟纸定量对焦油、H 及 7 种成分释放量的影响研究表明，卷烟纸定量对苯酚和 CO 的释放量有显著的影响，对苯并［a］芘释放量有一定的影响，与焦油及危害性指数影响较小，见图 3-13 和表 3-4。

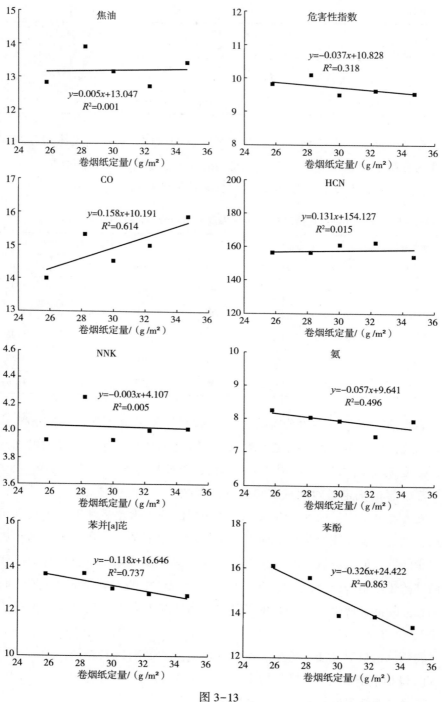

图 3-13

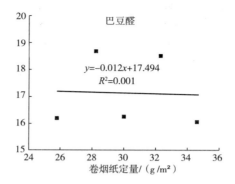

图 3-13 卷烟纸定量对焦油、H 及 7 种成分释放量的影响

表 3-4 卷烟纸定量与焦油、H 及 7 种成分释放量的线性回归方程参数

分析物	回归方程参数		
	截距	斜率	R
焦油	13. 06	0. 004994	0. 0368
H	10. 83	−0. 03673	0. 5643
CO	10. 19	0. 1578	0. 7833
HCN	154. 0	0. 1340	0. 1223
NNK	4. 111	−0. 002809	0. 0748
NH_3	9. 640	−0. 0567	0. 7050
苯并 [a] 芘	16. 65	−0. 1179	0. 8577
苯酚	24. 43	−0. 3265	0. 9287
巴豆醛	17. 51	−0. 01267	0. 0326

苯酚释放量与卷烟纸定量具有显著负相关性，随着卷烟纸定量的增加，苯酚释放量呈降低趋势。

CO 释放量与卷烟纸定量具有一定正相关性，随着卷烟纸定量的增加，CO释放量呈增大趋势。

苯并 [a] 芘释放量与卷烟纸定量具有一定负相关性，随着卷烟纸定量的增加，苯并 [a] 芘释放量呈降低趋势。

卷烟纸定量与焦油、危害性指数、NH_3、HCN、NNK、巴豆醛没有明显相关性，影响较小。

四、卷烟纸定量对卷烟感官质量和包灰特征的影响

1. 卷烟纸定量对卷烟感官质量影响

随着卷烟纸定量的提高，纤维素原料用量相对较多，在卷烟燃烧过程中受热分解，感官质量整体呈下降趋势。卷烟纸定量由 $28g/m^2$ 增加至 $30g/m^2$ 时，香气质、透发性变差；当卷烟纸定量增加至 $32g/m^2$ 时，香气质、香气量、杂气、透发性、柔和性、圆润度、口腔刺激、口腔残留、生津感、喉部刺激、鼻腔刺激等多项指标的得分均有所下降，具体见图 3-14。

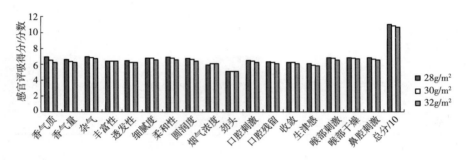

图 3-14　卷烟纸定量对卷烟感官质量的影响

2. 卷烟纸定量对卷烟包灰性能影响

随着卷烟纸定量的增加，卷烟挺度增加，对烟灰包裹力强，卷烟燃烧后的外翻灰片较少。定量越大的卷烟纸其卷烟包灰效果越好、灰色越白。

随着定量的提高，卷烟纸的包灰形态表现不同（图 3-15）。定量小的卷烟纸，包灰整体裂口较多，且多为小裂口；定量达到 $35g/m^2$ 以上时，烟支包灰整体比较平整，裂口较少但裂口多为大的裂口，包灰有略微外胀趋势。

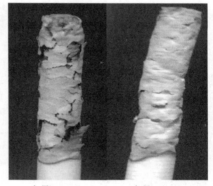

定量24g/m²　　　　定量40g/m²

图 3-15　不同定量卷烟纸的包灰形态

第四节　卷烟纸助燃剂对烟气有害成分的影响

卷烟纸通过添加助燃剂可降低燃烧热解的初始温度，选用不同种类的助燃剂并控制其添加量，能改变卷烟的静燃速率及抽吸口数，进而影响烟气释放量和灰分外部特征，是减害降焦和改善包灰等重要的手段。

一、助燃剂含量对卷烟静燃速率的影响

卷烟纸中添加的助燃剂会降低木纤维的起始热解温度和活化能，使卷烟炭化线附近区域卷烟纸透气度发生变化，从而促进烟气和空气的扩散，改变卷烟的燃烧状态和小分子气体物质的扩散，是影响卷烟静燃速率的主要因素。

如图 3-16 所示，卷烟纸中添加助燃剂，随着助燃剂含量的增加，卷烟静燃速度加快，抽吸口数减少；助燃剂对卷烟静燃速率具有显著的负相关性。

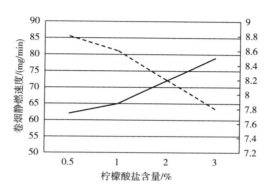

图 3-16　助燃剂对卷烟静燃速度的影响

——卷烟静燃速度　----抽吸口数

二、助燃剂含量对卷烟燃烧温度分布的影响

通过改变卷烟纸助燃剂种类及用量，可以调节卷烟燃烧的峰值温度，从而降低有害成分释放量。

1. 助燃剂含量对燃烧锥最高温度的影响

随着卷烟纸助燃剂含量的增加，燃吸过程中最高温度呈逐渐下降趋势，且变化呈较显著的规律性。助燃剂含量在 $0 \sim 3.45\%$（绝对含量 $0 \sim 1.001 g/cm^2$）时，卷烟燃烧锥最高温度从 845℃ 降至 755℃，降幅达 90℃，说明增加助燃剂含量可明显降低燃烧锥最高温度。

2. 助燃剂含量对燃烧锥体积的影响

由卷烟纸助燃剂含量对燃烧锥体积（高于 200℃）的影响（图 3-18）可知，随着助燃剂含量的增加，燃吸过程各时刻（静燃、抽吸及阴燃）的燃烧锥体积呈增加趋势，同时，燃烧锥体积在抽吸结束时达到最大值，且在最大值处维持 2s 左右。

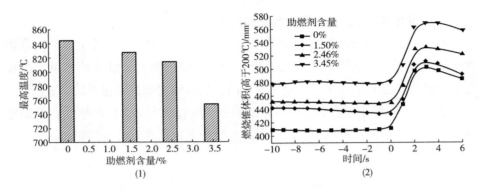

图 3-17　助燃剂含量对燃烧锥最高温度（1）及燃烧锥体积（2）的影响

3. 助燃剂含量对燃烧锥温度分布的影响

随着助燃剂含量的增加，燃烧锥区域面积逐渐增加，且同一温度的等高线在沿卷烟轴向的相对距离越来越大，燃烧锥体范围增大（见图 3-18），这说明增加卷烟纸助燃剂含量虽然降低了燃烧锥最高温度，但可以加剧卷烟燃烧。

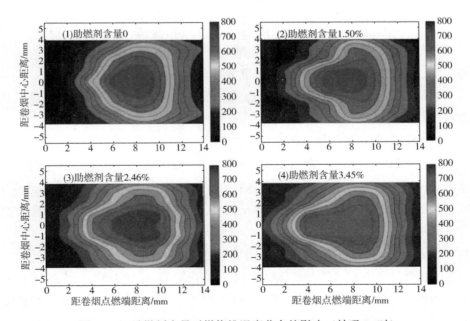

图 3-18　助燃剂含量对燃烧锥温度分布的影响（抽吸 2s 时）

卷烟纸助燃剂含量的增加，加快了卷烟纸的静燃速度，使之能够更快的引燃卷烟中的烟丝，从而造成了各温度区域的总体积呈增加。随着助燃剂含量的增加，特征温度 T_s 呈上升趋势，由于燃烧锥体积呈增加趋势，所以在此温度下绝对体积同样呈增加趋势。代表温度分布分散程度的分布系数 N 随着助燃剂含量增加而呈上升趋势，说明温度分布随助燃剂含量的增加，其分散程度降低，温度分布更加集中。

表 3-5　　　　助燃剂含量对静燃（抽吸前）温度体积分布
与分布特征参数的影响

助燃剂含量/%	各温度区域体积/mm³			分布特征参数		
	200~400℃	400~600℃	>600℃	V_0/mm³	T_s/℃	N
0	263.2	137.0	8.6	412	395	1.51
1.50	278.8	145.1	10.6	433	391	1.52
2.46	273.5	165.2	10.1	448	407	1.59
3.45	294.8	164.8	19.1	485	410	1.56

表 3-6　　　　卷烟纸助燃剂含量对抽吸 2s 时温度体积分布
与分布特征参数的影响

助燃剂含量/%	各温度区域体积/mm³			分布特征参数		
	200~400℃	400~600℃	>600℃	V_0/mm³	T_s/℃	N
0	216.9	187.5	93.8	492	467	1.41
1.50	233.0	191.4	82.4	496	463	1.35
2.46	216.8	203.0	110.7	522	488	1.47
3.45	246.4	207.6	111.5	551	474	1.38

三、助燃剂对烟气有害成分的影响

卷烟纸常用的助燃剂主要有碱金属柠檬酸盐、碱金属苹果酸盐等，通过添加助燃剂降低了纸张的热解温度，炭线附近的透气度迅速增加，因而氧气扩散至燃烧区时的速度增加，可以改变烟支的静燃速率或改善灰分外观。不同助燃剂对卷烟抽吸口数和烟气成分释放量的影响存在明显差异。

1. 助燃剂种类对烟气有害成分的影响

助燃剂种类包括柠檬酸钾、柠檬酸钠、苹果酸钾和苹果酸钠 4 种常用助燃剂，在助燃剂含量保持一致（2.5%）的情况下，助燃剂种类对焦油、H 及7种成分释放量的影响研究结果（图3-19）表明：在相同的助燃剂用量下，助燃剂种类对焦油、H 及7种成分释放量有一定影响。

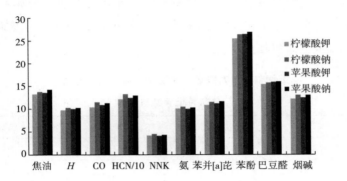

图3-19　助燃剂种类对焦油、H 及7种成分释放量的影响

当有机酸种类相同时，钾离子助燃剂的烟气释放量整体上低于钠离子助燃剂的烟气释放量。这是由于钾盐性质更为活泼，助燃效果更好。

当阳离子均为钾离子时，柠檬酸盐助燃剂的烟气释放量整体上低于苹果酸盐的烟气释放量。当阳离子均为钠离子时，柠檬酸盐助燃剂与苹果酸盐助燃剂的焦油、H 及7种成分释放量差异较小。

2. 助燃剂钾钠比对烟气有害成分的影响

卷烟纸助燃剂配方的钾钠比以有机酸盐中的钾离子含量（以质量计）表示。在助燃剂含量保持一致的前提下，考察柠檬酸盐和苹果酸盐助燃剂中 K^+/Na^+ 对焦油、H 及7种成分释放量的影响，研究结果表明，随着助燃剂钾钠比的增加，巴豆醛释放量无明显变化，焦油、H 及其他6种成分的释放量均有降低。

如图3-20、图3-21和表3-7所示，除巴豆醛释放量外，柠檬酸盐助燃剂、苹果酸盐助燃剂的钾钠比与烟气有害成分释放量均呈负相关关系。其中，HCN 释放量、H 与助燃剂钾钠比呈显著负线性相关关系，焦油、CO、NNK 和苯并［a］芘释放量与助燃剂钾钠比呈一定负线性相关关系。巴豆醛释放量与助燃剂钾钠比无线性相关关系。

柠檬酸盐助燃剂与苹果酸盐助燃剂的钾钠比对苯酚和氨释放量的相关性有一定差异。柠檬酸盐钾钠比与苯酚呈显著负线性相关关系，与氨释放量呈

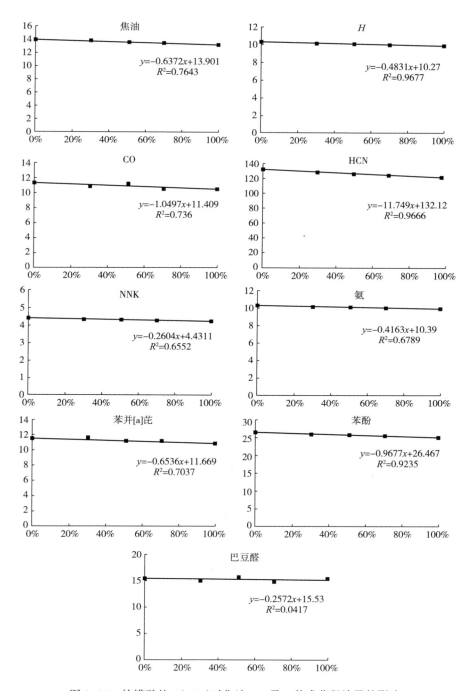

图 3-20 柠檬酸盐 K^+/Na^+ 对焦油、H 及 7 种成分释放量的影响

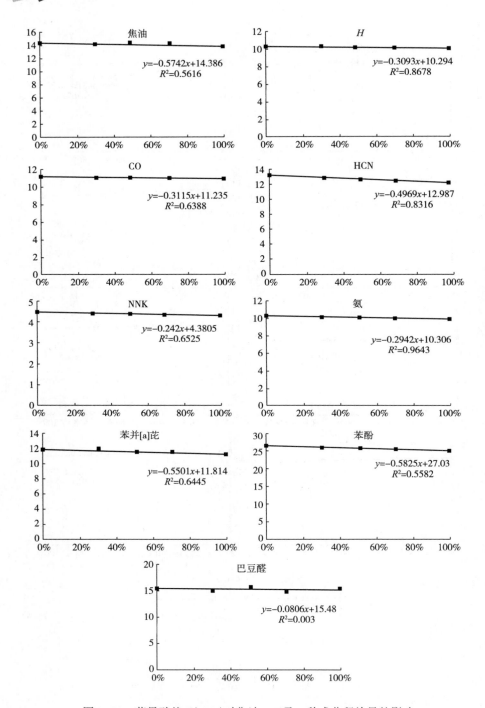

图 3-21　苹果酸盐 K$^+$/Na$^+$对焦油、H 及 7 种成分释放量的影响

一定负线性相关关系；苹果酸盐钾钠比与苯酚呈一定负线性相关关系，与氨释放量呈显著负线性相关关系。

从表3-7线性回归方程的斜率比较可知，柠檬酸盐钾钠比对烟气有害成分的影响较苹果酸盐更为灵敏，尤其是对CO、HCN释放量影响较为显著。

表3-7　　　　　助燃剂 K^+/Na^+ 与焦油、H 及7种成分释放量的线性回归方程参数

分析物	柠檬酸盐			苹果酸盐		
	斜率	截距	R^2	斜率	截距	R^2
焦油	−0.64	13.90	0.7643	−0.57	14.39	0.5616
H	−0.48	10.27	0.9689	−0.33	10.32	0.8948
CO	−1.05	11.41	0.7360	−0.31	11.24	0.6388
HCN	−1.17	13.21	0.9666	−0.50	12.99	0.8316
NNK	−0.26	4.43	0.6552	−0.24	4.38	0.6525
氨	−0.42	10.39	0.6789	−0.29	10.31	0.9643
苯并［a］芘	−0.65	11.67	0.7037	−0.55	11.81	0.6445
苯酚	−0.97	26.47	0.9235	−0.58	27.03	0.5582
巴豆醛	−0.26	15.53	0.0417	−0.08	15.48	0.0030

3. 助燃剂含量对烟气有害成分的影响

柠檬酸钾助燃剂（纯钾盐）含量对焦油、H 及7种成分释放量影响的研究表明：随着助燃剂含量的增加，卷烟主流烟气中有害成分释放量和卷烟烟气危害性指数均呈降低趋势。

如图3-22和表3-8所示，助燃剂（柠檬酸钾）含量与 H、CO、HCN、NNK、氨、苯并［a］芘和苯酚释放量呈显著负线性相关关系；助燃剂（柠檬酸钾）含量与焦油和巴豆醛释放量呈一定负线性相关关系。

随着助燃剂含量的增加，卷烟主流烟气中各有害成分释放量均有不同程度的下降。柠檬酸钾含量提高1%，单支卷烟苯并［a］芘的释放量降低约0.69ng，氨的释放量降低约0.54μg，HCN的释放量降低约6μg，苯酚的释放量降低约0.89μg，CO的释放量降低约0.51mg。

助燃剂含量对焦油、H 及7种成分释放量影响的线性回归结果见表3-8。

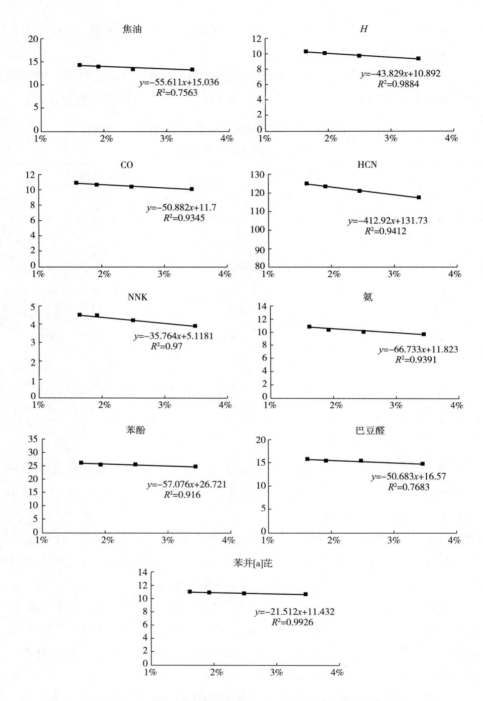

图 3-22　柠檬酸钾含量对焦油、H 及 7 种成分释放量的影响

表3-8　柠檬酸钾含量与焦油、H及7种成分释放量的回归方程参数

分析物	回归方程参数		
	斜率	截距	R^2
焦油	-55.61	15.04	0.7563
H	-43.83	10.89	0.9884
CO	-50.88	11.70	0.9345
HCN	-412.92	131.73	0.9412
NNK	-35.76	5.12	0.9700
氨	-66.73	11.82	0.9391
苯并［a］芘	-21.51	11.43	0.9926
苯酚	-57.08	26.72	0.9160
巴豆醛	-50.68	16.57	0.7683

四、助燃剂对卷烟感官质量和包灰性能的影响

1. 助燃剂对卷烟感官质量的影响

卷烟纸助燃剂通过改变卷烟的静燃速率和燃烧温度，使卷烟烟气成分和感官吸味有一定的改变。助燃剂含量和助燃剂钾钠比对常规卷烟感官质量的影响见图3-23。

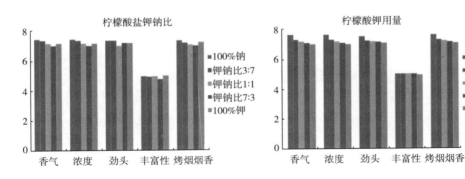

图3-23　柠檬酸盐含量和钾钠比对卷烟感官质量的影响

随着助燃剂（柠檬酸盐）钾钠比的增加，常规卷烟的香气、浓度、劲头、烤甜香的得分呈先减小后增加趋势，丰富性基本不变。

随着助燃剂（柠檬酸盐）含量的增加，常规卷烟香气、浓度、劲头、烤

甜香的得分降低，丰富性基本不变。

2. 助燃剂对卷烟包灰性能的影响

卷烟纸现使用的助燃剂多为碱金属盐助燃剂，金属盐对纤维素的催化方式是以离子的形式吸附在纤维表面，促进纤维素分子的断裂和分解。通过调整卷烟纸助燃剂的含量和钾钠比，可改变卷烟纸的燃烧速度及燃烧的完全性，从而影响卷烟的包灰性能。

当卷烟纸助燃剂含量过低（<0.7%）时，卷烟纸燃烧不充分，易造成炸灰、燃烧不均、灰色发黑甚至熄火等现象；助燃剂用量增加，燃烧加速，卷烟包灰能力提高；但卷烟纸助燃剂含量过高（>2.5%）时，卷烟纸燃烧太快，纸灰对烟丝灰不能形成包裹，易造成烟支燃烧锥过长、落头、炭线圈较宽、灰色发黑等现象。因此，产品设计时应选择适宜的助燃剂含量，使卷烟纸与烟丝保持同步燃烧，有利于改善卷烟包灰性能。

助燃剂的钾离子、钠离子由于其自身性质的差异，在卷烟燃烧时对包灰性能产生不同的影响。其中钾离子具有开放性，促进卷烟燃烧和烟气释放；随着卷烟纸中钾离子含量的增加，烟灰的白度呈增加趋势，烟灰的裂片比例也呈增大趋势；因此钾盐对灰色有利，但卷烟包灰能力下降，烟支灰柱表面容易出现裂片。钠离子具有收敛性，可抑制烟灰的分散；随着卷烟纸中钠离子含量的增加，烟灰的裂片比例呈减小趋势。因此卷烟纸使用混合柠檬酸盐助燃剂，相比纯钾盐助燃剂来说，有利于提高烟纸灰的黏结力，从而改善卷烟的包灰性能。

第五节　卷烟纸纤维组成对烟气有害成分的影响

卷烟纸的纸浆类型主要为木浆和麻浆，其中木浆分为针叶木浆和阔叶木浆。麻浆和阔叶木浆成纸疏松多孔，透气性较好；针叶木浆成纸紧度较大，其自然孔隙率相对较低，透气性较差。提高阔叶木浆或麻浆的配比有助于提高卷烟纸的透气度，从而对烟气有害成分产生影响。

一、卷烟纸纤维组成对透气度的影响

卷烟纸生产工艺大多采用针叶木浆、阔叶木浆配抄全木浆卷烟纸，或针叶木浆、阔叶木浆、麻浆配抄混合浆卷烟纸。针叶木纤维长而粗，细胞壁薄，柔软性好，主要影响纸张的抗张强度；阔叶木纤维短而细，细胞壁较厚，刚

性好，主要影响纸张的透气度；亚麻纤维细而长，透气性和燃烧性较好。通过长、短纤维及麻浆的搭配使用，可有效调整卷烟纸的透气度、强度和不透明度。

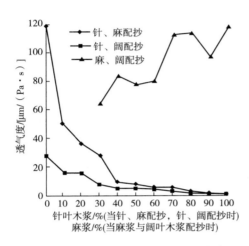

图 3-24 纤维配比与透气度关系曲线

如图 3-24 所示是用针叶木浆、麻浆和阔叶木浆三种浆料两两配抄的卷烟纸，不同浆料配抄配比与卷烟纸透气度的关系曲线。

用针叶木浆与麻浆或阔叶木浆配抄的卷烟纸，随着针叶木浆配比的增加，卷烟纸透气度呈下降趋势，且下降幅度在 40% 配比时出现明显转折点。针叶木浆配比较低时，随针叶木浆含量的增加，透气度急剧下降，尤其是针、麻浆配抄的卷烟纸；当针叶木浆配比超过 40% 以后，透气度下降的速度比较缓慢。

用麻浆与阔叶木浆配抄的卷烟纸，具有相当高的透气度，且随麻浆配比的增加，透气度也随之增加。用麻浆与针叶木浆配抄的卷烟纸，当麻浆配比超过 60% 以后，随着麻浆配比的增加，透气度显著增加。

由上述可知，增加针叶木浆比例，卷烟纸透气度明显降低；增加麻浆比例，卷烟纸透气度明显上升；增加阔叶浆比例，与针叶木浆配抄时透气度呈上升趋势（提高幅度不及麻浆），与麻浆抄配时透气度呈降低趋势。

二、纤维原料对卷烟纸热裂解产物的影响

1. 不同纤维原料的热裂解产物比较

植物纤维原料的主要化学组分均为纤维素、半纤维素及木质素，另外还有单宁果胶质、有机溶剂抽提物（树脂、脂肪、蜡等）、色素及灰分等少量组分。从纤维的组分来说，麻纤维的综合纤维素含量最高、木质素含量最少，针叶木的综合纤维素含量较低、木质素含量较高，阔叶木组分介于二者之间。针叶浆、阔叶浆、麻浆三种纤维原料的热裂解产物均以低沸点小分子醛类、酮类化合物为主，随着热裂解温度的升高，热裂解产物及种类也随之增加，

不同纤维纸浆的高温燃烧裂解产物在种类数量上存在差异。

在300℃时，三种纤维原料的热裂解产物较少，主要为醛类、酮类。阔叶木浆的热裂解产物种类最多。在500℃时，三种纤维原料的热裂解产物以醛类、酮类为主。阔叶木浆新产生了巴豆醛和较高沸点的呋喃类、苯酚类物质；针叶木浆新增加了较高沸点的酸酐类、呋喃类和苯酚类物质，产生了半挥发性的酯类物质和醚类物质；麻浆新增加了烃类、呋喃类、苯酚类物质。阔叶木浆和麻浆的热裂解产物种类相当。在700℃时，三种纤维原料的热裂解产物以醛类、酮类为主。阔叶木浆又新产生了高沸点稠环芳烃类物质和茚类物质。针叶木浆新产生了高沸点的氮杂环类、烃类、苯类、稠环芳烃类、茚类和吡喃葡糖类物质。麻浆出现了稠环芳烃类物质。三种纸浆的热裂解产物种类基本相当。麻浆的热裂解产物中的烃类物质含量相对较高。

2. 不同麻浆比例卷烟纸的热裂解产物比较

通过热裂解/固相微萃取–气相色谱/质谱法（Py/SPME–GC/MS）联用分析0，20%，40%，60% 4种不同麻浆比例卷烟纸在700℃条件下的热裂解产物，分析结果见图3–25。

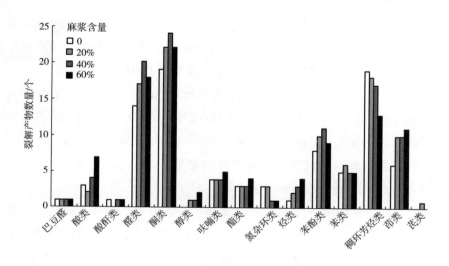

图3–25　700℃条件下不同麻浆比例卷烟纸热裂解产物分析

随着麻浆比例的增加，卷烟纸裂解产物中的醛类、酮类、酸类、烃类、苯酚类、茚类等物质数量呈上升趋势，稠环芳烃类物质数量呈下降趋势。酸类、醇类、呋喃类、酯类等物质，在 0~40% 麻浆比例时随麻浆增加，数量的变化不明显；在 60% 麻浆比例时，物质数量明显上升。

三、卷烟纸麻浆比例对卷烟有害成分的影响

随着麻浆用量的增加，卷烟纸透气度增加。在卷烟纸透气度一致的情况下，改变卷烟纸麻浆比例对焦油、危害性指数（H）及 7 种成分释放量无明显影响。

卷烟纸麻浆比例对烟气焦油、H 及 7 种成分释放量的影响见图 3-26。

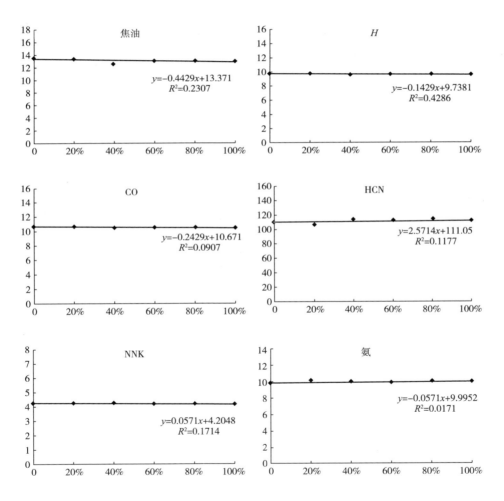

图 3-26

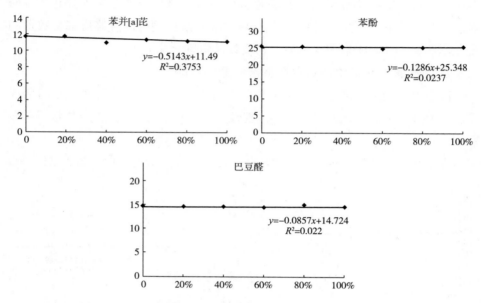

图 3-26　卷烟纸麻浆比例对焦油、H 及 7 种成分释放量的影响

对卷烟纸麻浆比例与 7 种有害成分释放量进行线性回归分析，结果见表3-9。

表 3-9　　　　　　卷烟纸麻浆比例与焦油、H 及 7 种成分释
放量的线性回归方程参数

分析物	回归方程参数		
	截距	斜率	R^2
焦油	13. 37	−0. 44	0. 2307
H	9. 74	−0. 14	0. 4286
CO	10. 67	−0. 24	0. 0907
HCN	111. 05	2. 57	0. 1177
NNK	4. 20	0. 06	0. 1714
NH_3	10. 00	−0. 06	0. 0171
苯并［a］芘	11. 49	−0. 51	0. 3753
苯酚	25. 35	−0. 13	0. 0237
巴豆醛	14. 72	0. 09	0. 0220

结果表明：卷烟纸麻浆比例与焦油、H 及 7 种成分释放量的决定系数均小于 0.5，说明卷烟纸麻浆比例与焦油、H 及 7 种成分释放量无线性相关关系。在卷烟纸透气度一致的情况下，改变卷烟纸中的亚麻含量，7 种有害成分、焦油的释放量、危害性指数变化不显著，没有呈现出明显的趋势。

参考文献

[1] 于川芳，罗登山，王芳，等．卷烟"三纸一棒"对烟气特征及感官质量的影响 [J]．中国烟草学报，2001（2）：22-27.

[2] 胡群，卷烟辅料研究 [M]．云南：云南科技出版社，2001.

[3] 于建军，卷烟工艺学 [M]．北京：中国农业出版社，2009.

[4] 韩云辉，烟用材料生产技术及应用 [M]．北京：中国标准出版社，2012.

[5] 赵乐，彭斌，于川芳，等．辅助材料设计参数对卷烟 7 种烟气有害成分释放量的影响 [J]．烟草科技，2012（10）：46-50，84.

[6] 彭斌，孙学辉，尚平平，等．辅助材料设计参数对烤烟型卷烟烟气焦油、烟碱和 CO 释放量的影响 [J]．烟草科技，2012（2）：61-65，82.

[7] 刘鸿，费婷，郑赛晶，等．卷烟纸特性对卷烟主流烟气有害成分释放量影响研究进展 [J]．烟草科技，2017，50（4）：93-102.

[8] 李斌，庞红蕊，谢国勇，等．卷烟纸助燃剂含量与定量对卷烟燃吸温度分布特征的影响 [J]．烟草科技，2013（12）：45-49.

[9] 谢国勇，李斌，银董红，等．卷烟纸透气度对卷烟燃吸温度分布特征的影响 [J]．烟草科技，2013（10）：35-39.

[10] 谢国勇，李斌，银董红，等．卷烟燃吸温度分布与主流烟气中 7 种有害成分释放量的关系 [J]．烟草科技，2013（11）：67-72.

[11] 黄朝章，李桂珍，连芬燕，等．卷烟纸特性对卷烟主流烟气 7 种有害成分释放量的影响 [J]．烟草科技，2011（4）：29-32.

[12] 龚安达，李桂珍，杨绍文，等．助燃剂对卷烟纸及卷烟烟气的影响研究 [J]．应用化工，2011，40（3）：453-456.

[13] 龚淑果，樊华，黄溢清，等．卷烟纸助燃剂设计对卷烟品质的影响 [J]．纸和造纸，2011，30（10）：43-46.

[14] 邹忠亮，侯鑫，等．卷烟纸定量、透气度对卷烟包灰及燃烧速度的影响 [J]．黑龙江造纸，2013（2）：35-37.

[15] 程占刚，叶明樵，胡素霞，等．影响卷烟包灰能力的因素研究 [J]．烟草科技，2011（2）：9-12.

第四章
接装纸和成形纸对烟气有害成分的影响

接装纸和成形纸是生产卷烟产品的专用纸。接装纸和成形纸的搭配使用，直接决定了滤嘴段通风，对烟气的有害成分具有重要影响。

第一节　概述

烟用成形纸和接装纸是包裹滤棒、将滤棒段和烟条段连接到一起的专用纸张。按照打孔方式分，接装纸可分为非打孔接装纸（含自然透气度接装纸）和打孔接装纸。打孔接装纸按照打孔方法可分为激光打孔接装纸、等离子打孔接装纸、静电打孔接装纸；按照在线打孔与否可以分为在线激光打孔和预打孔两种方式，目前能实现在线打孔的是激光打孔方式，等离子打孔接装纸和静电打孔接装纸只有采取预打孔。接装纸属于口触材料，除了符合 YC 171—2014《烟用接装纸》相关技术要求，还要符合 YQ 57—2015《烟用接装纸安全卫生要求》。

按照透气度分类，成形纸可以分为普通成形纸和高透成形纸，高透成形纸的透气度在 1000~32000CU，常用透气度范围在 3000~12000CU，成形纸应符合 YC/T 208—2006《滤棒成形纸》相关技术要求。

接装纸和成形纸作为卷烟滤棒段的重要用纸，除了在外观方面体现产品特点，通过接装纸和成形纸的透气度搭配组合，可以决定滤嘴段的通风度，进而对主流烟气中有害成分的组成、稀释、扩散等造成影响，在卷烟降焦减害方面起到重要作用。

第二节　接装纸和成形纸的透气度对滤嘴通风度的影响

一、接装纸和成形纸的搭配使用

接装纸和成形纸是烟支滤嘴段的重要组成部分，对于通风滤嘴卷烟，结构图见图4-1。

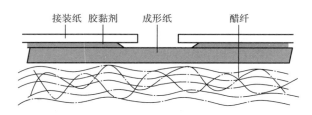

图 4-1　通风滤嘴结构简图

滤嘴通风的定义为从接装纸部分（不包括测试密封环遮住的部分和接装纸与烟条搭接的部分）进入的空气量。抽吸时，滤嘴通风能够提供烟支每口抽吸时较为稳定的稀释气流，有效地减少了燃烧锥的抽吸容量。随着抽吸容量的减少，抽吸时所燃烧的烟丝量就减少。相应地，烟气气相含量和粒相含量与通风度成正比例地减少。在烟支物理参数不变的情况下，滤嘴段的通风度大小由接装纸和成形纸透气度来决定。因此，根据卷烟目标设计，要选择合理的接装纸和成形纸搭配。通常，先选择并固定一个较大透气度的成形纸，再通过接装纸透气度的变化来调整烟气稀释率。滤嘴通风是卷烟工业中广泛用来降低烟气量的一种手段。

对于通风滤嘴的设计，可以用如图4-2所示的简单电路模拟图来描述通风滤嘴的烟气流速。电路图中的电阻表示滤嘴、烟条和通风区对流速的阻力。通风气流与烟条和通风滤嘴上游段（与烟条相邻）平行。对此电路图进行测试使我们清楚地看到，穿过平行路径的总流量（即电流）等于滤嘴通风孔下游段（唇端）流量的总和。通风阻力增大，将引起通风气流流量的减小，卷烟上游流径（包括烟条和滤嘴上游段）气流流量阻力增大。因为滤嘴通风度定义为通过通风孔的流量占总流量的百分数，所以通风孔的阻力增加将使滤嘴通风度减小。相反地，增加上游流径的阻力将增加滤嘴通风度。滤嘴设计者通过选择一种适宜的方法和滤材来改进通风孔的阻力，以获得通风量满意的通风区。一般情况下，不能通过改变阻力来调节通风度，但是在通风滤嘴设计中又必须考虑上游流径的阻力，因为它影响接装纸和成形纸的性能，而且它的变化又会影响通风度的变化。对图4-2的电路图描述如下，滤嘴唇端的总流量（F_t）是通风区流量（F_v）和卷烟上游段流量（F_u）的总和。

$$F_t = F_v + F_u \tag{4-1}$$

通风度（D）定义为通过通风区的流量占总流量的百分数。

$$D = 100\%(F_v/F_t) \tag{4-2}$$

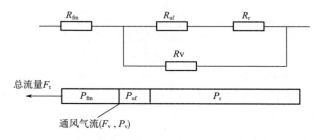

图4-2　滤嘴通风体系的电路模拟简图

通风区的流阻（R_v）是通风区压降（p_v）的函数。而通风区压降是通风区各组分（即接装纸打孔、成形纸、轴向滤嘴组分）压降的总和

$$R_v = f(p_v) = f(\sum p_i) \tag{4-3}$$

卷烟上游段的阻力（R_u）是上游段压降（p_u）的函数，而上游段压降则是烟条压降（p_r）和滤嘴上游段压降（p_{uf}）的总和。

$$R_u = f(p_v) = p_r + p_{uf} \tag{4-4}$$

用下面这个经验公式来描述流量和压降的关系。

$$F = ap \tag{4-5}$$

事实表明，$P_v/F_v = p_u/F_u$，合并式（4-1）、式（4-2）和式（4-3）可以发现，在标准气体流速下，稀释作用与上游段压降、通风区压降密切相关：

$$D = 100\%[P_u/(P_u + P_v)] \tag{4-6}$$

值得注意的是，公式（4-6）仅适用于压降/流量成线性关系的通风区和上游段。尽管这种描述不太确切，但该公式与它在早期用于证明通风度随上游段压降增加或通风区压降减小而增加这一现象一样有用。

事实上，通风区各压降与流量均呈非线性关系。烟条压降（卷烟上游段压降的一部分）也和流量呈非线性关系。由于非线性关系的存在，用数学法精确预测通风度比上述方法要复杂一些。此外，根据通风区各组分压降和卷烟上游段压降可以建立一个非常有用的计算通风度的模型。这种模型考虑了接装纸、成形纸、滤嘴对通风区压降的影响。这些都有助于通风度的正确计算，并且因其考虑了各组分对通风度的影响，因而有助于开发新材料。

二、接装纸和成形纸透气度对滤嘴通风度的影响

滤嘴通风度是卷烟的一个重要物理指标，其大小主要受成形纸透气度和接装纸透气度影响。聂聪等选用了 4 个接装纸透气度（98，388，778，1110CU），5 个成形纸透气度（3363，4025，5400，10250，14950CU），设计了不同的接装纸、成形纸透气度搭配，测定滤嘴段的通风度，进行拟合回归，得到结果如图 4-3 所示。从图中可以看出，滤嘴通风度和接装纸、成形纸透气度呈现明显正相关的关系。从成形纸透气度 3363~14950CU 中的任意一条曲线上可以看到，随着接装纸透气度增加，滤嘴段透气度都呈明显上升趋势。固定接装纸透气度，研究不同成形纸透气度对滤嘴通风度影响时，可以看到，当接装纸透气度在 100CU 时，无论成形纸透气度是 3363CU，还是 14950CU，滤嘴通风度几乎集中在 10% 左右，差异不明显。随着接装纸的透气度增加，滤嘴通风度在不同成形纸透气度条件下的差异越来越大。所以，如果使用普通成形纸（透气度很低），那么接装纸透气度再大也不起作用，因为从接装纸打孔处进入的空气，不能透过成形纸与主流烟气混合稀释烟气。反之，如果接装纸、成形纸的透气度

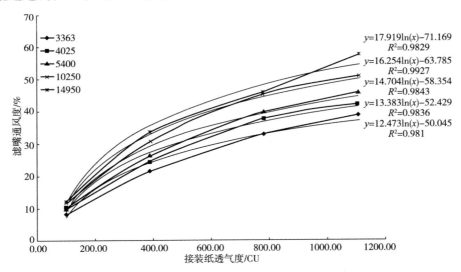

图 4-3　接装纸和成形纸透气度对滤嘴通风度的影响

均较大，在卷烟接装过程中不易被卷烟机吸风鼓吸牢而影响卷烟接装率，同时，滤嘴通风过大，烟气会过度稀释，导致烟气平淡无味。所以，为了使接装纸、成形纸透气度对卷烟滤嘴通风度的影响达得较好的控制，符合卷烟的设计需求，通常选用较高透气度的成形纸和较低透气度的接装纸搭配使用。

实验数据表明，接装纸和成形纸对于滤嘴段通风的影响，符合如下规律：

$y = 2.43\mathrm{Ln}(x_1)\mathrm{Ln}(x_2) - 10.48\mathrm{Ln}(x_1) - 2.57\mathrm{Ln}(x_2) + 21.15$ （$r = 0.9602$，特别显著）

式中　y——总稀释率，%；

　　　x_1——成形纸透气度，CU；

　　　x_2——接装纸透气度，CU。

于川芳等选用了 6 个接装纸透气度（208，434，647，850，1064，1236CU），9 个成形纸透气度（2988，4890，5394，6739，7416，10430，11710，23110，32460CU），设计了不同的接装纸、成形纸透气度搭配，测定滤嘴段的通风度，进行拟合回归，得到结果如下图所示。如图 4-4 所示，回归方程分别为：

成形纸透气度 2988CU，$y = 16.708\ln(x) - 63.291$（$R = 0.9659$，特别显著）

成形纸透气度 4890CU，$y = 17.399\ln(x) - 64.375$（$R = 0.9850$，特别显著）

成形纸透气度 5394CU，$y = 18.271\ln(x) - 68.218$（$R = 0.9875$，特别显著）

成形纸透气度 6739CU，$y = 19.660\ln(x) - 74.772$（$R = 0.9861$，特别显著）

成形纸透气度 7416CU，$y = 18.777\ln(x) - 69.362$（$R = 0.9888$，特别显著）

成形纸透气度 10430CU，$y = 20.176\ln(x) - 78.058$（$R = 0.9830$，特别显著）

成形纸透气度 11710CU，$y = 20.801\ln(x) - 79.854$（$R = 0.9849$，特别显著）

成形纸透气度 23110CU，$y = 21.785\ln(x) - 83.940$（$R = 0.9931$，特别显著）

成形纸透气度 32460CU，$y = 22.221\ln(x) - 85.956$（$R = 0.9896$，特别显著）

式中　x——接装纸透气度，CU；

　　　y——总稀释率，%。

经再次回归，得到下列方程：

$y = 2.43\ln(x_1)\ln(x_2) - 10.48\ln(x_1) - 2.57\ln(x_2) + 21.15$（$R = 0.9602$，特别显著）

式中　x_1——成型纸透气度，CU；

　　　x_2——接装纸透气度，CU；

　　　y——总稀释率，%。

在试验范围内利用上述方程可以直接计算出成形纸透气度、接装纸透气度和总稀释率的关系，明确接装纸和成形纸透气度对滤嘴通风度的影响。

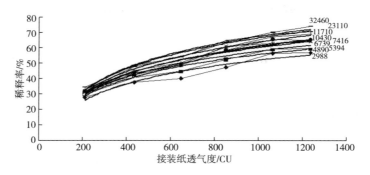

图 4-4 成形纸和接装纸透气度对滤嘴通风度的影响

第三节 接装纸和成形纸透气度对烟气有害成分的影响

接装纸和成形纸的搭配使用，对烟气有害成分具有重要的影响。聂聪等以烤烟型卷烟和混合型卷烟为研究对象，分别研究了不同接装纸和成形纸透气度对烟气有害成分的影响。

一、烤烟型卷烟

样品设计共 25 个卷烟，其中卷烟纸定量、卷烟纸透气度和滤棒吸阻不变。成形纸透气度（变化幅度：3363~14950CU）和接装纸透气度（变化幅度：0~1110CU）各变化 5 个梯度，两种参数组合共计 25 个样品。实验结果如图 4-5~图 4-31 所示。

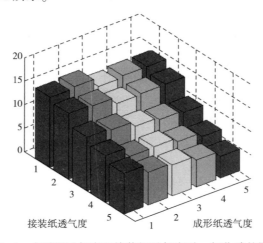

图 4-5 成形纸透气度和接装纸透气度对一氧化碳的影响

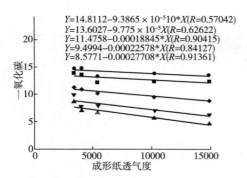

$Y=14.8112-9.3865 \times 10^{-5}10*X(R=0.57042)$
$Y=13.6027-9.775 \times 10^{-5}X(R=0.62622)$
$Y=11.4758-0.00018845*X(R=0.90415)$
$Y=9.4994-0.00022578*X(R=0.84127)$
$Y=8.5771-0.00027708*X(R=0.91361)$

图 4-6　成形纸透气度对 CO 的影响

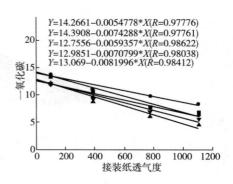

$Y=14.2661-0.0054778*X(R=0.97776)$
$Y=14.3908-0.0074288*X(R=0.97761)$
$Y=12.7556-0.0059357*X(R=0.98622)$
$Y=12.9851-0.0070799*X(R=0.98038)$
$Y=13.069-0.0081996*X(R=0.98412)$

图 4-7　接装纸透气度对 CO 的影响

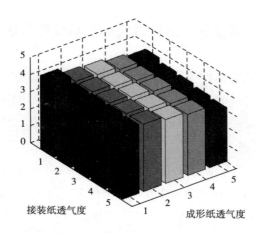

图 4-8　成形纸透气度和接装纸透气度对 NNK 的影响

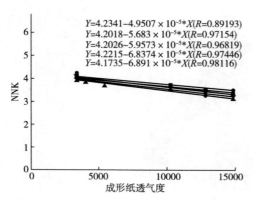

$Y=4.2341-4.9507 \times 10^{-5}*X(R=0.89193)$
$Y=4.2018-5.683 \times 10^{-5}X(R=0.97154)$
$Y=4.2026-5.9573 \times 10^{-5}X(R=0.96819)$
$Y=4.2215-6.8374 \times 10^{-5}*X(R=0.97446)$
$Y=4.1735-6.891 \times 10^{-5}*X(R=0.98116)$

图 4-9　成形纸透气度对 NNK 的影响

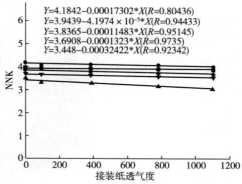

$Y=4.1842-0.00017302*X(R=0.80436)$
$Y=3.9439-4.1974 \times 10^{-5}*X(R=0.94433)$
$Y=3.8365-0.00011483*X(R=0.95145)$
$Y=3.6908-0.0001323*X(R=0.9735)$
$Y=3.448-0.00032422*X(R=0.92342)$

图 4-10　接装纸透气度对 NNK 的影响

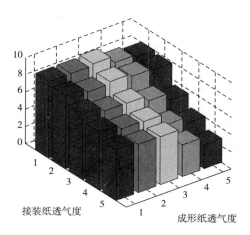

图 4-11 成形纸透气度和接装纸透气度对 NH$_3$ 的影响

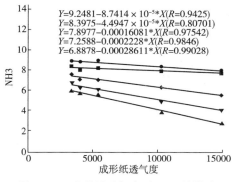

$Y=9.2481-8.7414\times10^{-5}*X(R=0.9425)$
$Y=8.3975-4.4947\times10^{-5}*X(R=0.80701)$
$Y=7.8977-0.00016081*X(R=0.97542)$
$Y=7.2588-0.0002228*X(R=0.9846)$
$Y=6.8878-0.00028611*X(R=0.99028)$

图 4-12 成形纸透气度对 NH$_3$ 的影响

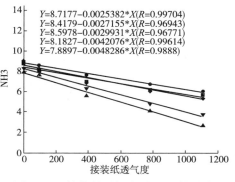

$Y=8.7177-0.0025382*X(R=0.99704)$
$Y=8.4179-0.0027155*X(R=0.96943)$
$Y=8.5978-0.0029931*X(R=0.96771)$
$Y=8.1827-0.0042076*X(R=0.99614)$
$Y=7.8897-0.0048286*X(R=0.9888)$

图 4-13 接装纸透气度对 NH$_3$ 的影响

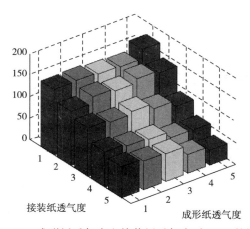

图 4-14 成形纸透气度和接装纸透气度对 HCN 的影响

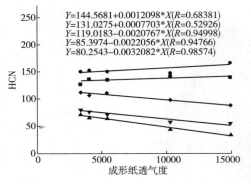

图 4-15　成形纸透气度对 HCN 的影响

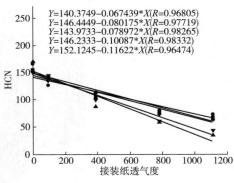

图 4-16　接装纸透气度对 HCN 的影响

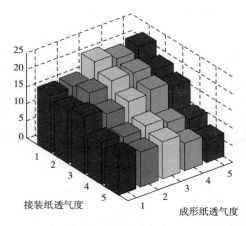

图 4-17　成形纸透气度和接装纸透气度对巴豆醛的影响

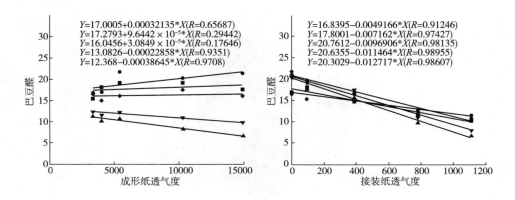

图 4-18　成形纸透气度对巴豆醛的影响　　　图 4-19　接装纸透气度对巴豆醛的影响

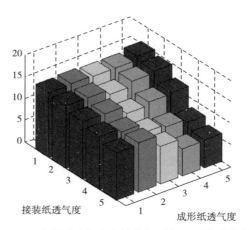

图 4-20 成形纸透气度和接装纸透气度对苯酚的影响

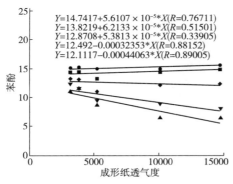

$Y=14.7417+5.6107 \times 10^{-5}*X(R=0.76711)$
$Y=13.8219+6.2133 \times 10^{-5}*X(R=0.51501)$
$Y=12.8708+5.3813 \times 10^{-5}*X(R=0.33905)$
$Y=12.492-0.00032353*X(R=0.88152)$
$Y=12.1117-0.00044063*X(R=0.89005)$

图 4-21 成形纸透气度对苯酚的影响

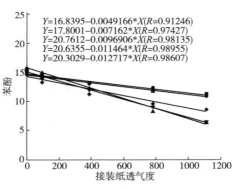

$Y=16.8395-0.0049166*X(R=0.91246)$
$Y=17.8001-0.007162*X(R=0.97427)$
$Y=20.7612-0.0096906*X(R=0.98135)$
$Y=20.6355-0.011464*X(R=0.98955)$
$Y=20.3029-0.012717*X(R=0.98607)$

图 4-22 接装纸透气度对苯酚的影响

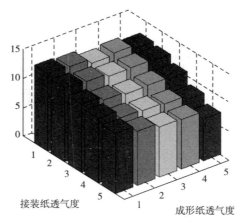

图 4-23 成形纸透气度和接装纸透气度对苯并 [a] 芘的影响

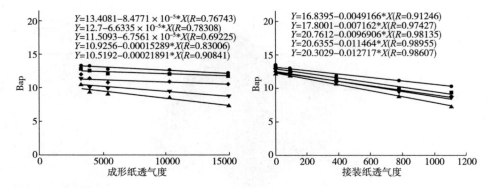

图 4-24　成形纸透气度对苯并［a］芘的影响　图 4-25　接装纸透气度对苯并［a］芘的影响

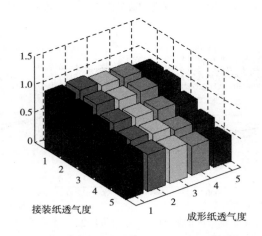

图 4-26　成形纸透气度和接装纸透气度对烟碱的影响

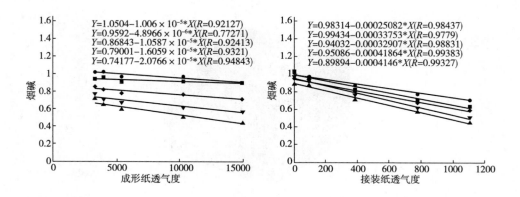

图 4-27　成形纸透气度对烟碱的影响　　　图 4-28　接装纸透气度对烟碱的影响

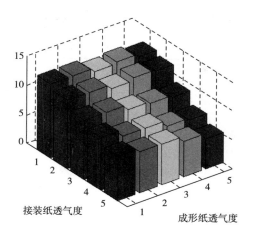

图4-29 成形纸透气度和接装纸透气度对焦油的影响

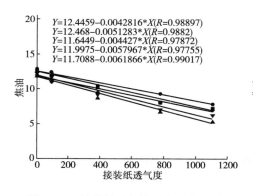

图4-30 接装纸透气度对焦油的影响

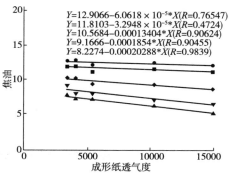

图4-31 成形纸透气度对焦油的影响

　　根据实验结果，对9种分析物受成形纸透气度和接装纸透气度影响的规律进行总结，见表4-1和表4-2。

表4-1　　　　　　　　成形纸透气度对9种分析物的影响

分析物	回归方程参数			
	截距	斜率	R	接装纸透气度/CU
	14.81	$-9.387×10^{-5}$	0.5704	0
	13.60	$-9.775×10^{-5}$	0.6262	98.2
CO	11.48	$-1.885×10^{-4}$	0.9042	388.5
	9.499	$-2.258×10^{-4}$	0.8413	778.2
	8.577	$-2.771×10^{-4}$	0.9136	1110

续表

分析物	回归方程参数			
	截距	斜率	R	接装纸透气度/CU
NNK	4.234	-4.951×10^{-5}	0.8919	0
	4.202	-5.683×10^{-5}	0.9715	98.2
	4.203	-5.957×10^{-5}	0.9682	388.5
	4.222	-6.837×10^{-5}	0.9745	778.2
	4.174	-6.891×10^{-5}	0.9812	1110
NH_3	9.248	-8.741×10^{-5}	0.9425	0
	8.398	-4.495×10^{-5}	0.8070	98.2
	7.898	-1.601×10^{-4}	0.9754	388.5
	7.259	-2.228×10^{-4}	0.9846	778.2
	6.888	-2.861×10^{-4}	0.9903	1110
HCN	144.6	0.001210	0.6838	0
	131.0	0.0007703	0.5293	98.2
	119.0	-0.002077	0.9500	388.5
	85.40	-0.002206	0.9477	778.2
	80.25	-0.003208	0.9857	1110
巴豆醛	17.00	3.214×10^{-4}	0.6569	0
	17.28	9.644×10^{-5}	0.2944	98.2
	16.05	3.085×10^{-5}	0.1765	388.5
	13.08	-2.286×10^{-4}	0.9351	778.2
	12.37	-3.865×10^{-4}	0.9708	1110
苯酚	14.74	5.611×10^{-5}	0.7671	0
	13.82	6.213×10^{-5}	0.5150	98.2
	12.87	-5.381×10^{-5}	0.3391	388.5
	12.49	-3.235×10^{-4}	0.8815	778.2
	12.11	-4.406×10^{-4}	0.8901	1110
苯并 [a] 芘	13.41	-8.477×10^{-5}	0.7674	0
	12.70	-6.634×10^{-5}	0.7831	98.2
	11.51	-6.756×10^{-5}	0.6923	388.5
	10.93	-1.529×10^{-4}	0.8301	778.2
	10.52	-2.189×10^{-4}	0.9084	1110

续表

分析物	回归方程参数			
	截距	斜率	R	接装纸透气度/CU
烟碱	1.050	-1.006×10^{-5}	0.9213	0
	0.9592	-4.897×10^{-6}	-0.7727	98.2
	0.8684	-1.059×10^{-5}	0.9241	388.5
	0.7900	-1.606×10^{-5}	0.9321	778.2
	0.7418	-2.077×10^{-5}	0.9484	1110
焦油	12.91	-6.062×10^{-5}	0.7655	0
	11.81	-3.295×10^{-5}	0.4724	98.2
	10.57	-1.340×10^{-4}	0.9062	388.5
	9.167	-1.854×10^{-4}	0.9046	778.2
	8.227	-2.029×10^{-4}	0.9839	1110

表 4-2　　　　　　　接装纸透气度对 9 种分析物的影响

分析物	回归方程参数			
	截距	斜率	R	成形纸透气度/CU
CO	14.27	-0.005478	0.9778	3363
	14.39	-0.007429	0.9776	4025
	12.76	-0.005936	0.9862	5400
	12.99	-0.007080	0.9804	10250
	13.07	-0.008200	0.9841	14950
NNK	4.184	-0.0001730	0.8044	3363
	3.944	-0.00004197	0.9443	4025
	3.837	-0.0001148	0.9515	5400
	3.691	-0.0001323	0.9735	10250
	3.448	-0.0003242	0.9234	14950
NH_3	8.718	-0.002538	0.9970	3363
	8.418	-0.002716	0.9694	4025
	8.598	-0.002993	0.9677	5400
	8.183	-0.004208	0.9961	10250
	7.890	-0.004829	0.9888	14950

续表

分析物	回归方程参数			
	截距	斜率	R	成形纸透气度/CU
	140. 4	−0. 06744	0. 9681	3363
	146. 4	−0. 08018	0. 9772	4025
HCN	144. 0	−0. 07897	0. 9827	5400
	146. 2	−0. 1009	0. 9833	10250
	152. 1	−0. 1162	0. 9647	14950
	16. 84	−0. 004917	0. 9125	3363
	17. 80	−0. 007162	0. 9743	4025
巴豆醛	20. 76	−0. 009691	0. 9814	5400
	20. 64	−0. 01146	0. 9896	10250
	20. 30	−0. 01272	0. 9861	14950
	14. 81	−0. 003420	0. 9953	3363
	14. 79	−0. 003480	0. 9648	4025
苯酚	14. 13	−0. 005413	0. 9670	5400
	15. 11	−0. 007954	0. 9996	10250
	15. 69	−0. 008800	0. 9933	14950
	13. 13	−0. 002521	0. 9796	3363
	12. 81	−0. 003411	0. 9755	4025
苯并 [a] 芘	12. 23	−0. 003273	0. 9951	5400
	12. 44	−0. 003687	0. 9914	10250
	12. 22	−0. 004483	0. 9993	14950
	0. 9831	−0. 0002508	0. 9844	3363
	0. 9943	−0. 0003375	0. 9779	4025
烟碱	0. 9403	−0. 0003291	0. 9883	5400
	0. 9509	−0. 0004186	0. 9938	10250
	0. 8989	−0. 0004146	0. 9933	14950
	12. 45	−0. 004282	0. 9890	3363
	12. 47	−0. 005128	0. 9882	4025
焦油	11. 65	−0. 004427	0. 9787	5400
	12. 00	−0. 005797	0. 9776	10250
	11. 71	−0. 006187	0. 9902	14950

由表4-1和表4-2可知：

（1）成形纸透气度与有害成分释放量的线性相关性受接装纸透气度影响
较大，当接装纸透气度较低时，成形纸透气度与有害成分释放量的线性相关性较差；当接装纸透气度较高时，成形纸透气度与有害成分释放量的线性相关性较好；

（2）接装纸透气度与有害成分释放量的线性相关性较好，与所有组分均呈现出显著相关关系。随着成形纸透气度的增加，接装纸透气度对有害成分释放量的影响程度增大。

二、混合型卷烟

样品设计共 25 个样品，其中卷烟纸克重、卷烟纸透气度和滤棒吸阻不变。成形纸透气度（变化幅度：3363~14950CU）和接装纸透气度（变化幅度：0~1110CU）各变化 5 个梯度，两种参数组合共计 25 个样品。结果如图 4-32~图 4-58 所示。

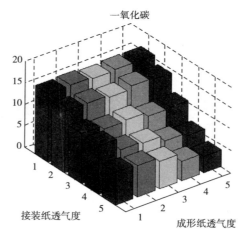

图 4-32　成形纸透气度和接装纸透气度对一氧化碳的影响

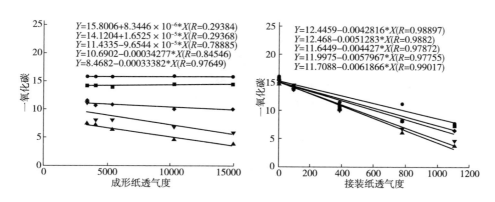

图 4-33　成形纸透气度对一氧化碳的影响　图 4-34　接装纸透气度对一氧化碳的影响

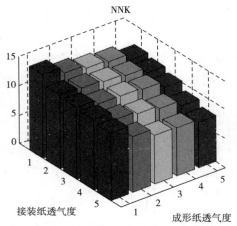

图 4-35　成形纸透气度和接装纸透气度对 NNK 的影响

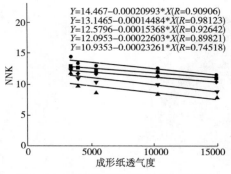

$Y=14.467-0.00020993*X(R=0.90906)$
$Y=13.1465-0.00014484*X(R=0.98123)$
$Y=12.5796-0.00015368*X(R=0.92642)$
$Y=12.0953-0.00022603*X(R=0.89821)$
$Y=10.9353-0.00023261*X(R=0.74518)$

图 4-36　成形纸透气度对 NNK 的影响

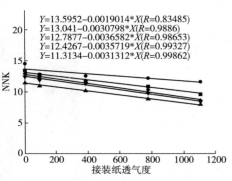

$Y=13.5952-0.0019014*X(R=0.83485)$
$Y=13.041-0.0030798*X(R=0.9886)$
$Y=12.7877-0.0036582*X(R=0.98653)$
$Y=12.4267-0.0035719*X(R=0.99327)$
$Y=11.3134-0.0031312*X(R=0.99862)$

图 4-37　接装纸透气度对 NNK 的影响

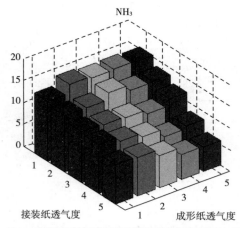

图 4-38　成形纸透气度和接装纸透气度对 NH_3 的影响

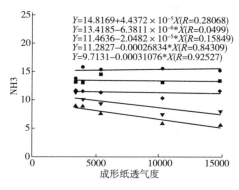

图 4-39 成形纸透气度对 NH₃ 的影响

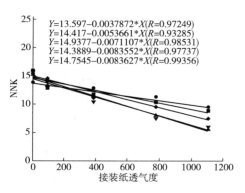

图 4-40 接装纸透气度对 NH₃ 的影响

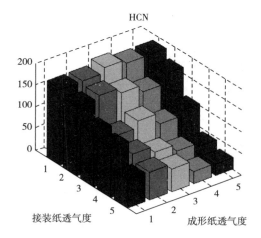

图 4-41 成形纸透气度和接装纸透气度对 HCN 的影响

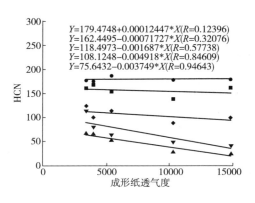

图 4-42 成形纸透气度对 HCN 的影响

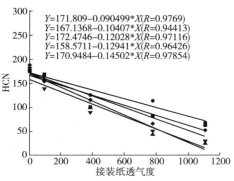

图 4-43 接装纸透气度对 HCN 的影响

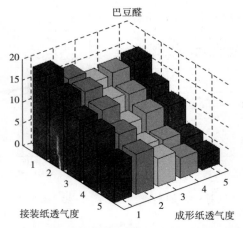

图 4-44　成形纸透气度和接装纸透气度对巴豆醛的影响

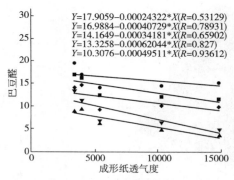

图 4-45　成形纸透气度对巴豆醛的影响

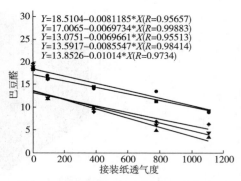

图 4-46　接装纸透气度对巴豆醛的影响

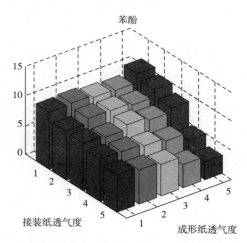

图 4-47　成形纸透气度和接装纸透气度对苯酚的影响

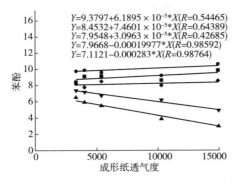

图 4-48　成形纸透气度对苯酚的影响

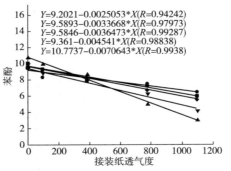

图 4-49　接装纸透气度对苯酚的影响

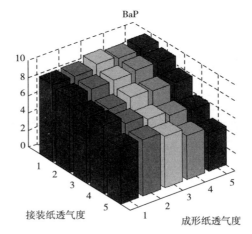

图 4-50　成形纸透气度和接装纸透气度对苯并［a］芘的影响

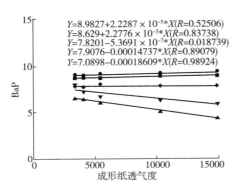

图 4-51　成形纸透气度对苯并［a］芘
的影响

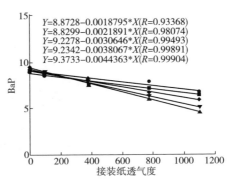

图 4-52　接装纸透气度对苯并［a］芘
的影响

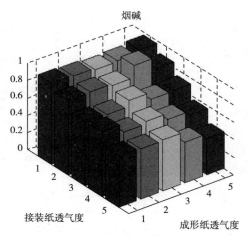

图 4-53　成形纸透气度和接装纸透气度对烟碱的影响

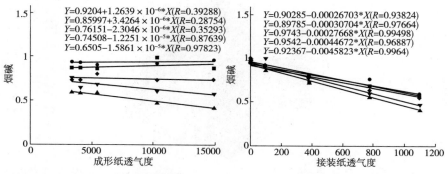

图 4-54　成形纸透气度对烟碱的影响　　图 4-55　接装纸透气度对烟碱的影响

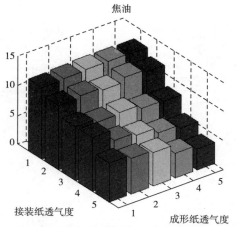

图 4-56　成形纸透气度和接装纸透气度对焦油的影响

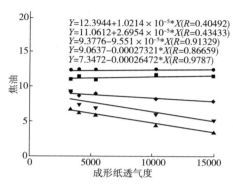

$Y=12.3944+1.0214 \times 10^{-5}*X(R=0.40492)$
$Y=11.0612+2.6954 \times 10^{-5}*X(R=0.43433)$
$Y=9.3776-9.551 \times 10^{-5}*X(R=0.91329)$
$Y=9.0637-0.00027321*X(R=0.86659)$
$Y=7.3472-0.00026472*X(R=0.9787)$

图4-57 成形纸透气度对焦油的影响

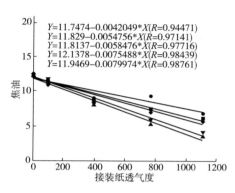

$Y=11.7474-0.0042049*X(R=0.94471)$
$Y=11.829-0.0054756*X(R=0.97141)$
$Y=11.8137-0.0058476*X(R=0.97716)$
$Y=12.1378-0.0075488*X(R=0.98439)$
$Y=11.9469-0.0079974*X(R=0.98761)$

图4-58 接装纸透气度对焦油的影响

根据实验结果，对9种分析物受成形纸透气度和接装纸透气度影响的规律进行总结，见表4-3和表4-4。

表4-3 成形纸透气度对9种分析物的影响

分析物	回归方程参数			
	截距	斜率	R	接装纸透气度/CU
CO	15. 80	$8. 345 \times 10^{-6}$	0.2938	0
	14. 12	$1. 653 \times 10^{-5}$	0.2937	98. 2
	11. 43	$-9. 654 \times 10^{-5}$	0.7889	388. 5
	10. 69	$-3. 428 \times 10^{-4}$	0.8455	778. 2
	8. 468	$-3. 338 \times 10^{-4}$	0.9765	1110
NNK	14. 47	$-2. 099 \times 10^{-4}$	0.9091	0
	13. 15	$-1. 448 \times 10^{-4}$	0.9812	98. 2
	12. 58	$-1. 537 \times 10^{-4}$	0.9264	388. 5
	12. 10	$-2. 260 \times 10^{-4}$	0.8982	778. 2
	10. 94	$-2. 326 \times 10^{-4}$	0.7452	1110
NH$_3$	14. 82	$4. 437 \times 10^{-5}$	0.2807	0
	13. 42	$-6. 381 \times 10^{-6}$	0.0499	98. 2
	11. 46	$-2. 048 \times 10^{-5}$	0.1585	388. 5
	11. 28	$-2. 683 \times 10^{-4}$	0.8431	778. 2
	9. 713	$-3. 108 \times 10^{-4}$	0.9253	1110

续表

分析物	回归方程参数			
	截距	斜率	R	接装纸透气度/CU
HCN	179.5	0.0001244	0.1240	0
	162.4	−0.0007173	0.3208	98.2
	118.5	−0.001687	0.5774	388.5
	108.1	−0.004918	0.8461	778.2
	75.64	−0.003749	0.9464	1110
巴豆醛	17.91	-2.432×10^{-4}	0.5313	0
	16.99	-4.073×10^{-4}	0.7893	98.2
	14.16	-3.418×10^{-4}	0.6590	388.5
	13.33	-6.204×10^{-4}	0.8270	778.2
	10.31	-4.951×10^{-4}	0.9361	1110
苯酚	9.380	6.190×10^{-5}	0.5447	0
	8.453	7.460×10^{-5}	0.6439	98.2
	7.955	3.096×10^{-5}	0.4269	388.5
	7.967	-1.991×10^{-4}	0.9859	778.2
	7.112	-2.830×10^{-4}	0.9876	1110
苯并 [a] 芘	8.983	2.229×10^{-5}	0.5251	0
	8.629	2.278×10^{-5}	0.8374	98.2
	7.820	-5.369×10^{-7}	0.01874	388.5
	7.908	-1.474×10^{-4}	0.8908	778.2
	7.090	-1.861×10^{-4}	0.9892	1110
烟碱	0.9204	1.264×10^{-6}	0.3929	0
	0.8600	3.426×10^{-6}	0.2875	98.2
	0.7615	-2.305×10^{-6}	0.3529	388.5
	0.7451	-1.225×10^{-5}	0.8764	778.2
	0.6505	-1.586×10^{-5}	0.9782	1110
焦油	12.39	1.021×10^{-5}	0.4049	0
	11.06	2.695×10^{-5}	0.4343	98.2
	9.378	-9.551×10^{-4}	0.9133	388.5
	9.064	-2.732×10^{-4}	0.8666	778.2
	7.347	-2.647×10^{-4}	0.9787	1110

表 4-4　　　　　　　　　接装纸透气度对 9 种分析物的影响

分析物	回归方程参数			
	截距	斜率	R	成形纸透气度/CU
CO	15. 17	−0. 006501	0. 9618	3363
	15. 01	−0. 007723	0. 9659	4025
	14. 85	−0. 008140	0. 9854	5400
	15. 28	−0. 01035	0. 9845	10250
	15. 27	−0. 01099	0. 9906	14950
NNK	13. 60	−0. 001901	0. 8349	3363
	13. 04	−0. 003040	0. 9886	4025
	12. 79	−0. 003658	0. 9865	5400
	12. 43	−0. 003572	0. 9933	10250
	11. 31	−0. 003131	0. 9986	14950
NH_3	13. 60	−0. 003787	0. 9725	3363
	14. 12	−0. 005366	0. 9329	4025
	14. 93	−0. 007111	0. 9853	5400
	14. 39	−0. 008355	0. 9774	10250
	14. 75	−0. 008363	0. 9936	14950
HCN	171. 8	−0. 09050	0. 9769	3363
	167. 1	−0. 1041	0. 9441	4025
	172. 5	−0. 1203	0. 9712	5400
	158. 6	−0. 1294	0. 9643	10250
	170. 9	−0. 1450	0. 9785	14950
巴豆醛	18. 51	−0. 008119	0. 9566	3363
	17. 01	−0. 006973	0. 9988	4025
	13. 08	−0. 006966	0. 9551	5400
	13. 59	−0. 008555	0. 9841	10250
	13. 85	−0. 01014	0. 9734	14950
苯酚	9. 202	−0. 002505	0. 9424	3363
	9. 589	−0. 003367	0. 9797	4025
	9. 585	−0. 003647	0. 9929	5400
	9. 361	−0. 004541	0. 9884	10250
	10. 77	−0. 007064	0. 9938	14950

续表

分析物	回归方程参数			
	截距	斜率	R	成形纸透气度/CU
苯并［a］芘	8.873	-0.001880	0.9337	3363
	8.830	-0.002189	0.9807	4025
	9.228	-0.003065	0.9949	5400
	9.234	-0.003807	0.9989	10250
	9.373	-0.004436	0.9990	14950
烟碱	0.9029	-0.0002670	0.9382	3363
	0.8979	-0.0003070	0.9764	4025
	0.8974	-0.0002767	0.9950	5400
	0.9542	-0.0004467	0.9689	10250
	0.9237	-0.0004582	0.9964	14950
焦油	11.75	-0.004205	0.9447	3363
	11.83	-0.005476	0.9714	4025
	11.81	-0.005848	0.9772	5400
	12.14	-0.007549	0.9844	10250
	11.95	-0.007997	0.9876	14950

由表4-3和表4-4可知：

（1）成形纸透气度与有害成分释放量的线性相关性受接装纸透气度影响较大，当接装纸透气度较低时，成形纸透气度与有害成分释放量的线性相关性较差；当接装纸透气度较高时，成形纸透气度与有害成分释放量的线性相关性较好；

（2）接装纸透气度与有害成分释放量的线性相关性较好，与所有组分均呈现出显著相关关系。随着成形纸透气度的增加，接装纸透气度对有害成分释放量的影响程度增大。

第四节　滤嘴通风度对烟支吸阻、烟气有害成分及感官质量的影响

随着中式卷烟降焦减害工作的不断推进，滤嘴通风技术逐渐应用在中式卷烟产品设计中。国产常规卷烟的滤嘴通风度≤30%，近年来通风卷烟所占

比例逐渐增加。滤嘴通风能使卷烟烟气焦油和烟碱释放量降低，同时也使卷烟感官品质发生较大变化，如烟味变淡、香气质和满足感降低、干燥感增加等。通过在滤嘴段引入空气，稀释了主流烟气，降低了烟气流速，改变了烟气气溶胶的组成成分，因此，相关研究具有重要的意义。

一、滤嘴通风度对烟支吸阻的影响

在通风滤嘴中，通风区压降是接装纸压降、成形纸压降和通风区下面的滤嘴轴向压降之和。接装纸透气度与打孔总面积呈正比。因而校正滤嘴接装纸上未被堵塞的打孔的实际数量后，接装纸压降就可用其透气度来计算。成形纸压降用其透气度和有效面积（空气穿过的面积）来计算。该面积比接装纸打孔总面积大，比按干线（未涂胶黏剂的接装纸部分）定义的面积小。透气度相同的小孔径打孔接装纸，其通风度比大孔径打孔接装纸的通风度高，这是因为小孔径打孔接装纸加大了成形纸的有效面积，降低了成形纸的压降。校正成形纸下面通风气流流经的滤嘴轴向部分面积，滤嘴轴向压降根据标准滤嘴压降测量值来计算。此分析法可用于通风区压降的计算。

$$P_v = P_t + P_p + P_{af} \tag{4-7}$$

而：

$$P_t = (10^{n_t}/\text{接装纸透气度})^{1/n_t} \tag{4-8}$$

$$P_p = (10^{n_p}q/\text{成形纸面积}\times\text{成形纸透气度})^{1/n_p} \tag{4-9}$$

$$P_{af} = 1.33F(P_f/L)/(\text{滤嘴轴向面积}\times1050) \tag{4-10}$$

式中 P_v——通风区压降；

$\quad P_t$——接装纸压降；

$\quad P_p$——成形纸压降；

$\quad P_{af}$——滤嘴径向纸压降；

$\quad P_f$——滤嘴压降；

$\quad F$——气流流量；

$\quad n_t$——表示接装纸非线性流量/压降关系的经验指数；

$\quad n_p$——成形纸非线性流量/压降关系的经验指数。

另外，各组分的流量压降关系表示为：

$$F_i = a_i P_i^{n_i} \tag{4-11}$$

式中 P_i——i 组分压降；

$\quad F_i$——i 组分气流流量；

a_i——各组分的经验系数；

n_i——各组分的经验指数。

卷烟上游段的压降是烟条压降和通风区滤嘴上游段压降之和。而滤嘴上游段压降 P_{uf} 根据通风位置来计算，见下式：

$$P_{uf} = (P_f/L)(L - L_v) \tag{4-12}$$

式中　L——滤嘴长度；

L_v——接装纸打孔距滤嘴唇端的长度。

烟条压降与流量呈非线性变化，而滤嘴上游段压降则和流量呈线性关系。因为大多数情况下，滤嘴上游段压降在卷烟上游段压降中所占的比例远大于烟条压降，因此，烟条压降/流量非线性关系可以忽略不计。既然如此，卷烟上游段的压降就可以表达为公式（4-5）。

根据此模型，可以用公式（4-1）、式（4-2）、式（4-5）和式（4-7）~式（4-12）来近似求解通风度。该模型也有益于分析成品卷烟不符合标准的原因或推测改变通风度所必须的组分规格调整。过去，类似公式也用于通风变量的分析。

对于通风卷烟，卷烟唇端压降仅仅是唇端段滤嘴压降（P_{fm}）和卷烟上游段压降（P_u）之和。所要注意的是，上游段的压降是由上游段的流速（F_u）所引起的。如果通风度已知，则在标准抽吸流速下测出 P_u 就可以计算出卷烟压降 P_c：

$$P_c = P_{fm} + (1 - D)P_u \tag{4-13}$$

$$P_c = P_{fm} + (1 - D)(P_r + P_{uf}) \tag{4-14}$$

从式（4-14）可以看出，卷烟压降随着通风度的增加而减小。保持通风度恒定，卷烟压降则随烟条（或滤嘴）压降增加而增加，通风孔位置移向唇端或使用上游段或下游段的压降可以单独调节的二元滤嘴都可以增加卷烟压降。此时式（4-14）就可以缩写成：

$$P_c = P_{hc} - D(P_r + P_{uf}) \tag{4-15}$$

P_{hc} 是通风孔封闭（密闭）的卷烟压降。将式（4-15）变形可以得到一个根据卷烟压降、滤嘴和烟条压降来计算通风度的有用公式：

$$D = 100\%(P_{hc} - P_c)/(P_r + P_{uf}) \tag{4-16}$$

尽管此公式可以通过压降测量值来计算通风度，但目前更方便更常用的方法是直接测通风气流量。在标准测量方法中是用流量计测量唇端抽吸流量为恒定值 17.5mL/s 时的通风气流量。

由于通风区压降/流量呈非线性关系，因此通风度随唇端抽吸气流流量的增加而减小。流量与同分度的相依性（关系）取决于接装纸和成形纸的组合方式。总之，接装纸和成形纸均打孔的在线打孔是最广泛的依赖于流量的设计方法，而小孔径预打孔接装纸表现出微不足道的流量相依性。因为许多吸烟机能产生流量变化的抽吸曲线，所以在峰值流量下，通风度测量值最小。就抽吸曲线为钟形的未点燃卷烟而言，其平均通风度测量值低于稳定流量下所测量的通风度。我们可以设计出在恒定流量下产生相同通风度的通风系统，但其在抽吸过程中，将产生不同的通风度测量值。所以，当卷烟设计者试图通过在线打孔和改变非在线打孔技术来改进产品时就有必要考虑这种行为。

二、滤嘴通风度对烟气有害成分的影响

滤嘴通风可以延长烟气在烟支中的停留时间，提高过滤效率，有相关研究结果表明如图 4-59 所示：随滤嘴通风度增加，烟碱、CO、水分、焦油均呈现降低趋势。其中，焦油呈线性降低趋势，烟碱的降低幅度小于焦油，CO 和水分的降低幅度大于焦油。

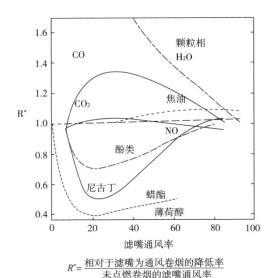

$$R^* = \frac{相对于滤嘴为通风卷烟的降低率}{未点燃卷烟的滤嘴通风率}$$

图 4-59　不同化学物质的 R^* 随滤嘴通风率的变化曲线图

根据实验结果，对三种烟气常规化学成分受滤嘴通风度影响的规律进行总结，见表 4-5。

表 4-5   滤嘴通风度对烟气常规化学成分的影响

分析物	回归方程参数		
	截距	斜率	R^2
CO	14.53	-0.1692	0.9853
烟碱	1.009	-0.008748	0.9721
焦油	12.81	-0.1267	0.9907

从表中数据可知，滤嘴通风度与 CO、烟碱和焦油的线性相关系数大于 0.9，说明滤嘴通风度与上述组分均有显著负相关关系，可以通过调节滤嘴通风度对烟气常规化学成分进行控制。

滤嘴通风，也会对烟气有害成分产生影响。所以，有研究者以烤烟型卷烟和混合型卷烟为研究对象，对于烤烟型卷烟，结果表明，滤嘴通风度对烟气有害成分影响如图 4-60~图 4-68 所示。

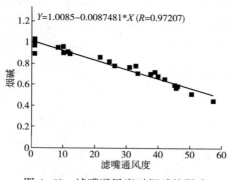

图 4-60 滤嘴通风度对烟碱的影响

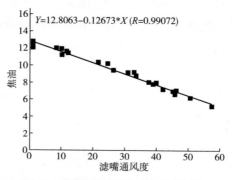

图 4-61 滤嘴通风度对焦油的影响

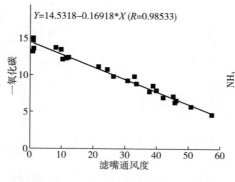

图 4-62 滤嘴通风度对 CO 的影响

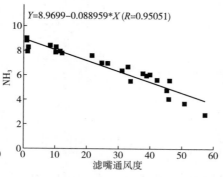

图 4-63 滤嘴通风度对 NH_3 的影响

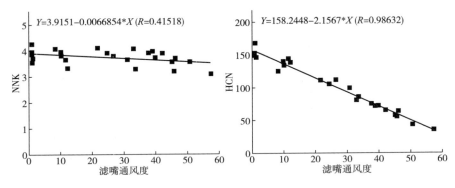

图 4-64　滤嘴通风度对 NNK 的影响　　图 4-65　滤嘴通风度 HCN 的影响

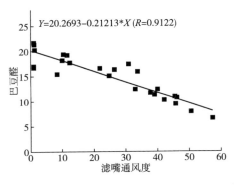
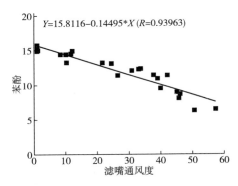

图 4-66　滤嘴通风度对巴豆醛的影响　　　图 4-67　滤嘴通风度对苯酚的影响

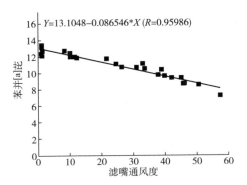

图 4-68　滤嘴通风度对苯并［a］芘的影响

　　根据实验结果，对烟气中焦油、烟碱和 7 种有害成分释放量受滤嘴通风度影响的规律进行总结，见表 4-6。

表 4-6　　　　　　　滤嘴通风度对焦油、烟碱和 7 种有害成分的影响

分析物	回归方程参数		
	截距	斜率	R^2
CO	14.53	−0.1692	0.9853
NNK	3.915	−0.006685	0.4152
NH$_3$	8.970	−0.08896	0.9505
HCN	158.2	−2.157	0.9863
巴豆醛	20.27	−0.2121	0.9122
苯酚	15.81	−0.1450	0.9396
苯并 [a] 芘	13.10	−0.08655	0.9599
烟碱	1.009	−0.008748	0.9721
焦油	12.81	−0.1267	0.9907

由表可知:

（1）滤嘴通风度与 CO、NH$_3$、HCN、巴豆醛、苯酚、苯并 [a] 芘、烟碱和焦油的线性相关系数大于 0.9，说明滤嘴通风度与上述组分均有显著相关关系;

（2）滤嘴通风度与 NNK 的线性相关系数为 0.4152，说明滤嘴通风度与 NNK 没有相关关系。

三、滤嘴通风度对感官质量的影响

滤嘴通风能使卷烟烟气气溶胶中化学成分（包括香味物质）发生变化，从而使得卷烟感官品质发生较大变化。于川芳等通过成形纸和接装纸的搭配，研究了不同滤嘴通风度对卷烟感官质量的影响，分别从香气量、浓度、细腻程度、刺激性、杂气、干燥感、干净程度七个方面进行评价。以成形纸透气度为 10000CU 为例，仅改变接装纸透气度（对照组接装纸透气度为 0），得到不同滤嘴通风度，不同通风度下卷烟的感官质量评价如图 4-69 所示。

由图可知，随着接装纸透气度增加，即滤嘴通风度增加，香气量、香气浓度呈现明显的下降趋势;细腻程度、干燥感变化不大;刺激性、杂气、干净程度等的得分甚至还有所上升，因为通风度增大后，每一口抽吸进去的一部分为空气，所以刺激性、杂气降低，干净程度增加。实际上，通风度过高会导致卷烟的吸味变差，最明显的表现就是香气量和香气浓度下降十分明显。因此采用通风稀释后，要保证较好的吸味，必须对卷烟的叶组配方和香精香料做出相应的调整。

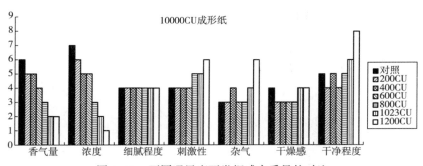

图4-69　不同通风度下卷烟感官质量的对比

　　酸性成分是卷烟烟气中重要的一类香味物质，不仅能平衡烟气酸碱度，而且能改善吃味、减少刺激性，使烟气更加醇和、舒适，对改善卷烟香味品质有重要贡献。谢玉龙等为掌握滤嘴通风对卷烟烟气中酸性香味成分释放量的影响规律，采用GC-MS法测定了不同滤嘴通风度卷烟烟气中酸性香味成分的释放量。结果表明，随着滤嘴通风度增加，烟气中酸性成分释放量呈现逐渐降低趋势，但各酸性成分降低程度差异较大，结果如图4-70所示。

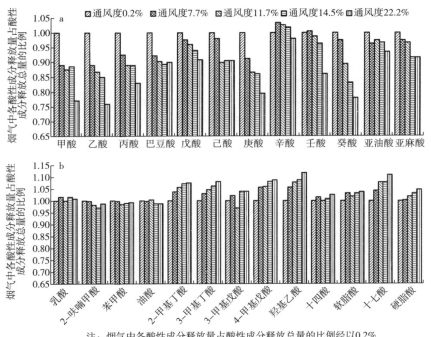

注：烟气中各酸性成分释放量占酸性成分释放总量的比例经以0.2%
滤嘴通风度卷烟样品的结果为"1"进行归一化处理

图4-70　不同通风度下烟气中酸性成分的释放量比例

在烟气特性研究方面，滤嘴通风率（激光预打孔）对烟气浓度有一定影响，香气风格方面，滤嘴通风率对烤甜香、清香、甜香、烘烤香影响较大。随滤嘴通风率增加，感官评价得分降低。结果如图4-71和图4-72所示。

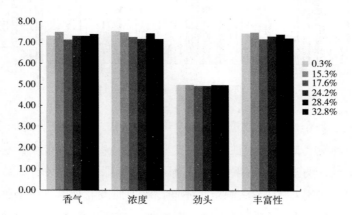

图4-71　感官质量随滤嘴通风度变化的情况

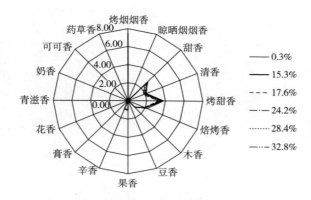

图4-72　烟气特性随滤嘴通风度变化的情况

第五节　接装纸透气方式及打孔参数对烟气有害成分的影响

接装纸的透气方式分为自然透气和打孔透气两种，打孔参数包括打孔位置、孔径等。透气方式和打孔参数会对接装纸透气度造成一定影响，进而影响烟气有害成分。

一、不同透气方式的影响

　　自透接装纸具有自然孔隙率和高透气性能，空隙由纤维交织而成，透气度均匀且孔径较小（如 500CU，孔径 22um）。以自透接装纸和激光预打孔接装纸为对比，相同透气度条件下，两种接装纸对烟气 9 种有害成分的影响如图 4-73~图 4-81 所示。

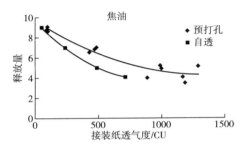

图 4-73　自透和预打孔接装纸对焦油的影响　　图 4-74　自透和预打孔接装纸对烟碱的影响

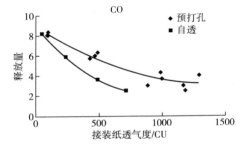
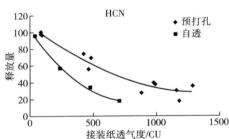

图 4-75　自透和预打孔接装纸对 CO 的影响　　图 4-76　自透和预打孔接装纸对 HCN 的影响

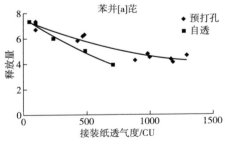
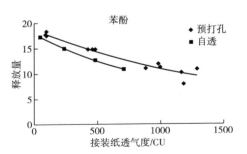

图 4-77　自透和预打孔接装纸对　　　　　图 4-78　自透和预打孔接装纸对

　　　苯并［a］芘的影响　　　　　　　　　　苯酚的影响

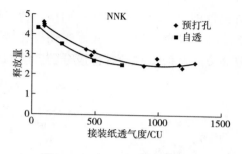

图4-79　自透和预打孔接装纸
　　　　对NNK的影响

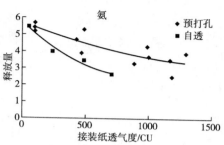

图4-80　自透和预打孔接装纸
　　　　对氨的影响

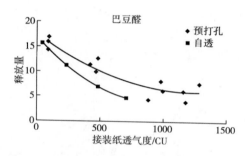

图4-81　自透和预打孔接装纸对巴豆醛的影响

如图所示：①随接装纸透气度的升高，焦油、7种成分及烟碱释放量降低；②在相同的接装纸透气度下，自然透气方式接装纸卷烟样品焦油、7种成分及烟碱释放量均低于激光预打孔方式接装纸。这是因为当滤嘴通风度相同时，通过滤嘴的空气流量相同。自透接装纸的实际通风面积大于预打孔接装纸，通过自透接装纸的空气流速小于预打孔接装纸，空气横向进入滤嘴较浅，通风截面较小，形成的滤嘴有效过滤面积较大。因此当通风率相同时，自透接装纸的滤嘴对焦油、7种成分及烟碱的过滤效率比打孔接装纸的滤嘴高，降焦减害效果更好。

二、打孔位置的影响

在其他条件不变的情况下，打孔位置对通风度的影响如图4-82所示。随着通风区离唇端距离增加，滤嘴通风度下降。

研究打孔位置对焦油、烟碱、CO的影响，结果如表4-7所示。

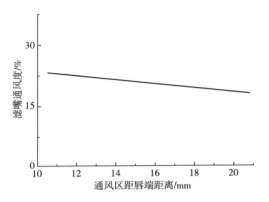

图 4-82 打孔位置对滤嘴通风度的影响

表 4-7 不同打孔位置下焦油、烟碱、CO 值

	指标	通风率%	焦油含量/mg	烟碱含量/mg	CO 含量/mg
	18	22.3	12.2	1.1	13.5
打孔位置 （距唇端）/mm	16	29.2	11.4	1.1	12.3
	14	29.6	10.9	1.0	11.7

方差分析表如表 4-8 所示。

表 4-8 方差分析表

来源	因素	方差平方和	自由度	均方差	F 值	显著性水平
	焦油	4.594	2	2.297	16.018	0.001
打孔位置 （距唇端）	烟碱	0.017	2	0.009	9.51	0.006
	CO	9.345	2	4.672	23.56	0.000

由此可知，显著性水平<0.05，说明打孔位置对焦油、烟碱、CO 有显著性影响。

刘惠民等研究了打孔位置对烟碱及 7 种有害成分的影响。通过保持卷烟叶组配方和其他辅材参数不变，仅改变打孔位置，打孔位置距唇端距离设计值分别为 13.5mm、15.5mm、17.5mm，考察打孔位置变化对有害物质释放量的影响，并进行线性回归分析，分析结果如图 4-83～图 4-90 所示。

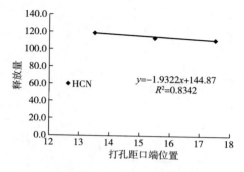

图 4-83　打孔位置与 HCN 释放量的关系

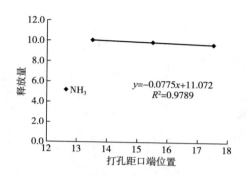

图 4-84　打孔位置与 NH$_3$ 释放量的关系

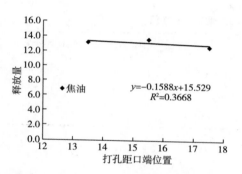

图 4-85　打孔位置与焦油释放量的关系

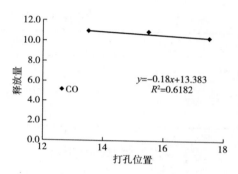

图 4-86　打孔位置与 CO 释放量的关系

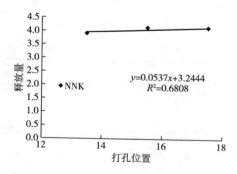

图 4-87　打孔位置与 NNK 释放量的关系

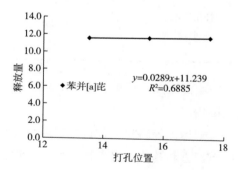

图 4-88　打孔位置与苯并 [a] 芘释放量的关系

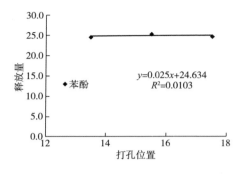

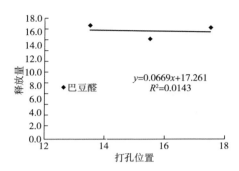

图4-89 打孔位置与苯酚释放量的关系 图4-90 打孔位置与巴豆醛释放量的关系

据线性回归分析结果，对焦油、7种有害成分释放量受接装纸打孔位置的影响规律进行总结，结果见表4-9。

表4-9 打孔位置对有害成分释放量的影响

分析指标	线性回归方程	R^2
焦油	$y=-0.1588x+15.529$	0.3668
CO	$y=-0.18x+13.383$	0.6182
HCN	$y=-1.9322x+144.87$	0.8342
NNK	$y=0.0537x+3.2444$	0.6808
氨	$y=-0.0775x+11.072$	0.9789
苯并［a］芘	$y=0.0289x+11.239$	0.6885
苯酚	$y=-0.025x+26.634$	0.0103
巴豆醛	$y=-0.0669x+17.261$	0.0143

如表所示：打孔距口端位置与HCN、氨的线性相关系数均大于0.7，斜率为负值，可以认为打孔位置与HCN、氨呈显著负相关关系；打孔距口端位置与其他指标的线性相关系数均小于0.7，可以认为打孔位置与其他指标无显著相关关系。

三、孔径的影响

接装纸透气度是通过在接装纸上打孔实现的，打孔数量和孔径大小决定了接装纸的透气度，进而影响烟气 9 种有害成分。本部分内容仅讨论激光预打孔情况下和在线激光打孔情况下孔径对烟气 9 种有害成分的影响。

对于激光预打孔接装纸，控制同一透气度，研究在不同孔径对烟气中焦油、烟碱和 7 种有害成分的影响。设计不同激光预打孔孔径的样品，测定卷烟烟气焦油、烟碱和 7 种有害成分数据，作图结果如图 4-91~图 4-99 所示。

可以看到，对于同一孔径的接装纸，随着透气度增加，滤嘴通风增加，焦油、烟碱和 7 种有害成分将不同孔径接装纸样品焦油、烟碱和 7 种有害成分均呈现降低趋势；对于不同孔径的接装纸，在相同的较低透气度下，对焦油、烟碱和 7 种有害成分的影响没有呈现明显的规律，在相同的较高透气度下，焦油、烟碱和 7 种有害成分随孔径变小释放量降低。

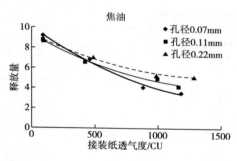

图 4-91　激光预打孔孔径对焦油的影响

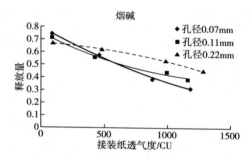

图 4-92　激光预打孔孔径对烟碱的影响

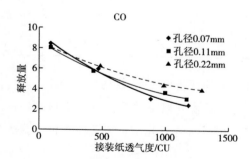

图 4-93　激光预打孔孔径对 CO 的影响

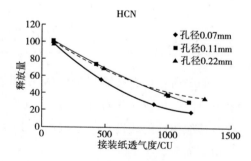

图 4-94　激光预打孔孔径对 HCN 的影响

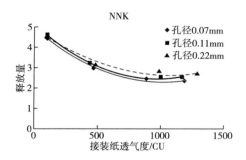

图 4-95　激光预打孔孔径对 NNK 的影响

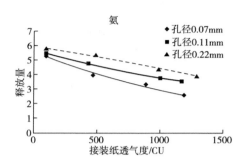

图 4-96　激光预打孔孔径对氨的影响

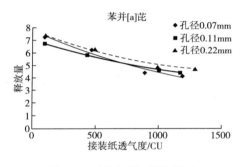

图 4-97　激光预打孔孔径对
苯并［a］芘的影响

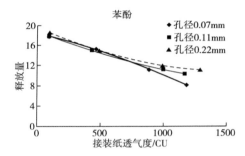

图 4-98　激光预打孔孔径对苯酚的影响

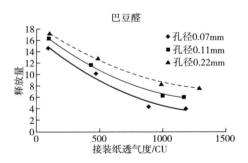

图 4-99　激光预打孔孔径对巴豆醛的影响

　　如图所示：①随接装纸透气度增加，焦油、7 种成分及烟碱释放量降低；②在相同的接装纸透气度下，特别是较高的接装纸透气度下，随孔径变小，焦油、7 种成分及烟碱释放量降低。

图4-100所示为不同激光预打孔孔径接装纸透气度和滤嘴通风率的关系，可以看出在相同接装纸透气度下，随孔径减小，滤嘴通风率逐渐升高，因此，导致了小孔径接装纸有害成分释放量的降低。

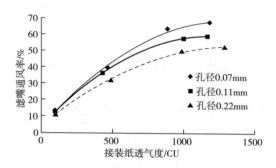

图4-100　不同激光预打孔孔径接装纸透气度与滤嘴通风度的关系

对于在线激光打孔接装纸，考察相同滤嘴通风率下，不同在线激光打孔孔径对卷烟烟气烟气焦油、烟碱和7种有害成分释放量的影响。制备不同激光打孔孔径的卷烟样品，测定烟气焦油、烟碱和7种有害成分数据。将焦油、烟碱和7种有害成分对接装纸透气度作图，结果如图4-101~图4-109所示。

可以看到，对于同一通风的接装纸，随着孔径变化，焦油、烟碱和7种有害成分受影响变化不明显；对于相近孔径，不同滤嘴通风，随着滤嘴通风率增加，焦油、烟碱和7种有害成分降低。

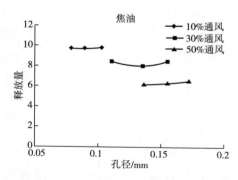

图4-101　在线激光打孔孔径对焦油的影响

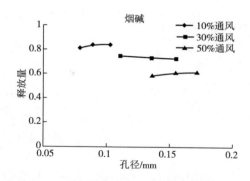

图4-102　在线激光打孔孔径对烟碱的影响

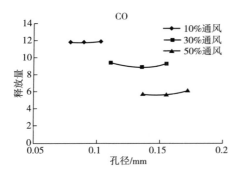

图 4-103　在线激光打孔孔径对 CO 的影响

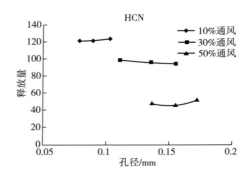

图 4-104　在线激光打孔孔径对 HCN 的影响

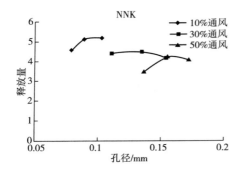

图 4-105　在线激光打孔孔径对 NNK 的影响

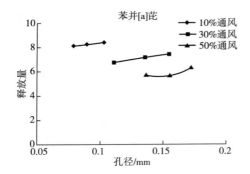

图 4-107　在线激光打孔孔径对

苯并［a］芘的影响

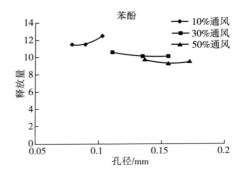

图 4-106　在线激光打孔孔径对氨的影响

图 4-108　在线激光打孔孔径对苯酚的影响

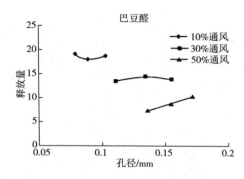

图 4-109　在线激光打孔孔径对巴豆醛的影响

如图所示：①随滤嘴通风率升高，焦油、7 种成分及烟碱释放量整体呈下降趋势；②在相同滤嘴通风率下，不同在线激光打孔孔径样品焦油、7 种成分和烟碱释放量差异较小，随孔径无明显上升或下降趋势，因此可认为在实验参数范围内，在线激光打孔孔径对焦油、7 种成分及烟碱释放量基本无影响。

第六节　接装纸长度对烟气有害成分的影响

接装纸的长度不仅在外观上是卷烟的特征，同时影响着烟蒂的长短，进而影响了烟支段的燃烧长度，对烟气的有害成分释放造成直接的影响。

围绕接装纸长度对烟气有害成分的影响，刘惠民等设计了四种接装纸，幅宽分别为 50mm、60mm、64mm 和 70mm，透气度均为 0CU。配套搭配了两种滤棒，长度分别为 100mm 和 120mm，滤棒单位长度的吸阻均为 28.17Pa/mm，100mm 滤棒设计参数为 100mm×24.0mm×2817Pa，120mm 滤棒设计参数为 120mm×24.0mm×3380Pa。4 种幅宽接装纸和 2 种长度滤棒搭配设计 7 个卷烟样品，样品编号及样品参数见表 4-10。

表 4-10　　　　不同滤嘴长度和接装纸长度卷烟设计表　　　　单位：mm

样品序号	滤嘴长度	接装纸长度	样品序号	滤嘴长度	接装纸长度
1	20	25	5	25	32
2	20	30	6	25	35
3	20	35	7	30	35
4	25	30			

以某品牌卷烟叶组配方为载体，更换接装纸和滤棒制作卷烟样品，其他辅材与叶组配方保持一致。卷烟样品物理参数检测值见表4-11。

表 4-11 卷烟烟支物理参数

样品编号	质量/m	圆周长/mm	吸阻/Pa	滤嘴通风率/%
1	875	24.3	1042	0
2	877	24.4	1021	0
3	890	24.4	1059	0
4	835	24.5	1149	0
5	875	24.5	1157	0
6	879	24.5	1139	0
7	844	24.3	1270	0

结果表明，滤嘴长度不变，随着接装纸长度增加，烟支质量增加，吸阻基本保持一致；接装纸长度不变，随着滤嘴长度增加，烟支质量下降，吸阻升高。

对不同接装纸长度的卷烟样品的烟气有害成分进行检测，整合数据，结果见图4-110和图4-111。

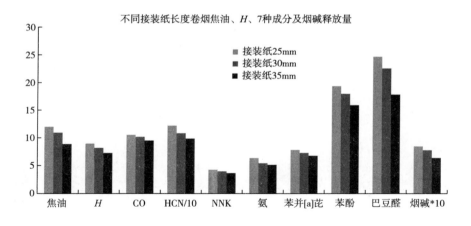

图 4-110 接装纸长度对焦油、H、7 种成分及烟碱释放量的影响
（滤嘴长度固定为 20mm）

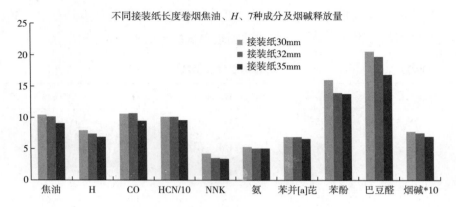

图 4-111　接装纸长度对焦油、H、7 种成分及烟碱释放量的影响

（滤嘴长度固定为 25mm）

如图 4-110 和图 4-111 所示，固定滤嘴长度，随着卷烟接装纸长度增加，卷烟烟气焦油、H、7 种成分及烟碱释放量均逐步降低，其原因是随着接装纸长度增加，卷烟燃烧长度减少，燃烧的烟丝量减少，且烟丝过滤段长度增长。

将滤嘴长度为 20mm，接装纸长度分别为 25mm，30mm 和 35mm 的卷烟烟气焦油、H、7 种成分及烟碱释放量与接装纸长度进行线性回归，线性回归方程相关参数见表 4-12。将接装纸长度对有害成分降低率的影响作图，见图 4-112。

表 4-12 接装纸长度与焦油、H、7 种成分及烟碱释放量线性回归方程参数

分析物	回归方程参数			接装纸长度 25mm 增加到 35mm
	斜率	截距	R^2	有害成分降低率
焦油	−0.31	19.90	0.9727	25.5%
H	−0.16	12.93	0.9948	17.9%
CO	−0.10	13.07	0.9494	9.5%
HCN	−2.30	178.27	0.9958	19.0%
NNK	−0.06	5.73	0.9643	14.2%
氨	−0.12	9.20	0.9231	19.4%
苯并［a］芘	−0.10	10.30	1.0000	12.8%
苯酚	−0.34	27.90	0.9897	17.5%
巴豆醛	−0.68	42.03	0.9535	27.2%
烟碱	−0.02	1.35	0.9494	23.4%

结果表明：①焦油、H、7 种成分及烟碱释放量均与接装纸长度有显著负线性相关关系；②接装纸长度由 25mm 增加至 35mm 时，焦油、H、7 种成分及烟碱释放量的降低率由高到低依次为巴豆醛、焦油、烟碱、氨、HCN、H、苯酚、NNK、苯并［a］芘、CO，降低率分别为 27.2%，25.5%，23.4%，19.4%，19.0%，17.9%，17.5%，14.2%，12.8%，9.5%。

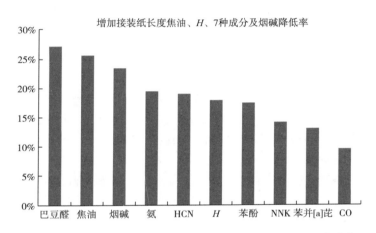

图 4-112　接装纸长度由 25mm 增加至 35mm 焦油、H、7 种成分及烟碱释放量降低率（滤嘴长度固定为 20mm）

由此可见，随着接装纸长度增加，烟碱、焦油及 7 种有害成分、危害性指数 H 都降低，降幅在 9.5% ~ 27.2%。卷烟研发人员可以根据接装纸长度对烟碱、焦油及 7 种有害成分的影响规律，合理设计接装纸长度。

参考文献

［1］金勇，王诗太，李克，等。接装纸打孔参数对卷烟烟气焦油及 7 种有害成分释放量影响的 PLS 回归分析［J］. 烟草科技，2016，49（4）：37-44.

［2］陈慧斌，胡素霞，叶明樵，等。接装纸打孔对卷烟质量的影响研究［C］. 中国烟草学会工业专业委员会 2010 年烟草工艺学术研讨会论文集，2010，227-233.

［3］温熙，方细玲，刘丹，接装纸打孔技术浅析［J］. 机械与电子，2014（15）：95-96.

［4］翟玉俊，田虎，朱先约，等。接装纸和成形纸透气度对主流烟气中碱性香味成分的影响［J］. 烟草科技，2012（2）：56-60.

［5］于川芳，罗登山，王芳，等。卷烟"三纸一棒"对烟气特征及感官质量的影响（一）［J］. 中国烟草学报，2001，7（2）：1-7.

[6] 于川芳，罗登山，王芳，等。卷烟"三纸一棒"对烟气特征及感官质量的影响（二）[J]．中国烟草学报，2001，7（3）：6-10．

[7] 连芬燕，李斌，黄朝章。滤嘴通风对卷烟燃烧温度及主流烟气中七种有害成分的影响[J]．湖北农业科学，2014，53（17）：4074-4078．

[8] 谢玉龙，朱先约，蔡君兰，等。滤嘴通风对卷烟烟气酸性成分的影响[J]．烟草科技，2018，51（3）：30-36．

[9] 赵辉，杨柳，张峻松，等。滤嘴通风对卷烟主流烟气释放量的影响[J]．云南化工，2012，39（2）：4-11．

[10] 冯群芝，滤嘴通风稀释技术的降焦效果实验分析[J]．烟草科技，2000（7）：10-11．

[11] 胡群，等．卷烟辅料研究[M]．云南：云南科技出版社，2001．

[12] 韩云辉，等．烟用材料生产技术与应用[M]．北京：中国标准出版社，2012．

[13] 梁洁，翟继岚．自透接装纸对降焦减害及感官质量的影响[J]，中华纸业，2017，38（16）：54-57．

[14] 谢建平，卷烟危害性评价原理与方法[M]．北京：化学工业出版社，2009．

第五章
滤棒对卷烟烟气有害成分的影响

第一节　概述

卷烟滤嘴经历了从无到有、从简单到繁杂的发展过程，最初的卷烟滤嘴是由皱纹纸制成，首次于 20 世纪 20 年代引入欧洲卷烟市场，主要是作为卷烟的嘴状部件，起装饰作用，无其他特殊功能。到了 20 世纪 50 年代，随着醋酸纤维丝束的开发，滤嘴卷烟开始得到消费者的广泛认可。随着卷烟技术的逐步发展，以及人们对低危害卷烟的要求和对健康环保的重视，过滤嘴逐渐从可有可无的地位，转变成为卷烟中不可或缺的一部分，并承担起降焦减害的功能。

目前，卷烟滤嘴以二醋酸纤维素丝束滤嘴为主，是卷烟主流烟气释放的主要通道，其通过截留、吸附等方式降低卷烟烟气中有害成分的释放量，同时，滤嘴作为烟气传输介质可有效降低烟气温度，避免抽吸时产生的灼烧感。醋纤丝束（二醋酸纤维素丝束）作为滤嘴的主要组成成分，对烟气微粒具有较强的截留、吸附作用，其对烟气的过滤作用强弱受丝束规格（单丝线密度、总丝线密度和单丝截面形状）、丝束加工参数（油剂含量、卷曲能、卷曲数）等指标的影响。卷烟滤棒在设计过程中，既要考虑选择适宜的丝束规格，又要兼顾滤棒本身的设计参数，滤棒的压降、长度、三乙酸甘油酯施加量等关键指标会直接影响其对卷烟烟气的过滤效果，进而影响卷烟有害成分的释放量。

为了达到降焦减害和保持卷烟吸味的目的，伴随卷烟技术的不断发展，卷烟滤嘴正在从单一醋酸纤维滤嘴和聚丙烯丝束滤嘴等普通滤嘴向多重滤嘴以及多种材料制成的特殊过滤嘴方向发展。目前，在普通醋纤滤棒的基础上，开发出了沟槽滤棒、空管滤棒、爆珠滤棒、颗粒滤棒、香线滤棒等多种特种滤棒，特种滤棒的结构、组成和添加剂等设计参数会影响其对卷烟烟气的过滤机制和过滤能力，实现与普通醋纤滤棒不同的外观效果和烟气指标。

第二节　滤棒对烟气成分的影响机制

卷烟烟气由粒相物质和气相物质两部分组成，滤棒对烟气的不同组分影响机制存在差异。同时，在普通醋纤滤棒基础上开发出多种特种滤棒，特种滤棒在结构组成和过滤材质等方面具有特殊性，其对卷烟烟气的过滤机制与普通滤棒也有所不同。

一、通滤棒对卷烟烟气的影响机制

典型的醋酸纤维滤棒如图 5-1 所示，每个滤嘴由约一万多根单丝束组成，丝束沿滤嘴轴向排列，烟气以此轴向方向进入滤嘴。滤嘴中的纤维每英寸有 10~30 个 z 形卷曲，醋酸纤维处于沿烟气流动方向 30°~45°的位置。在 ISO 抽吸条件下（每口抽吸体积 35mL、抽吸持续时间 2s、抽吸间隔 58s），烟气以层流方式流经醋酸纤维丝束滤嘴。同时，如图 5-2 所示，滤嘴丝束之间的空隙尺寸比烟气粒子直径要大 2~3 个数量级，所以滤嘴对烟气粒相物质的过滤主要为物理机械效应。

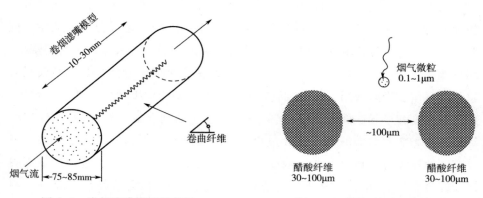

图 5-1　卷烟滤嘴模型示意图　　　　图 5-2　滤嘴对烟气过滤示意图

滤嘴对卷烟烟气微粒的过滤截留形式主要包括直接拦截、惯性碰撞和扩散沉积，最普遍的过滤方式是直接拦截。

1. 直接拦截过滤机制

直接拦截是最常见的滤嘴过滤机制，在醋纤滤嘴中，纤维的圆柱截面是与烟气流向垂直的，纤维间的距离显著大于烟气微粒尺寸，烟气通过滤嘴内部，微粒与烟气流作横向交叉移动，彼此频繁碰撞，在冷凝作用下集聚成较大的球状粒子。当烟气微粒沿着主流烟气气流运动时，有的微粒会与单根纤维接触并被拦截，黏附在它们接触的任一纤维表面上，从而形成烟气微粒的直接拦截过滤机制，如图5-3所示。

2. 惯性碰撞过滤机制

具有一定质量的烟气微粒，其运动有一定的惯性，而不完全是严格地按照气流的流向移动，一般是因惯性做直线运动，与丝束材料的表面接触后产生一定的压力，由于这种压力而产生的黏滞作用致使微粒的运动趋于静止，这种过滤方式称为惯性碰撞（图5-4）。惯性碰撞的过滤对象一般是烟气气溶胶粒子，尤其对质量较大的粒子起重要的过滤作用。

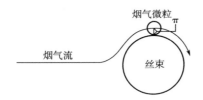
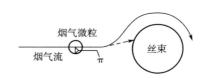

图5-3　烟气微粒直接拦截原理示意图　　图5-4　烟气微粒惯性碰撞原理示意图

3. 扩散沉积过滤机制

质量很小的微粒其运动是不规则的，它们与空气介质分子互相碰撞之后，以大于其本身直径数倍的移动距离脱离原来的运动轨迹做不稳定移动，从而形成布朗运动，其结果是导致微粒横

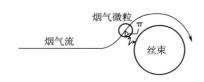

图5-5　烟气微粒扩散沉积原理示意图

穿过气流线与另一根丝束纤维接触而被吸附滤除，这种过滤功能称之为扩散沉积（图5-5）。

如上所述，滤嘴中两根纤维之间的距离大于烟气粒子尺寸2~3个数量级。由于烟气气溶胶中的微粒浓度很高，其与滤嘴纤维之间发生碰撞的概率很大，但烟气微粒与纤维尺寸、纤维之间距离尺寸差别较大，因此微粒与纤维碰撞的截留率相对较低。醋纤丝束对烟气微粒的过滤作用以直接拦截和扩散沉积为主，而惯性碰撞占很小比例。其中滤嘴中丝束的分布致密程度、单根丝束的尺寸和形状等都会对烟气的过滤效率造成影响。

二、特种滤棒对卷烟烟气的影响机制

与普通滤棒相比，特种滤棒结构构成、滤材组成、滤材材质等方面均发生显著改变，而其对卷烟烟气的过滤机制亦随之发生变化。

1. 沟槽滤棒对烟气的影响机制

沟槽滤棒是由特殊结构的沟槽纯纤维素纸包裹醋酸纤维丝束滤芯制成。根据纯纤维素纸的不同结构，沟槽滤棒分为截点式沟槽滤棒和间断式沟槽滤棒。上文提到，醋纤滤嘴对卷烟主流烟气中粒相物的过滤效能主要是靠醋酸纤维丝束对烟气粒相物的直接截留、粒相物的惯性碰撞和扩散沉积作用。在沟槽滤棒中，纯纤维素纸不仅具有与醋酸纤维丝束相似的对烟气粒相物机械截留作用，且其截留效率远高于醋酸纤维丝束。同时，由于在纯纤维素纸上制成的特殊压纹沟槽扩大了其比表面积，改变了卷烟烟气在沟槽滤嘴中的行进路线，提高了烟气粒相物在沟槽滤嘴中的惯性碰撞和扩散沉积，因此对烟气粒相物具有更好的过滤效果，能更有效地降低卷烟烟气中的焦油量。两种沟槽滤嘴对卷烟主流烟气中粒相物的过滤机理见图5-6。

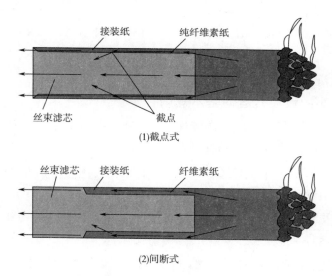

图 5-6　不同沟槽滤嘴过滤机理示意图

如图5-6所示，由于纯纤维素纸结构不同，所制成的沟槽滤嘴对卷烟烟气的过滤效果也不同，截点式沟槽滤嘴的过滤效果略高于间断式沟槽滤嘴。

这是因为主流烟气在截点式沟槽中行进时遇到截点阻挡而产生碰撞，使烟气流向不断改变，再与其他位置的截点碰撞，从而产生扩散沉积，曲折的行进路径使沟槽纤维素纸产生了"路径效应"，因此过滤效率提高的同时，由于沟槽滤棒在纤维素纸上进行压槽，从而形成了烟气的低压降通道，增加了烟气的横流过滤，也增大了与空气的混合，增大了滤嘴的截留效果。

2. 活性炭滤棒对烟气的影响机制

活性炭具有丰富的多孔性结构和表面含氧官能团，具有优良的吸附性能。活性炭是目前为止应用最广泛且最有效的一种卷烟滤嘴添加剂。

活性炭颗粒孔径大小不同，在吸附过程中发挥的作用也不同。微孔（孔径<2nm）主要是起吸附作用，为吸附质分子的主要滞留场所；中孔（2nm<孔径<50nm）是吸附质分子的传输通道，同时也吸附一部分不能进入微孔的分子；大孔（孔径>50nm）主要是吸附质分子的传输通道。活性炭的吸附性能取决于其表面的物理化学性质，物理性质影响活性炭的吸附容量，化学性质影响活性炭与吸附质之间的相互作用。在卷烟烟气中，活性炭主要是通过表面化学反应的化学吸附方式和微孔表面冷凝的物理吸附方式来实现卷烟烟气的过滤作用。

三、滤棒的过滤效率

过滤效率指截留于滤嘴上的物质量和烟气进入滤嘴时所含物质量的比率。过滤效率作为评价滤棒性能的主要指标之一，通常指滤嘴对总粒相物、焦油和烟碱三种物质的过滤效率。

鉴于总粒相物、焦油的过滤效率测定易受环境温湿度等因素的影响，为评价数值的准确性，烟草行业一般采用烟碱的过滤效率对滤棒性能进行评价，除非特殊说明，下文提到的过滤效率均指烟碱过滤效率。滤嘴烟碱过滤效率指滤嘴中截留的烟碱占烟支产生的总粒相物中烟碱的百分数。根据烟草行业标准方法测定滤嘴中的烟碱含量（m_F）和剑桥滤片捕集的烟碱含量（m_H），烟碱过滤效率（NFE）的计算公式如下：

$$NFE = [m_F/(m_F + m_H)] \times 100\%$$

根据研究，滤棒过滤效率与滤棒长度、压降及丝束规格等诸多因素相关。根据相关的方面，滤棒压降公式如下：

$$\Delta p = \frac{2.419 \times 10^4 qLS\phi}{C^2 d^{1/2} bF(\phi, \theta)} \tag{5-1}$$

式中 Δp ——包胶部分的压力降，mmH_2O；

q——容积流量，cm^3/s；

L——滤嘴长度，mm；

S——纤维的比表面积，m^2/g；

ϕ——纤维体积分数，$\phi = \dfrac{4000\pi m}{L'^2 L\rho}$；

m——纤维质量，g；

C——滤嘴周长，mm；

ρ——聚合物密度，g/cm^3；

d——ρ_L 单丝线密度，$g/9 \times 10^5 cm$；

b——黏结系数。

$$F(\phi, \theta) = (2\phi - 1 - \ln\phi) - (4\phi - 3\phi^2 - 2 - \ln\phi)\cos\theta$$

$$\cos\theta = TL/9 \times 10^\theta\ m$$

式中　θ——平均卷曲角，°；

　　　T——纤维总线密度，$g/9 \times 10^5 cm$。

从上述滤嘴压降公式中可以看出过滤材质、丝束规格、单丝横截面形状及滤嘴长度等均会导致滤棒压发生变化，进而导致滤棒过滤效率发生变化。作为过滤载体的滤嘴对烟气中有害物质的过滤效率取决于过滤材料的种类、滤嘴结构、滤嘴的物理性能。醋酸纤维滤嘴对烟气气溶胶里有害物质过滤效率的高低，与醋酸纤维丝束及醋酸纤维滤嘴的技术标准、产品规格及品种有直接关系。在研究滤嘴的过滤效率时，要对整个过滤系统进行分析。对于由上万根丝束组成的滤嘴而言，单根醋酸纤维丝束的过滤效率表示如下：

$$e_f = (1 + I) \cdot \frac{\left[r_p + 2.2093 \left(\dfrac{D a^2}{10^4 M V_o} \right)^{1/3} \right]^2}{r_a^2} \cdot M\alpha^{1/2} \tag{5-2}$$

$$M = \frac{1}{1 + \dfrac{(1 + \alpha)}{2(1 - \alpha)} - \ln\alpha} \tag{5-3}$$

式中　e_f——单根纤维过滤效率；

　　　I——$\dfrac{2C_f p r_p^2 V_o \alpha^{1/2}}{9\mu a(1 - \alpha^{1/2})}$；

　　　D——$\dfrac{C_f kT \cdot 10^8}{6\pi\mu r_p}$，$\mu m^2/s$；

　　　r_p——微粒半径，μm；

r_a——有效纤维半径，μm；

ϕ——纤维体积分数；

v_o——线性流速，cm/s；

C_f——坎宁安滑移流动校正系数；

μ——气体黏度，P；

k——玻耳兹曼常数，$dyn \cdot cm/℃$；

T——热力学温度，K；

ρ——聚合物密度，g/cm^3。

按照单根纤维的过滤效率对整个滤嘴长度上的全部纤维进行全部积分即可得到整个滤嘴的过滤效率，如下式所示，增加滤嘴的长度、吸阻、圆周等指标，减小单丝旦数，可以提高滤嘴的过滤效率。

$$\lg_e\left(1 - \frac{E}{100}\right) = A \cdot L + B \cdot \Delta P \cdot C^4 + D \cdot L/\delta \qquad (5-4)$$

式中　E——过滤效率（烟气、烟碱或焦油）；

L——滤嘴长度，mm；

ΔP——在 $17.5\ cm^3/s$ 的流量下压力降，mmH_2O；

C——滤嘴周长，mm；

Δ——单丝旦数，g。

综上，卷烟烟碱过滤效率是表征滤棒性能的重要指标，其影响卷烟主流烟气的释放量，进而影响卷烟感官质量。对于带有醋纤丝束过滤嘴的典型结构卷烟而言，其烟碱过滤效率与丝束规格、滤嘴长度、滤棒压降、滤棒圆周及滤嘴通风率等诸多因素有关。如果不考虑卷烟正常设计参数，为了准确反映滤嘴丝束的烟碱过滤效率，通常将滤嘴通风率设置为 0，排除通风稀释的影响。

第三节　丝束规格对烟气有害成分的影响

醋纤丝束对烟气微粒具有较强的截留、吸附作用，其对烟气的过滤能力强弱受单旦、总旦和单丝截面形状等丝束规格参数的影响。醋纤丝束有 Y 形、R 形、I 形、X 形等多种截面形状，其中 Y 型界面纤维的比表面积较大，对卷烟烟气中的有害成分具有较好的吸附与截留作用，应用最广。丝束的单旦和总旦会影响滤嘴内丝束分布的丝束根数和丝束分布结构松紧度，进而影响其对卷烟烟气的过滤效果。

一、丝束规格对滤棒压降的影响

滤棒压降是影响卷烟烟支吸阻的重要因素之一，而丝束规格又是影响滤棒压降的关键因素，丝束的单旦和总旦会影响滤棒内丝束根数和分布情况，进而影响气流的通过途径和速度，对滤棒压降造成影响。

1. 对常规圆周滤棒的影响

一定的滤棒几何尺寸、一定的滤棒成型设备和成型条件，每一种规格的丝束具有一个从最低压降到最高压降的加工范围。以滤棒的压降和丝束的质量为坐标，用一根曲线来表示以上的成型范围，它体现了滤棒压降与质量的对应关系，这就是丝束特性曲线。

对于不同规格醋纤丝束而言，在其适宜成型能力范围内所成型滤棒质量比较稳定，同时，还应综合考虑经济性、稳定性、滤棒的指标要求、成型设备的性能等因素的影响，进而确定适宜的加工点。加工点选择过低，滤棒中丝束填充量过少，滤棒易出现压降稳定性差、"缩头"、硬度偏低、过滤效率偏低、热塌陷等质量问题；加工点选择过高，滤棒中丝束填充量过多，滤棒的压降稳定性变差。

如图 5-7 所示，当丝束线密度相等时，单丝线密度小的丝束特性曲线在右上方。当单丝线密度固定时，丝束线密度大的丝束特性曲线在右下方。当丝束线密度恒定、单丝线密度变化时，滤棒压降的变化趋势是同等质量的滤

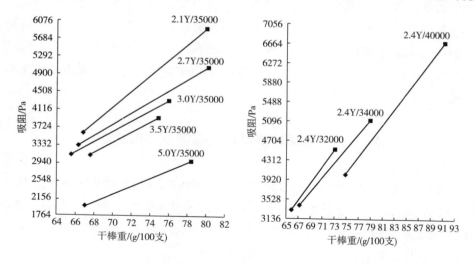

图 5-7　不同规格丝束滤棒压降变化图

棒单丝线密度越低，压降越大，即当设计高压降滤棒时，应考虑选择单旦低的丝束规格；单丝线密度越高，吸阻越小，即当设计低压降滤棒时，应考虑选择单旦高的丝束规格。综上可见，进行卷烟设计时，低总旦、高单旦的丝束适宜高吸阻卷烟，而高单丝线密度、低线密度丝束更利于降低卷烟吸阻。

对于常规圆周卷烟（圆周 = 24.3mm）而言，常用丝束规格横截面为 Y型，丝束单旦在 2.0~5.0，丝束总旦在 20000~50000。如表 5-1 所示，当滤棒圆周为 24.1mm、长度为 100mm 时，表中所列丝束规格成形滤棒的压降范围为 2000~3600Pa，可满足不同卷烟的设计需求。在实际应用中，除了满足卷烟吸阻的设计外，还需要考虑质量稳定性、出棒率、烟气指标等诸多因素，综合选择适宜的丝束规格。

表 5-1　常规圆周卷烟醋纤丝束加工范围（滤棒圆周 24.1mm、长度 100mm）

丝束规格	滤棒压降加工范围/Pa	丝束规格	滤棒压降加工范围/Pa
5.0Y/35000	2100~2400	3.0Y/35000	2950~3200
3.9Y/31000	2150~2500	3.0Y/37000	3000~3300
3.5Y/34000	2400~2750	2.7Y/35000	3150~3500
3.3Y/35000	2650~3000	2.4Y/32000	3300~3600
3.3Y/39000	3000~3300	2.4Y/34000	3400~3700
3.0Y/32000	2750~300		

2. 对细支滤棒的影响

对于细支卷烟（圆周 = 17.0mm）所用滤棒，国内细支卷烟发展前期所用醋纤丝束规格以 6.0Y17000 为主，其适应成形压降在 4000Pa 以上的细支滤棒。随烟草工业的不断发展，细支卷烟品类获得了快速发展，但与常规圆周卷烟相比，也逐渐显现出吸阻高、烟味淡、满足感差等问题，为此更多适宜于细支的醋纤丝束规格被设计开发出来。

图 5-8 所示为 5 种细支卷烟用不同醋纤丝束的成型能力特性曲线。由图可看出，5 种规格醋纤丝束的成型能力存在显著差异，表明对于相同长度和圆周的细支滤棒，在相同成型条件下，丝束规格是影响细支滤棒压降的关键因素，进而会直接影响细支卷烟吸阻。当细支卷烟用醋纤丝束的单丝线密度增加、线密度降低，所成型细支滤棒压降随之降低，与正常圆周卷烟所得出的常规圆周滤棒结论一致。当前烟草行业主要采用的醋纤丝束规格 6.0Y/17000

适宜成型的压降范围在 4000Pa 以上，而 8.0Y/15000、11.0Y/15000 和 9.5Y/12000 3 个规格醋纤丝束主要适用于 3500Pa 以下的压降细支滤棒。通过对丝束规格的调整，可显著改变细支卷烟吸阻，满足设计需求。

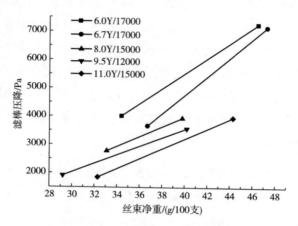

图 5-8　不同规格细支卷烟醋纤丝束特性曲线

如表 5-2 所示为细支卷烟用不同丝束滤棒压降的检测结果。从表中数据可看出，与常规圆周滤棒相比，细支滤棒压降稳定性整体相对较差，也反映出了当前行业内细支滤棒生产中存在一定的技术瓶颈。同时，对于同一规格丝束，加工点选择过高或过低，滤棒压降稳定性同样变差。目前，细支卷烟用丝束规格可满足加工滤棒压降为 1850~7250Pa，满足不同的卷烟设计需求。

表 5-2　　细支卷烟醋纤丝束加工范围（滤棒圆周 16.9mm、长度 120mm）

丝束规格	滤棒压降加工范围/Pa	丝束规格	滤棒压降加工范围/Pa
6.0Y/17000	4020~7250	9.5Y/12000	1910~3580
6.7Y/17000	3670~7150	11.0Y/15000	1850~3970
8.0Y/15000	2780~3950		

二、丝束规格对过滤效率的影响

丝束规格会影响丝束的比表面积、分布结构，进而会对烟气微粒的截留、碰撞几率造成影响，对烟气的过滤效率产生影响。

1. 对常规圆周卷烟的影响

常规圆周卷烟和细支卷烟在烟支形态具有明显差别，烟气在滤嘴中的通过情况也有差异，进而表现为烟碱过滤效率的不同。根据刘镇等人的研究结果，固定滤棒长度、圆周等设计指标，醋纤丝束单丝线密度越小，线密度越大，所制滤棒的过滤效率越高。如图 5-9 所示，固定总旦不变，单丝线密度越小，过滤效率越高；固定单旦不变，线密度越大，过滤效率越高。

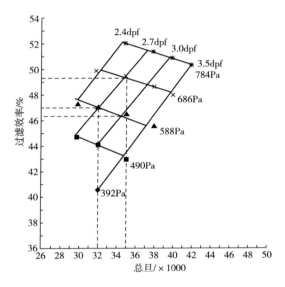

图 5-9　不同规格丝束滤嘴过滤效率

同时，从图中可以看出，当滤嘴长度为 20mm、吸阻为 588Pa、丝束单丝线密度 3.0den、总旦 35000den 时，过滤效率为 46.5%。如欲将过滤效率由 46.5% 提高到 47.1%，吸阻仍为 588Pa，则应选用单丝线密度 2.7den、线密度 32000den 的丝束。如欲将吸阻提高到 686Pa，过滤效率为 49.4%，则应选用单丝线密度 2.7den、线密度 35000den 的丝束。

2. 对细支卷烟的影响

为考察细支卷烟丝束规格对烟碱过滤效率的影响，固定滤嘴通风率（0）和其他因素，不同规格丝束不同压降滤棒与主流烟气烟碱的过滤效率关系趋势图如图 5-10 所示。从图中可看出，对于同一规格二醋酸纤维素丝束所成型的细支滤棒，随着滤棒压降升高，滤棒对烟碱的过滤效率增加；对于不同规格二醋酸纤维素丝束规格而言，总趋势为丝束单旦增加、总旦降低，所成型的细支滤棒对主流烟气的过滤效率降低。在实际产品研发中，可通过选择适宜规格二醋酸纤维素丝束成型滤棒，达到适宜的主流烟气过滤效率，从而实现卷烟的设计目标。

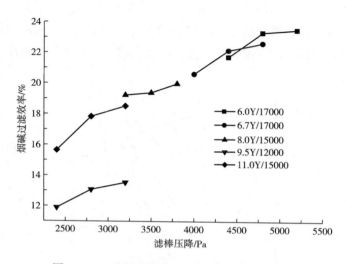

图 5-10　不同规格细支卷烟滤嘴烟碱过滤效率

　　研究表明，对于常规圆周卷烟和细支卷烟而言，均为丝束的单旦越小、总旦越高，成型的滤棒过滤效率越高。根据上述丝束与烟气微粒作用机理可知，对于一束丝束而言，单旦越小、总旦越高，则其丝束根数越多，烟气微粒尺寸与纤维尺寸、纤维之间距离之比增大，丝束对烟气微粒的拦截、沉积及碰撞作用增强，过滤效果提升。反之，当单旦越大、总旦越低时，滤嘴内丝束根数显著减少，丝束分布稀松，烟气微粒通过途径打开，进而降低了其对烟气的过滤作用。

三、丝束规格对卷烟烟气有害成分的影响

　　根据研究，固定其他因素，只改变滤嘴丝束单丝线密度和线密度，考察其在不同滤嘴通风下对卷烟有害成分释放量的影响。考虑到与现有卷烟产品的可对比性，总旦变化试验采用卷烟牌号 A 为卷烟载体，滤棒压降固定为 2800Pa，成形纸透气度为 10000CU，滤棒三乙酸甘油酯比例为 8%，滤棒长度为 100mm，圆周为 24.1mm。保持丝束单旦和滤棒压降不变，在不同滤嘴通风率下，丝束总旦对焦油、H、7 种成分及烟碱释放量的影响见图 5-11。

　　图 5-11 结果表明，在 0%、10%、25% 和 40% 这 4 个滤嘴通风率下，固定丝束单旦（3.0 旦），丝束总旦从 32000 增加到 37000，焦油、H、7 种成分

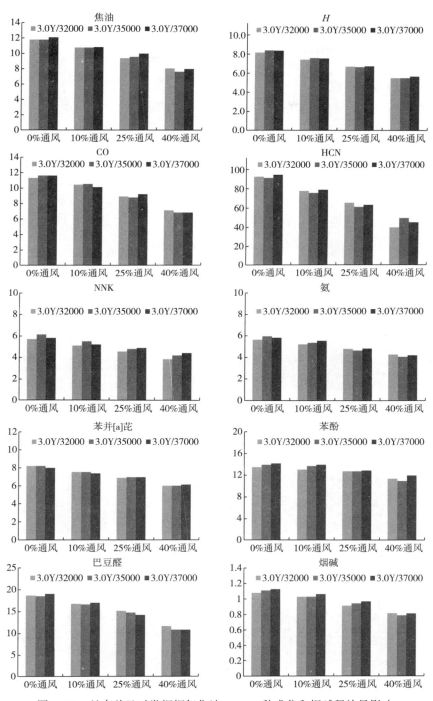

图 5-11 丝束总旦对卷烟烟气焦油、H、7 种成分和烟碱释放量影响

释放量差异较小，因此可认为在实验参数范围内，在保持滤棒压降一致的情况下，固定单旦、增加总旦对焦油、H、7 种成分释放量总体影响较小。由此可知，卷烟设计中，固定滤棒圆周及吸阻，醋纤丝束的总旦对卷烟烟气有害成分的释放量影响较小。

保持丝束总旦和滤棒压降不变，考察不同滤嘴通风率下，丝束单旦对焦油、H、7 种成分及烟碱释放量的影响，其中 3.0/35000 和 5.0/35000 组以卷烟牌号 A 规格为载体，2.7/35000 和 3.0/35000 组以卷烟牌号 B 为卷烟载体，滤棒压降固定为 2800Pa，成形纸透气度为 10000CU，滤棒三乙酸甘油酯比例为 8%，滤棒长度为 100 mm，圆周为 24.1mm。保持丝束总旦和滤棒压降不变，考察不同滤嘴通风率下，丝束单旦对焦油、H、7 种成分及烟碱释放量的影响，分别讨论丝束单旦对各种成分的影响，结果见图 5-12。

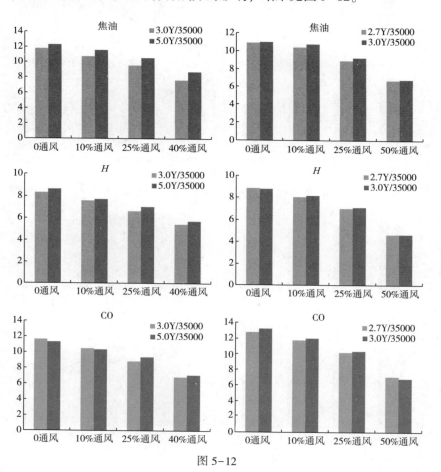

图 5-12

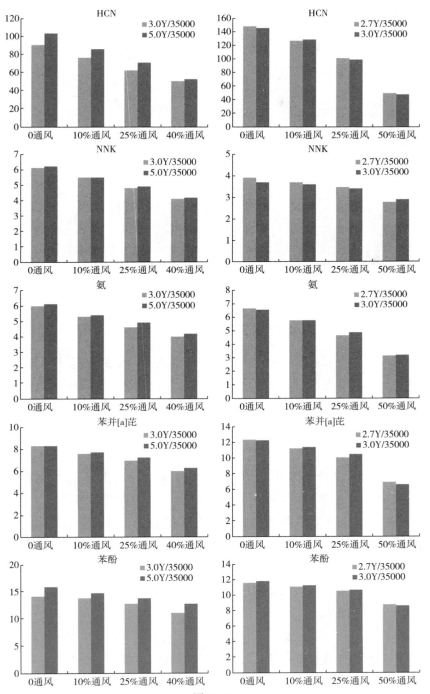

图 5-12

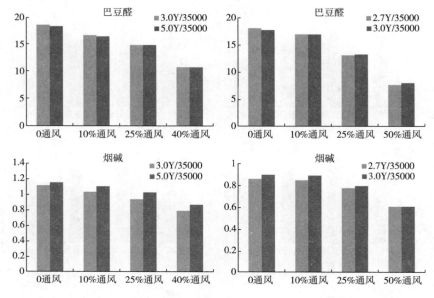

图 5-12 单旦对卷烟烟气焦油、H、7 种成分和烟碱释放量影响

根据图 5-12 的结果，在丝束总旦和滤棒压降一致的情况下，降低单旦，焦油释放量降低，尤其是单旦从 5.0 旦降至 3.0 旦后，在 0%、10%、25%、40% 这 4 个滤嘴通风率下，焦油释放量分别降低 4.1%、6.9%、9.4% 和 12.5%，H 分别降低 3.2%、2.2%、5.5% 和 5.1%，HCN 释放量分别降低 12.3%、12.0%、12.6% 和 5.0%，氨释放量分别降低 1.6%、1.9%、6.1% 和 4.8%，苯酚释放量分别降低 11.9%、5.5%、8.0% 和 14.2%，烟碱释放量分别降低 3.5%、4.6%、7.8% 和 9.2%；单旦从 3.0 旦降至 2.7 旦时，由于丝束单旦变化幅度小，上述几种物质放量降低幅度较小。同时可以看出，不同丝束单旦丝束卷烟烟气 CO、NNK、B〔a〕P、巴豆醛四种成分释放量无明显影响。

综合分析，固定滤棒压降和丝束总旦，在 0%、10%、25% 和 40% 这 4 个滤嘴通风率下，丝束单旦由 5.0 旦降至 3.0 旦，烟气焦油、H、HCN、氨、苯酚和烟碱释放量有所降低，而对 CO、NNK、B〔a〕P 和巴豆醛基本无影响。丝束单旦对焦油释放量的影响基于对烟气微粒的过滤，丝束单旦减小，会增大滤嘴的过滤性能。

四、丝束规格对卷烟感官质量的影响

卷烟感官质量是消费者对卷烟品质的直接感受。石凤学等人研究采用数理统计方法系统分析了卷烟单支质量、吸阻、通风率与感官质量的相互关系，发现卷烟物理参数与感官质量关系分析中的显著性指标是烟支质量、吸阻、滤嘴通风率、总通风率、香气、杂气、刺激性和余味，杂气随烟支质量、吸阻的增加而降低，刺激性随吸阻的增加而降低。丝束规格会对卷烟吸阻造成较大影响，且会通过过滤性能差异对烟气的状态构成带来影响，进而影响卷烟感官质量。

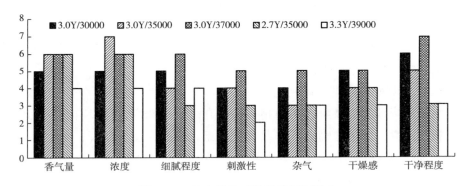

图 5-13　丝束规格对卷烟感官的影响

于川芳等人研究了丝束规格对感官质量的影响。如图 5-13 所示给出了常规圆周卷烟对丝束规格的影响。图中每组柱状图的前 3 根为单旦不变，总旦变化的情况，可看出，单旦不变，高总旦对减少杂气和刺激性，提高细腻程度和干净程度有利，即在单旦不变的情况下，适当提高总旦利于提高卷烟感官品质。分析原因为，单旦不变，总旦增加，滤嘴内丝束根数提高，对烟气的过滤和调和能力增强，进而提升烟气的细腻程度。每组柱状图的第 2 根和第 4 根为总旦不变，单旦变化的情况，图中显示，丝束单旦降低后，卷烟感官质量总体上有所下降。每组柱状图的第 5 根为 3.3Y/39000 的丝束，评吸结果表明对于本试验卷烟来说，选用此种丝束时感官质量最差。与上述原因类似，3.3Y/39000 的丝束根数最少，对烟气的过滤较弱，烟气略显粗糙。因此，在选用丝束的时候，还不能片面地追求低单旦丝的高出棒率，尤其对于高档卷烟来说，最好使用适当单旦、较高总旦的丝束。

第四节　滤棒压降对烟气有害成分的影响

　　滤棒压降（pressure drop）是指在标准条件下，当滤棒输出端以稳定的 17.5mL/s 气流通过滤棒时，滤棒两端的静压力差。滤棒压降是卷烟设计中需要考虑的关键因素。滤棒压降对卷烟烟支吸阻造成直接影响，影响卷烟的抽吸体验。滤棒压降通过改变烟气通过时间和途径影响滤嘴对烟气的过滤能力，进而影响卷烟烟气有害成分的释放量。

一、滤棒压降对卷烟烟支吸阻的影响

　　卷烟吸阻的大小，直接影响着卷烟的吸食风格，是影响卷烟质量的重要指标。卷烟吸阻的影响因素很多，除卷烟过程和烟丝质量外，烟用滤棒压降是影响卷烟吸阻的关键因素之一。

　　1. 对常规圆周卷烟的影响

　　滤棒压降和卷烟吸阻之间的相关性已有过定性研究，但没有建立数学模型。根据研究，固定滤嘴通风率及其他因素，仅改变滤棒压降，考察滤棒压降和卷烟吸阻之间的关系，二者关系如图 5-14 所示，从下图可以看出，常规圆周卷烟的滤棒压降与卷烟吸阻的线性关系为极显著（$y = 0.2735x + 56.34$，$R^2 = 0.998$），随着滤棒压降的增大，卷烟吸阻随之增加。

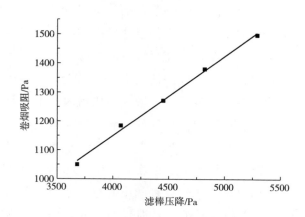

图 5-14　滤棒压降对卷烟吸阻的影响

　　2. 对细支卷烟的影响

　　细支卷烟形态与常规圆周卷烟存在显著差异，滤棒压降对细支卷烟吸阻

同样具有较大影响。研究例中，以某牌号细支卷烟（圆周17.0mm、长度97mm，滤嘴长度30mm）为基准，固定率通风率（0%、20%、40%、60%）和其他因素，仅改变滤棒压降，考察细支滤棒压降与卷烟吸阻关系，结果见图5-15。从图中可以看出，在相同滤棒压降下，滤嘴通风率会对卷烟细支造成影响，在同一滤嘴通风率下，滤棒压降与卷烟吸阻具有良好的线性关系。

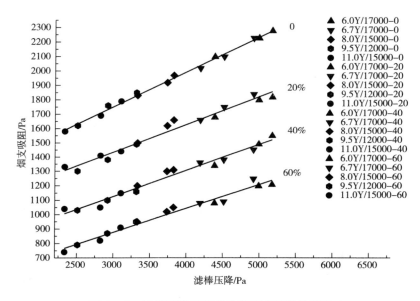

图5-15　滤棒压降对细支卷烟烟支吸阻的影响

如表5-3所示为细支卷烟烟支吸阻与滤棒压降之间在不同滤嘴通风下的拟合方程，从表中可看出，在所设计的嘴通风范围内，烟支吸阻与滤棒压降之间均有较好的正相关关系（相关系数$R^2 > 0.96$）。在所考察的二醋酸纤维素丝束规格和滤棒压降范围内，烟支吸阻范围为788~2311Pa，可覆盖行业大多数细支卷烟吸阻值。在细支卷烟研发中，可根据卷烟风格特色，成型合适压降细支滤棒，获得满意的烟支吸阻。

同时，如表5-3所示，滤棒压降每增加400Pa，烟支吸阻增加67~97Pa，增加值随滤嘴通风变化会有所不同。随着滤嘴通风增大，改变相同滤棒压降对烟支吸阻的影响幅度略有降低，分析原因为滤嘴通风增大，气流经过滤嘴时横向扩散增大，对烟支吸阻影响幅度降低。在细支卷烟设计中，需要兼顾滤嘴通风和滤棒压降。

表 5-3　　　　　　　　　　滤棒压降对细支卷烟烟支吸阻的影响

滤嘴通风/%	滤棒压降-烟支吸阻拟合关系	
	拟合方程	R^2
0	$y = 0.242x + 1028$	0.993
20	$y = 0.194x + 856$	0.957
40	$y = 0.180x + 590$	0.961
60	$y = 0.166x + 382$	0.960

二、滤棒压降对过滤效率的影响

滤棒压降由丝束填充量、丝束分布结构等参数决定，滤棒压降会影响烟气通过滤嘴的路径和时间，进而影响滤嘴对烟气的过滤效率。

1. 对常规圆周卷烟的影响

对于常规卷烟，滤棒压降对过滤效率的影响因素主要是滤嘴内丝束填充量和分布的差异。根据研究，固定无打孔接装纸及其他因素，以某牌号卷烟（圆周 24.3mm，长度 84mm，滤嘴长度 25mm）为基准，改变滤棒压降，考察滤棒压降和烟碱过滤效率关系，二者关系如图 5-16 所示，从下图可以看出，常规卷烟的滤棒压降与烟碱过滤效率呈正相关关系（$y = 0.0131x + 1.191$，$R^2 = 0.967$），滤棒压降增大，滤嘴内丝束填充量增加，烟气通过路径的丝束分布密实，滤嘴对烟气的过滤能力增强。

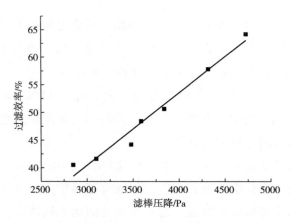

图 5-16　滤棒压降对常规卷烟过滤效率的影响

2. 对细支卷烟的影响

细支卷烟圆周比常规卷烟显著缩小，烟气流经滤嘴速度明显增快，滤嘴对烟气的作用时间缩短。研究例中，以某牌号细支卷烟（圆周 17.0mm、长度 97mm，滤嘴长度 30mm）为基准，固定率通风率（0、20%、40%、60%）和其他因素，仅改变滤棒压降，考察细支滤棒压降与烟碱过滤效率的关系，结果见图 5-17。如图 5-17 和表 5-4 所示为不同滤嘴通风（0、20%、40%、60%）条件下，滤棒压降与烟气烟碱过滤效率的关系。可知，在四个（0、20%、40%、60%）不同滤嘴通风梯度下，滤棒压降与烟碱过滤效率有显著正相关关系。

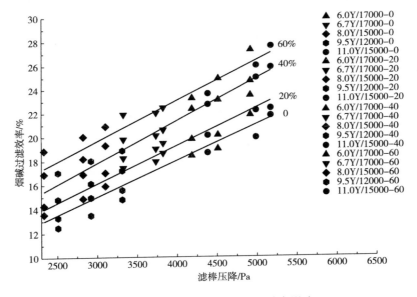

图 5-17　滤棒压降对烟碱过滤效率影响

固定滤嘴通风，同一规格丝束，随着滤棒压降升高，滤嘴对卷烟主流烟气烟碱的过滤效率随之升高，且对于不同规格丝束，总趋势为丝束单旦增加、总旦降低，所成型的细支卷烟滤嘴对主流烟气烟碱的过滤效率呈降低趋势。如表 5-4 所示，滤嘴通风越大，增加相同的滤棒压降烟碱过滤效率增加越大。在相同滤嘴通风率，烟碱过滤效率随滤棒压降的增加而增加。原因是当过滤材料的填充率提高以后，纤维醋酸层密实了，惯性效率和拦截效率都提高，而由于此时纤维间的流速更快了，所以扩散效率反而降低，不过仍然使总过滤效率提高了。但此时阻力的增加比总效率的提高要快得多，所以通过增加滤嘴吸阻提高滤嘴过滤效率并不一定是最好的解决方案。同时，文献报道丝束规格为3.0Y/32000，烟丝段长度为56mm，滤嘴长度为28mm，滤嘴通风度为0，烟支圆周为24.2mm，烟支吸阻为1100Pa的卷烟烟碱过滤效率为39.1%，表明按照各自的设计，常规卷烟滤嘴对烟碱的过滤效率明显要高于细支卷烟，其原因是细支卷烟烟气流速明显高于常规卷烟，滤嘴对烟气的过滤能力减弱。

表5-4　　　　　　不同通风条件下滤嘴吸阻对烟碱过滤效率影响结果

滤嘴通风/%	拟合方程	烟碱过滤效率升高/滤嘴吸阻增加100Pa/%
0	$y=0.00300x+5.969R^2=0.895$	1.20
20	$y=0.00316x+6.620R^2=0.904$	1.26
40	$y=0.00350x+7.211R^2=0.920$	1.40
60	$y=0.00330x+9.491R^2=0.901$	1.32

三、滤棒压降对烟气有害成分的影响

卷烟烟气有害成分在粒相和气相成分中均有分布，滤棒压降对烟气的过滤能力具有直接影响，对烟气中不同有害成分的截留也有所差异。

研究例中，以某牌号卷烟（圆周24.4mm、长度84mm，滤嘴长度24mm）为基准，卷烟纸定量，卷烟纸透气度，成形纸透气度和接装纸透气度不变，仅改变滤棒压降（变化范围：3422~4980Pa），考察滤棒压降与烟气有害成分释放量的关系，结果见图5-18。

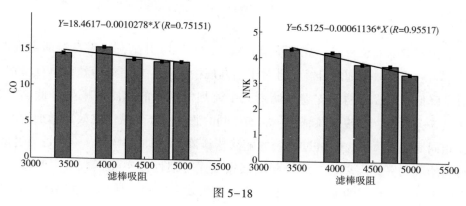

$Y=18.4617-0.0010278*X(R=0.75151)$

$Y=6.5125-0.00061136*X(R=0.95517)$

图5-18

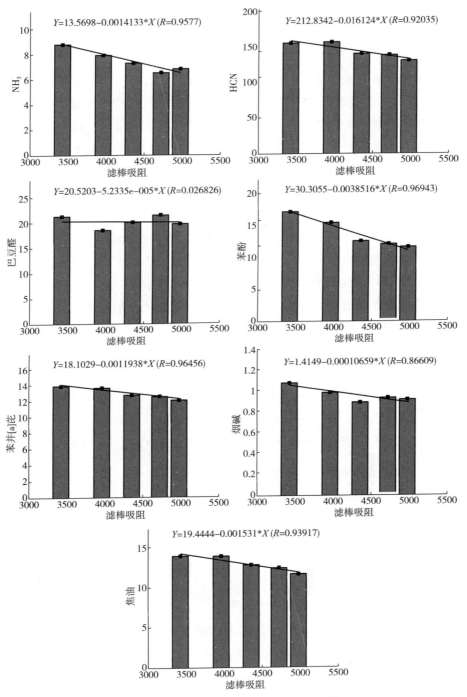

图 5-18 滤棒压降对卷烟有害成分的影响

根据图5-18所示结果，对9种分析物受滤棒压降影响的规律进行总结：① 滤棒压降与 NNK、NH₃、HCN、苯酚、苯并［a］芘和焦油的线性相关系数大于0.9，说明滤棒压降与这些成分有显著相关关系；②滤棒压降与 CO 和烟碱的线性相关系数为 0.7515 和 0.8661，介于 0.7～0.9，说明滤棒压降与 CO 和烟碱有一定相关关系；③滤棒压降与巴豆醛的线性相关系数为 0.02683，说明滤棒压降与巴豆醛没有相关关系。由此可以看出，滤棒压降对烟气有害成分影响较为显著，仅对巴豆醛的影响无规律，通过调整滤棒压降，可以较好调控卷烟烟气有害成分的释放量。

四、滤棒压降对卷烟感官质量的影响

在卷烟设计中，滤棒压降是需要重点考虑的关键指标，其不仅影响滤嘴对烟气的过滤情况，且滤棒压降是卷烟吸阻的重要组成部分，会直接影响卷烟抽吸者的抽吸体验。

1. 对常规圆周卷烟的影响

在于川芳等人的研究例中，固定卷烟纸、接装纸、烟丝等其他因素，仅调整滤棒压降，评价滤棒压降对卷烟感官质量的影响。如图5-19所示，香气量和浓度在吸阻较小时基本不变，当吸阻超过3844Pa时才开始下降，而其他几项指标均呈现出随吸阻增加，得分上升的趋势。总的来说，适当提高滤棒的吸阻可去除杂气和刺激性，细腻程度也有所提高，对吸味有改进作用。

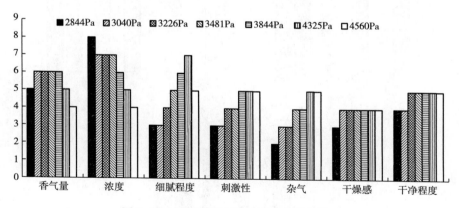

图5-19　滤棒压降对卷烟感官质量的影响

2. 对细支卷烟的影响

随卷烟烟支形态的变化，滤棒压降对细支卷烟感官质量的影响也有所差

异，对于细支卷烟而言，烟支吸阻相对较大，给卷烟感官质量带来一定负面影响，滤棒压降成为弱化此问题的关键。研究例中，以某牌号细支卷烟（圆周 17.0mm，长度 97mm，滤嘴长度 30mm）为基准，固定率通风率（40%）和其他因素，仅改变滤棒压降，考察细支滤棒压降与卷烟感官质量关系，结果见图 5-20。如图 5-20 所示，当滤嘴通风固定为 40% 时，随着滤棒压降的增加卷烟感官评价得分呈现降低的趋势，因此，对某些品牌细支卷烟产品而言，低压降细支卷烟滤棒有利于提高卷烟的整体感官品质。

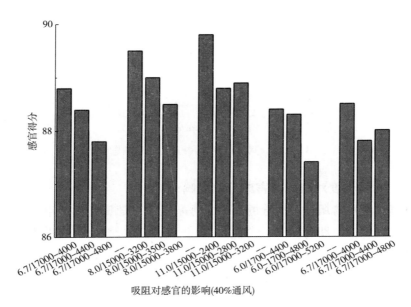

图 5-20　细支滤棒压降对卷烟感官质量的影响

第五节　滤嘴长度对烟气有害成分的影响

卷烟烟支长度包括滤嘴段长度和烟丝段长度，烟丝段和丝束段对卷烟烟气均有过滤作用，且滤嘴段长度的变化会改变烟气流经的通道长度，直接影响卷烟的感官质量和烟气有害成分释放量。

一、滤嘴长度对过滤效率的影响

滤嘴长度对于卷烟过滤效率的影响体现在其对烟气作用时间的增加，烟气微粒与醋纤丝束接触更为充分。根据研究，固定无打孔接装纸及其他因素，以某牌号卷烟（圆周24.3mm，长度84mm）为基准，改变滤棒压降，考察滤嘴长度和烟碱过滤效率关系，二者关系如图5-21所示，从下图可以看出，卷烟滤嘴长度与烟碱过滤效率呈正相关关系（$y=3.554x-21.326$，$R^2=0.97$），随着滤嘴长度增大，烟碱过滤效率随之增加。滤嘴长度增大，烟气流经滤嘴通道边长，烟气与丝束作用时间增加，滤嘴对烟气的过滤能力增强。

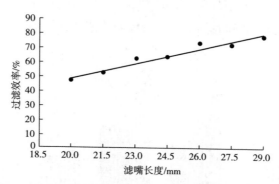

图5-21　滤嘴长度对烟碱过滤效率的影响

二、滤嘴长度对卷烟有害成分的影响

滤嘴长度对卷烟有害成分的影响也是基于其对烟气过滤作用强弱。研究例中，以某牌号卷烟（圆周24.3mm，长度84mm）为基准，固定接装纸长度和其他因素，考察滤嘴长度对卷烟有害成分的影响，不同滤嘴长度卷烟的焦油、H、7种成分及烟碱释放量测试结果见图5-22。由图可以看出，接装纸长

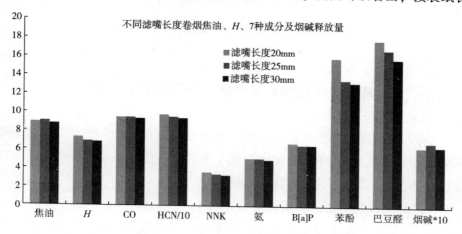

图5-22　滤嘴长度对焦油、H、7种成分及烟碱释放量的影响

· 182 ·

度相同，随滤嘴长度增加，7种成分释放量及危害性指数均呈降低趋势，尤其是苯酚和巴豆醛释放量显著降低，其余指标降幅较小，焦油和烟碱释放量基本不变。以上结果表明，对于苯酚和巴豆醛，滤嘴比烟丝有更好的过滤效果，而对于焦油、烟碱和其余5种成分，滤嘴和烟丝的过滤效果差异不大。

将上述研究例中卷烟烟气焦油、H、7种成分及烟碱释放量与滤嘴长度进行线性回归，线性回归方程和决定系数见表5-5。结果表明：①H、HCN、NNK、苯酚和巴豆醛释放量与滤嘴长度有显著负线性相关关系；②CO、氨、B［a］P释放量与滤嘴长度有一定负线性相关关系；③焦油和烟碱与滤嘴长度无线性相关关系。滤嘴长度由20mm增加至30mm时，H、7种成分降低率由高到低依次为苯酚、巴豆醛、NNK、H、HCN、B［a］P、氨、CO，降低率分别为16.7%、11.2%、8.4%、6.9%、4.1%、3.0%、2.0%、1.1%。综上可以看出，鉴于丝束和烟丝对个别成分过滤能力的差异，在卷烟设计中，需要综合考虑设计因素、成本因素和物理化学指标因素，选择适宜长度的卷烟滤嘴。

表5-5　滤嘴长度与焦油、H、7种成分及烟碱释放量线性回归方程参数

分析物	回归方程参数			滤嘴长度25mm增加到35mm降低率
	斜率	截距	R^2	
焦油	-0.02	9.40	0.2500	——
H	-0.05	8.25	0.8929	6.9%
CO	-0.01	9.72	0.7500	1.1%
HCN	-0.04	10.61	0.9868	4.1%
NNK	-0.03	4.18	0.9643	8.4%
氨	-0.01	5.32	0.7500	2.0%
B［a］P	-0.02	7.17	0.7500	3.0%
苯酚	-0.26	20.77	0.8353	16.7%
巴豆醛	-0.20	21.80	1.0000	11.2%
烟碱	0.01	6.35	0.0357	——

三、滤嘴长度对卷烟感官质量的影响

滤嘴长度在影响卷烟烟气的同时，会对卷烟的感官品质带来影响。在于

川芳等人的研究例中，以某牌号卷烟（圆周24.3mm，长度84mm）为基准，固定其他因素，仅调整滤嘴长度，考察滤嘴长度对卷烟感官质量的影响，结果见图5-23，可以看出，滤嘴长度增加后，卷烟香气量及浓度略有下降，细腻程度、刺激性及干净程度有不同程度提高，杂气和干燥感没有明显变化。总体看来，适当加长滤嘴，总体质量有所改善。

卷烟滤嘴长度的增加，可以提高对烟气的过滤作用，将烟气中粒径较大的烟气微粒进行滤除，同时，充分降低烟气的灼烧感，进而提升烟气在口腔内的细腻感和柔和感，有助于提升卷烟感官质量。

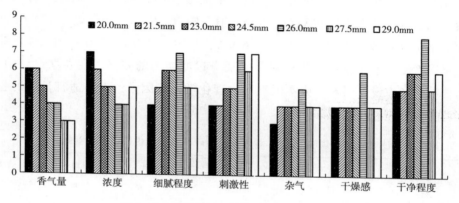

图5-23　滤嘴长度对卷烟感官质量的影响

第六节　三乙酸甘油酯对烟气有害成分的影响

三乙酸甘油酯常态下是无色黏稠液体，可以改善滤棒的接装特性与抗热塌陷性能，施加三甘酯不仅能增加滤棒的硬度，而且滤棒丝束间形成了错综复杂的立体空间结构，增大了烟气通过的阻力，同时也增大了烟气粒相物与丝束间的碰撞概率，从而提高了醋酸纤维滤棒的过滤效率。同时，除了对卷烟滤棒具有增塑定型的作用，三乙酸甘油酯用量的多少直接影响滤棒的硬度和压降等指标，进而影响卷烟滤棒的过滤效果及卷烟的抽吸质量。

一、三乙酸甘油酯对烟气有害成分的影响

三乙酸甘油酯会对丝束成型滤棒的空间结构造成一定影响，进而会对滤

棒过滤性能造成影响。有关研究在滤棒成型时使用不同比例的三乙酸甘油酯，其添加量分别为 6%，8%，10% 和 12%，固定其他因素，制备得到不同的卷烟样品，考察三乙酸甘油酯添加量变化对焦油、7 种有害成分释放量和危害性指数 H 的影响，并进行线性回归分析，分析结果见图 5-24。

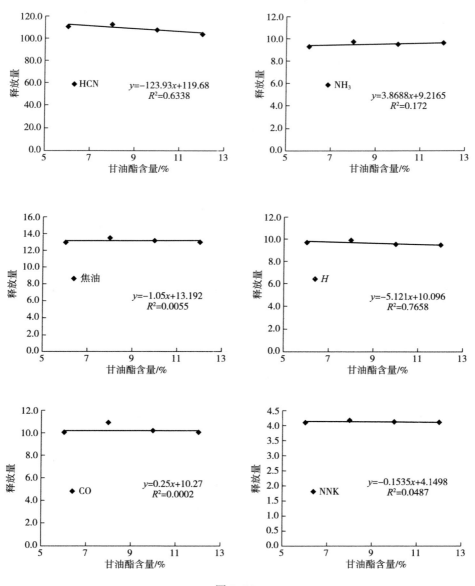

图 5-24

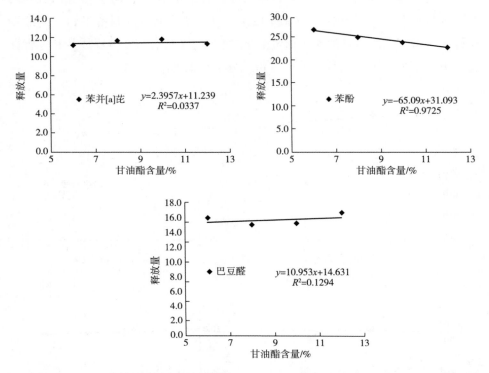

图 5-24　三乙酸甘油酯添加量对焦油、7 种有害成分释放量和危害性指数 H 的影响

　　如图 5-24 所示，三乙酸甘油酯添加量与苯酚、危害性指数 H 的线性相关系数大于 0.7，斜率为负，可以认为三乙酸甘油酯添加量与苯酚、危害性指数 H 呈显著负相关关系；三乙酸甘油酯添加量与其他指标的线性相关系数均小于 0.7，可以认为三乙酸甘油酯添加量与其他指标无显著相关关系。在滤棒设计中，需要根据滤棒本身性能指标，结合卷烟烟气指标，合理选择适宜的三乙酸甘油酯施加量。

　　鉴于三乙酸甘油酯添加量对苯酚释放量具有显著影响，在某研究例中，固定其他因素，考察了三乙酸甘油酯添加量对酚类物质释放量的影响，结果见表 5-6。从表中可以看出，卷烟中单酚类物质的过滤效率明显高于双酚类物质，且单酚类的过滤效率还随着滤嘴中三乙酸甘油酯施加比例的增加而增大，而双酚类的过滤效率没有明显的变化。表明三乙酸甘油酯都对卷烟烟气中的单酚类物质具有一定的选择性过滤作用，尤其是苯酚。原因可能是由于三乙酸甘油酯截留双酚和单酚符合"火柴杆"理论，即 4 种单酚分子都基本上像"火柴杆"一样，一头极性，一头非极性，添加三乙酸甘油酯的丝束主要呈非极性，由相似相溶原理得知，该纤维与 4 种单酚的非极性端应具有较强的范德华力，即吸附作用，而 3 种双酚与 3 种甲酚的分子空间结构基本相同，所不同的是双酚没有"火柴杆"结构，即没有非极性端，故与单酚相比不易被非极性的纤维所吸附。

表 5-6　　　　　三乙酸甘油酯施加量对酚类物质的过滤效率

三甘酯含量/%	对苯二酚/(μg/支)	间苯二酚/(μg/支)	邻苯二酚/(μg/支)	苯酚/(μg/支)	对-间甲酚/(μg/支)	邻甲酚/(μg/支)	酚总量/(μg/支)
5.5	56.88	1.64	76.09	14.86	11.78	3.07	164.32
8.2	53.93	1.52	73.63	12.87	10.05	3.07	155.07
11.1	56.67	1.67	76.24	12.49	9.86	3.52	160.45
13.3	58.18	1.55	78.38	11.41	9.27	3.08	161.87

二、三乙酸甘油酯对卷烟感官质量影响

不同三乙酸甘油酯用量的卷烟感官评吸结果如表 5-7 所示。评吸结果表明，四种卷烟总体风格特点和感官质量基本一致，其中，三乙酸甘油酯施加量 11.06% 卷烟在刺激性和余味方面略有优势，且总得分相对较高，13.31% 时感官质量反而下降，可能为三乙酸甘油酯施加量过小或过大，影响滤棒过滤性能，烟气刺激性增大，余味不纯净，影响整体感官质量。

表 5-7　　　　　三乙酸甘油酯对卷烟感官质量评吸结果

三甘酯含量/%	光泽	香气	协调	杂气	刺激性	余味	合计
5.5	4.5	27.2	5.0	10.1	16.5	21.3	84.6
8.2	4.5	27.3	4.9	10.1	16.3	21.3	84.4
11.1	4.5	27.3	5.0	10.4	16.5	21.8	85.8
13.3	4.5	27.1	4.7	10.2	16.0	21.4	83.9

第七节　特种滤棒对烟气有害成分的影响

随着消费者对卷烟消费需求的持续多元化发展，不同形式的特色化滤棒产品在卷烟中逐渐出现。目前，在卷烟产品中应用较多的特种滤棒可大致分

为复合滤棒、沟槽滤棒、同轴芯滤棒、爆珠滤棒、异形滤棒等。特种卷烟滤棒压降、滤嘴结构、丝束规格及滤嘴通风等是影响卷烟吸阻、烟气及感官质量的关键因素。

一、特种滤棒对过滤效率的影响

不同种类特种滤棒结构和材质存在较大差异，其对卷烟烟气的过滤能力也存在显著差异。在文建辉等的研究例中，准备不同滤嘴卷烟样品如下：普通醋纤滤嘴（3.0Y/32000）；外置沟槽滤嘴（18+10，2.1Y/29000）；内置沟槽滤嘴（18+10，2.1Y29000）；纸醋复合滤嘴（醋纤+纸，18+10）；通风空腔滤嘴（11+6+11，通风率：30%）。所有卷烟样品采用相同原辅料，烟支吸阻相同，考察不同特种滤嘴对烟碱过滤效率的影响，结果见表5-8。

表5-8   **不同特种滤棒的烟碱过滤效率**

滤嘴样品	烟碱含量/（mg/支）	A	B	C	平均值
普通滤嘴	滤嘴截留烟碱量	0.74	0.74	0.77	0.75
	主流烟气烟碱释放量	1.15	1.16	1.19	1.17
	烟碱释放总量	1.89	1.90	1.96	1.92
	滤嘴烟碱过滤效率/%		39.06		
外置沟槽滤嘴	滤嘴袚留烟碱量	0.80	0.81	0.78	0.80
	主流烟气烟碱释放量	0.97	0.97	0.95	0.96
	烟碱总释放量	1.77	1.78	1.73	1.76
	滤嘴烟碱过滤效率/%		45.45		
内置沟槽滤嘴	滤嘴截留烟碱量	0.65	0.65	0.64	0.65
	主流烟气烟碱释放量	1.00	0.97	1.00	0.99
	烟碱总释放量	1.65	1.62	1.64	1.64
	滤嘴烟碱过滤效率/%		39.63		
纸/醋复合滤嘴	滤嘴截留烟碱量	0.45	0.44	0.48	0.46
	主流烟气烟碱释放量	0.88	0.93	0.89	0.90
	烟碱释放总量	1.33	1.37	1.37	1.36
	滤嘴烟碱过滤效率/%		33.74		
通风空腔滤嘴	滤嘴截留烟碱量	0.40	0.40	0.40	0.40
	主流烟气烟碱释放量	0.83	0.87	0.88	0.86
	烟碱总释放量	1.23	1.27	1.28	1.26
	滤嘴烟碱过滤效率/%		31.75		

从表中数据可以看出，滤嘴结构的改变对主流烟气烟碱、滤嘴截留烟碱和烟碱过滤效率具有显著的影响。卷烟样品的主流烟气烟碱量：普通滤嘴>内置沟槽滤嘴≈外置沟槽滤嘴>纸醋复合滤嘴>通风空腔滤嘴。滤嘴截留烟碱量：外置沟槽滤嘴>普通滤嘴>内置沟槽滤嘴>纸醋复合滤嘴>通风空腔滤嘴。滤嘴烟碱过滤效率：外置沟槽滤嘴>内置沟槽滤嘴≈普通滤嘴>纸醋复合滤嘴>通风空腔滤嘴。

从研究例中得出，带有特殊结构的滤嘴能不同程度地降低烟碱总释放量和主流烟气中的烟碱量。沟槽滤嘴的烟碱过滤效率高于普通醋纤滤嘴，另外外置沟槽滤嘴和内置沟槽滤嘴对烟碱截留量和过滤效率也有差异，外置方式烟碱截留量和烟碱过滤效率显著高于内置方式，分析原因为内置沟槽与卷烟纸连接，卷烟纸有透气度，抽吸时使连接处附近卷烟纸的透气量增加，对烟气造成一定程度的通风稀释作用。同时，可以看出，纸质滤材对烟碱的过滤效率明显不如醋纤，导致纸醋复合滤嘴的烟碱截留量低于普通醋纤滤嘴以及沟槽滤嘴，烟碱的过滤效率也显著低于醋纤滤嘴。另外，通风滤嘴的烟碱过滤效率偏低是抽吸时从烟支端进入滤嘴的烟气量减少和抽吸间隔期烟气从通风孔逸出共同作用的结果。空腔滤嘴的实际过滤作用段明显缩短，则对烟气烟碱的截留能力相对较弱。

在卷烟烟气的诸多成分中，烟碱是产生抽吸生理强度的成分，在目前卷烟焦油普遍不断走低的前提下，高烟碱/焦油比反而是卷烟设计者所追求的目标，纸质纤维比醋纤具有更强的降低焦油效果和较低的烟碱过滤效率，因此纸质纤维滤嘴的设计不失为一种提高主流烟气的烟碱/焦油比的有效方法。

二、特种滤棒对烟气有害成分的影响

卷烟抽吸时烟气气溶胶是一个不断变化的动态体系，烟气在不同特种滤嘴中的过滤截留是个非常复杂的过程，不同烟气成分在主流烟气气溶胶形成和滤嘴过滤过程中有着各自不同的气、粒相转移分布行为和滤嘴截留、过滤特点，各种烟气有害成分的物理化学性质如沸点、饱和蒸汽压、极性及其在卷烟烟气中的存在形式，决定了其在烟气气相、粒相中的分布和与滤嘴丝束等材料相互作用的强弱。

在文建辉等的研究例中，准备不同滤嘴卷烟样品如下：普通醋纤滤嘴（3.0Y32000），外置沟槽滤嘴（18+10，2.1Y29000），内置沟槽滤嘴（18+10，2.1Y29000），纸醋复合滤嘴（醋纤+纸，18+10），通风空腔滤嘴（11+

6+11，通风率：30%）。所有卷烟样品采用相同原辅料，烟支吸阻相同，固定其他因素，考察不同滤嘴对不同有害成分释放量的影响。

1. 对苯酚的影响

考察不同滤嘴对苯酚释放量的影响，结果见表 5-9，醋纤滤嘴对苯酚有着非常高的过滤效率，其原因可能是苯酚在气相状态下与醋酸纤维及其表面三乙酸甘油酯存在较强的相互作用，两种沟槽滤嘴对苯酚的过滤效率为无明显差异。

表 5-9 　　　　　　　　　不同特种滤嘴对卷烟苯酚释放量的影响

滤嘴种类	主流烟气中含量/(μg/支)	滤嘴截留量/(μg/支)	过滤效率/%
普通醋纤滤嘴	7.71	51.50	86.98
外置沟槽滤嘴	10.89	60.04	84.65
内置沟槽滤嘴	11.0	60.46	84.61
空腔滤嘴	20.21	28.83	58.79
纸醋复合滤嘴	18.38	49.14	72.78

通风空腔滤嘴的滤嘴截留量和过滤效率均为最低，主流烟气苯酚释放量最高，说明通风稀释降低了滤嘴的苯酚过滤性能，反而使主流烟气苯酚释放量大幅上升。纸质纤维对苯酚的过滤截留性能不如醋纤。管柱空腔和通风稀释等可降低烟气温度的滤嘴设计技术都不利于主流烟气中苯酚的降低，相反相对较高的烟气温度更有利于苯酚在滤嘴中的截留。同时，从数据中可以看出，纸质滤材对酚类物质的滤除能力要弱于醋纤丝束。

2. 对苯并 [a] 芘的影响

考察不同滤嘴对苯并 [a] 芘释放量的影响，结果见表 5-10。苯并 [a] 芘在滤嘴中的过滤效率与烟碱相当，二者都是分布在烟气粒相部分中，两种成分在烟气气溶胶的形成以及滤嘴过滤过程中有着相似的行为特征。从表中数据可以看出，外置沟槽滤嘴和内置沟槽滤嘴放置方向的改变对苯并 [a] 芘的主流烟气释放量、滤嘴截留量和过滤效率均无明显影响。沟槽滤嘴对苯并 [a] 芘的过滤效率与相同长度的普通醋纤滤嘴基本相当。通风空腔滤嘴对苯并 [a] 芘的截留量明显低于沟槽滤嘴和普通滤嘴，通风通风空腔滤嘴有着30%的通风率，烟气的稀释使得其主流烟气中的苯并 [a] 芘释放量明显偏低，而对苯并 [a] 芘过滤效率均低于普通滤嘴和沟槽滤嘴。纸/醋复合滤嘴样品主流烟气中的苯并［a］芘释放量低于普通和沟槽结构的醋纤滤嘴，滤嘴的截留量则基本相当，使得该滤嘴的过滤效率高于沟槽滤嘴和相同长度的普通滤嘴，说明纸质纤维对苯并［a］芘的过滤截留性能优于醋纤。

表5-10　　　　　　不同特种滤嘴对卷烟苯并［a］芘释放量的影响

滤嘴种类	主流烟气中含量/(μg/支)	滤嘴截留量/(μg/支)	过滤效率/%
普通醋纤滤嘴	9.78	6.39	39.51
外置沟槽滤嘴	9.59	6.48	40.32
内置沟槽滤嘴	9.16	6.04	39.74
空腔滤嘴	9.34	3.51	27.33
纸醋复合滤嘴	8.61	6.32	42.33

3. 对 NNK 的影响

考察不同滤嘴对苯并［a］芘释放量的影响，结果见表5-11。NNK 和烟碱、苯并［a］芘一样都是分布在烟气粒相部分中，但 NNK 的过滤效率明显低于烟碱和苯并［a］芘。从表中数据可以看出，沟槽设计可显著提高滤嘴对 NNK 的截留效果。外置沟槽滤嘴 NNK 的截留量和过滤效率均显著高于内置沟槽滤嘴。纸/醋复合滤嘴的 NNK 截留量和过滤效率较高。通风空腔滤嘴对 NNK 的截留量明显低于沟槽滤嘴和普通滤嘴。通风通风空腔滤嘴有着 30% 的通风率，烟气的稀释使得其主流烟气中的亚硝胺释放量明显偏低，均低于普通滤嘴和沟槽滤嘴。纸/醋复合滤嘴样品中主流烟气中的 NNK 释放量与沟槽结构的醋纤滤嘴基本相当，但高于普通滤嘴。

表5-11　　　　　　不同特种滤嘴对卷烟苯并［a］芘释放量的影响

滤嘴种类	主流烟气中含量/(μg/支)	滤嘴截留量/(μg/支)	过滤效率/%
普通醋纤滤嘴	4.19	1.76	29.62
外置沟槽滤嘴	3.23	3.01	48.32
内置沟槽滤嘴	3.52	2.13	37.68
空腔滤嘴	1.34	2.92	31.46
纸醋复合滤嘴	3.80	4.12	47.94

4. 对 HCN 的影响

考察不同滤嘴对 HCN 释放量的影响，结果见表5-12。结果显示，卷烟样品的主流烟气 HCN 含量：滤嘴过滤效率：内置沟槽滤嘴 ≈ 外置沟槽滤嘴 > 普通滤嘴 > 纸醋复合滤嘴 > 通风空腔滤嘴。内置沟槽滤嘴有利于主流烟气 HCN 释放量的降低，外置沟槽滤嘴中沟槽长度的增加可显著降低主流烟气 HCN 的释放量，其原因可能是沟槽结构有利于烟气温度的降低。空腔滤嘴和纸醋复合滤嘴的 HCN 过滤效率偏低。空腔结构及通风稀释效果使得空腔滤嘴过滤效率偏低，纸醋复合滤嘴过滤效率低可能是纸质纤维对 HCN 的截留效果不如醋纤。可降低烟气温度的滤嘴设计技术可有效降低 HCN 的主流烟气释放量，如沟槽滤嘴、滤嘴通风等均有利于 HCN 主流烟气释放量的减少。

表 5-12　　　　　　　　　不同特种滤嘴对卷烟 HCN 释放量的影响

滤嘴种类	主流烟气中含量/(μg/支)	滤嘴截留量/(μg/支)	过滤效率/%
普通醋纤滤嘴	93.79	29.52	23.94
外置沟槽滤嘴	105.48	35.28	25.06
内置沟槽滤嘴	88.08	30.01	25.41
空腔滤嘴	56.88	10.63	15.75
纸醋复合滤嘴	91.97	17.55	16.03

5. 对 NH_3 的影响

考察不同滤嘴对 NH_3 释放量的影响，结果见表 5-13。烟气温度是氨在滤嘴中的过滤截留的一个重要影响因素。氨在滤嘴中的截留分布受烟气温度影响较大，较低烟气温度更有利于氨在滤嘴中的过滤截留。从表中数据可以看出，滤嘴结构的改变对主流烟气氨含量、滤嘴截留氨含量和氨过滤效率有显著的影响。纸/醋复合滤嘴过滤效果最好，说明纸纤维对氨的过滤能力比醋纤好，通风空腔滤嘴的过滤效率偏低是空腔结构和通风稀释的共同作用。沟槽结构一定程度上可降低烟气温度，其中内置沟槽更有利于降低主流烟气氨的释放量。相比于醋纤，纸质纤维对氨具有更好的过滤截留效果。

表 5-13　　　　　　　　　不同特种滤嘴对卷烟 NH_3 释放量的影响

滤嘴种类	主流烟气中含量/(μg/支)	滤嘴截留量/(μg/支)	过滤效率/%
普通醋纤滤嘴	8.59	13.52	61.15
外置沟槽滤嘴	7.64	13.52	63.90
内置沟槽滤嘴	5.75	13.31	69.82

续表

滤嘴种类	主流烟气中含量/（μg/支）	滤嘴截留量/（μg/支）	过滤效率/%
空腔滤嘴	5.71	5.58	49.40
纸醋复合滤嘴	4.69	11.05	70.21

6. 对巴豆醛的影响

考察不同滤嘴对巴豆醛释放量的影响，结果见表 5-14。从表中数据得出，外置沟槽醋纤滤嘴的巴豆醛主流烟气释放量与普通醋纤滤嘴相当，内置沟槽滤嘴稍有升高。沟槽结构位置可能对卷烟燃烧状态有影响，造成内置和外置沟槽滤嘴卷烟样品巴豆醛释放量有一定的差异。与普通滤嘴相比，纸/醋复合滤嘴巴豆醛主流烟气释放量有所上升，滤嘴截留量和截留效率大幅降低，说明纸质纤维对巴豆醛的过滤效果不如醋酸纤维。通风空腔滤嘴虽不能增加滤嘴巴豆醛截留量和提高过滤效率，但可有效降低主流烟气中巴豆醛释放量。

表 5-14   不同特种滤嘴对卷烟 NH_3 释放量的影响

滤嘴种类	主流烟气中含量/（μg/支）	滤嘴截留量/（μg/支）	过滤效率/%
普通醋纤滤嘴	21.24	35.50	62.57
外置沟槽滤嘴	21.22	28.24	57.09
内置沟槽滤嘴	23.46	31.17	57.06
空腔滤嘴	15.73	13.58	46.34
纸醋复合滤嘴	23.05	21.96	48.78

参考文献

［1］谢复炜. 卷烟烟气中重要有害成分的分析研究［D］. 中国科学技术大学，2007.

［2］李勇. 卷烟主流烟气中几类有害化合物的分析技术的研究与应用［D］. 湘潭大学，2007.

［3］曹建华. 改性醋酸纤维丝束及其在烟气过滤中的应用研究［D］. 东华大学，2006.

［4］盛培秀. 沟槽醋酸纤维滤棒的开发［J］. 烟草科技，2004，（4）：17-19，22.

［5］刘熙，夏国聪. 卷烟滤嘴技术的应用研究进展［J］. 科技信息，2011（13）：448+473.

［6］韩敏. 卷烟滤嘴对卷烟主流烟气有害成分截留效率研究［D］. 中南大学，2010.

［7］王纯凤，高卫东，王鸿博. 卷烟滤嘴用醋酸纤维的过滤机制与过滤性能的提高［J］.

人造纤维，2003，33（04）：23-25.

[8] 林婉欣，招美娟，石晓江，等.细支卷烟的吸阻与物理指标相关性分析［J］.工程技术研究，2017（05）：115-116.

[9] 高铭，冯银龙，张永江.滤棒压降与烟支吸阻关系的模型建立［J］.河南科技，2013（02）：26-27.

[10] 刘镇，林建，盛培秀.醋纤滤嘴设计中丝束规格选择的技术研究［J］.烟草科技，2001（9）：6-8.

[11] 魏玉玲，胡群，牟定荣，等.材料多因素对 30 mm 滤嘴长卷烟主流烟气量及过滤效率的影响［J］.昆明理工大学学报（理工版），2008，（4）：84-90.

[12] 董金荣，樊传国，王昌银，等.二醋酸纤维丝束应用发展研究［J］.合肥工业大学学报（自然科学版），1999，（S1）：48-51.

[13] 肖克毅，邱光明，孙玉峰，等.滤棒成型参数对卷烟七种烟气有害成分释放量的影响［J］.湖北农业科学，2017，（9）：1691-1694.

[14] 石凤学，王浩雅，张涛，等.卷烟感官质量与烟气成分、烟支物理指标、化学成分间的相关性［J］.南方农业学报，2013，（3）：486-492.

[15] 于川芳，罗登山，王芳，等.卷烟"三纸一棒"对烟气特征及感官质量的影响（二）［J］.中国烟草学报，2001，（3）：6-10.

[16] 于川芳，罗登山，王芳，等.卷烟"三纸一棒"对烟气特征及感官质量的影响（一）［J］.中国烟草学报，2001，（2）：1-7.

[17] 安随元.卷烟材料对卷烟品质影响因子的研究［D］.湖南农业大学，2013.

[18] 单婧，黄宪忠，刘丹.烟用三乙酸甘油酯质量分析研究进展［J］.现代化工，2011，（z1）：79-81.

[19] 余洋.烟用三乙酸甘油酯纯化工艺的改进［D］.云南大学，2016.

[20] 刘泽春，黄华发，刘江生，洪伟龄，黄朝章，陈辉，周培琛，颜权平，苏庆德.不同三乙酸甘油酯添加量的醋纤滤棒对卷烟烟气主要酚类的过滤效率［J］.烟草科技，2010（07）：22-25.

[21] 李艳平.几种烟气有害成分在滤嘴中的过滤效率和分布模式研究［D］.湘潭大学，2013.

[22] 杨琳.几种 Hoffmann 烟气成分在滤嘴中的截留和分布模式研究［D］.湘潭大学，2014.

[23] 文建辉.巴豆醛在卷烟滤嘴中的过滤和截留行为特征［A］.中国烟草学会.CORESTA2014 年大会入选论文集［C］.中国烟草学会，2014：12.

第六章
烟用材料多因素影响预测模型

随着现代科技的迅猛发展，特别是计算机的推广应用，预测模型的应用领域日趋扩大，从人文科学到思维科学，许多预测模型被应用并产生巨大的经济和社会效益，同时对指导人们认识新事物、开启建模新思路有很好的启示作用。

随着人们对卷烟烟气中的有害成分越来越关注，卷烟危害性的评价标准逐步由这些常规指标转向了主要有害成分。从目前的文献调研来看，以往的研究工作主要集中于卷烟设计参数的改变对卷烟烟气总粒相物、焦油、CO、烟碱以及卷烟的燃烧性、抽吸口数、感官质量的影响，并且这些研究基本是一些单因素的研究，无法给出一个较为系统和量化的卷烟设计框架来指导产品的设计，因此以往的研究结果很难对有害成分的设计控制有明确的指导意义。

为了在卷烟辅材设计环节中实现对卷烟烟气中7种有害成分、烟碱、焦油释放量的预测，多家中烟企业根据前期卷烟烟气7种有害成分、烟碱、焦油释放量与辅材的关系，分别建立了线性模型，估计出了模型的系数，从而预测辅材规格改变时，卷烟烟气7种有害成分、烟碱、焦油释放量。然而，上述的研究存在以下问题：①涉及的辅材设计参数较少。从实验设计方法看，以往的一些卷烟材料设计方面的研究工作多是采用单次单因子法，即每次实验只改变一个因子而其他因子保持不变的优化方法。这种方法当考察的因子较多时，实验样品数量大，实验周期长，尤其是对因子间具有交互作用的实验，还可能导致不可靠的甚至是错误的结论。②设计参数远超过当前工业企业卷烟辅材参数的设计范围，这可能导致模型预测结果出现较大偏差；为了弥补上述问题带来缺陷，采用统计优化法来进行试验设计，并且根据工业企业卷烟材料设计参数来确定实验参数设计范围，同时增加实验的频次。

通常统计优化法包括下面几个步骤：①实验设计；②实验结果的数据分

析，以得到合适的数学模型；③数学模型的检验，即方差分析；④求解最优化值及其校验。最常见的优化技术为中心组合设计法（central composite design），采用该法能够在有限的实验次数下，对影响实验过程的因子及其交互作用进行评价，而且还能对各因子进行优化，以获得最佳的预测模型。借助预测模型，可以实现对不同的设计参数组合卷烟烟气中有害成分、烟碱、焦油释放量的预测，可以为低有害成分卷烟设计提供有力的技术支持，具有很强的社会效益和经济效益。

第一节　多因素预测模型建立的方法

建立模型是一种数学的思考方法，即运用数学的语言和方法，通过抽象、简化建立能近似刻画并"解决"实际问题的一种强有力的数学手段。数学建模具体的说就是将某一领域某个实际问题经过抽象、简化、明确变量和参数依据某种"规律"建立变量和参数的明确关系即数学模型，然后求解该问题，并对结果进行解释和验证。但数学建模的定量评估和预测又和实际会有或多或少的误差。

一般说来建立数学模型的方法大体上可分为两大类，一类是机理分析方法，一类是测试分析方法。具体来说，建立预测模型的方法有类比法、量纲分析法、差分法、变分法、图论法、层次分析法、数据拟合法、回归分析法和现代优化算法等，本节着重对回归分析法、偏小二乘法、误差逆传播算法、层次分析法、灰色预测法进行介绍。

一、回归分析法

回归分析法指利用数据统计原理，对大量统计数据进行数学处理，并确定因变量与某些自变量的相关关系，建立一个相关性较好的回归方程（函数表达式），并加以外推，用于预测今后的因变量的变化的分析方法。根据因变量和自变量的个数分为：一元回归分析和多元回归分析；根据因变量和自变量的函数表达式分为：线性回归分析和非线性回归分析。

采用线性回归法和逐步回归法建立多因素预测模型，预测模型采用单因素实验和多因素实验检测数据计算，根据预测模型的参数检验结果确定 3~5 个基本可靠的预测模型，然后对上述 3~5 个预测模型进行交叉验证，依据交叉验证标准差（Relative Mean Squared Error of Cross Validation，RMSECV）筛选出最优预测模型，最后采用外部验证样品对预测模型的预测能力进行验证，具体步骤如下。

1. 确定预测目标、因变量和自变量

根据自变量与因变量的现有数据以及关系，初步设定回归方程，求出合理的回归系数，确定对预测对象有影响的因素。

2. 建立回归预测模型

依据自变量和因变量的历史统计资料进行计算，采用线性回归法和逐步回归法建立线性模型和非线性模型两种类型的数学模型。其中，非线性模型主要包括了二次多项式模型和多因子及互作项模型。模型建立包括两种情况，一种是将全部影响因素引入计算过程，建立线性和非线性数学模型；另外一种是根据单因素实验的结论，将对预测对象影响较小的因素删除后，采用剩余的影响因素建立线性和非线性数学模型。

3. 预测模型的检验

预测模型建立以后，分别进行预测模型各系数和预测模型的95%置信水平的 P 检验，只有预测模型通过 P 检验后（$P<0.05$）才能确定该预测模型基本可靠。

4. 预测模型预测能力的内部验证

通过留一交叉验证法计算 RMSECV［式（6-1）］，评价模型的预测能力。RMSECV 越小，模型预测能力越好；将模型的计算值（拟合值）和实际测定值（观测值）进行线性相关，对所建模型进行验证。二者相关线斜率、相关系数越接近1，模型预测能力越好；计算实际的测定值与模型的计算值之间的差异（线性模型中称为残差；非线性模型中称为拟合误差），对所建模型进行验证。二者差异越小，模型预测能力越好。

5. 预测模型预测能力的外部验证

为了验证预测模型的预测能力，验证样品的预测结果由式（6-2）计算：以预测模型计算出的验证样品结果除以预测模型计算出的基准样品结果，得出验证样品相对于基准样品的变化倍数，再乘以基准样品的实测值，即得出验证样品的校正预测值。计算验证样品的预测标准差（Relative Mean Squared Error of Prediction，RMSEP）［式（6-3）］和平均预测相对偏差［式（6-4）］来考察模型的预测能力。

$$RMSECV = \sqrt{\frac{\sum\limits_{i-1}^{n-1}(\mathbb{C}_i - C_i)^2}{n-1}} \tag{6-1}$$

$$C'_{验证样} = \frac{\mathbb{C}_{验证样}}{C_{基准样}} \times C_{基准样} \tag{6-2}$$

$$RMSEP = \sqrt{\frac{\sum\limits_{i-1}^{m}(C' - C_i)^2}{m-1}} \tag{6-3}$$

$$平均相对标准偏差(\%) = \frac{\sum\limits_{i=1}^{m}\dfrac{|C' - C_i|}{C_i}}{m} \times 100 \tag{6-4}$$

式中　　C_i——标准方法测得的值；

　　　　$\mathbb{C}_i$——通过预测模型对各样本进行拟合所得拟合值；

　　　　C'——校正预测值；

　　　n——校正集样品数；

　　　m——预测集样品数。

二、偏最小二乘法

偏最小二乘方法（PLS）是近年来发展起来的一种新的多元统计分析法，集多元线性回归、主成分分析和相关性分析于一体，而且能够消除由于样本数远小于自变量数而引起的多重共线性，因而得到广应用。在 PLS 方法中用的是替潜变量，其数学基础是主成分分析。替潜变量的个数一般少于原自变量的个数，所以 PLS 特别适用于自变量的个数多于试样个数的情况。在此种情况下，也可运用主成分回归方法，但不能够运用一般的多元回归分析，因为一般多元回归分析要求试样的个数必须多于自变量的个数。此外，偏最小二乘在主成分回归的基础上更进了一步，在建模过程中既考虑仪器量测中的误差，又兼顾因变量中的误差影响。偏最小二乘模型并不追求因变量和自变量之间的直接关系和误差平方和最小，而是假定因变量和自变量之间存在着某种桥梁实现连接，即潜在的一些变量来沟通因变量和自变量。通过寻找这些隐变量，尽可能消除自变量和因变量中的误差影响，从而给出更为合理的解析结果，具体建模步骤如下。

1. 建立偏最小二乘模型

根据自变量与因变量的现有数据，初步建立偏最小二乘模型。

2. 偏最小二乘法模型的最优组分数

通过留一法（又称刀切法）获得偏最小二乘模型的最优组分数。

3. 预测模型预测能力内部检验

通过校正样本构建 PLS 模型，由式（6-5）获得模型的校正样均方根误差（Relative Mean Squared Error of Calibration，RMSEC）来评价模型的预测能力。RMSEC 越小，模型预测能力越好。

$$RMSEC = \sqrt{\sum_{i=1}^{n} (\mathbb{C}_i - C_i)^2} \tag{6-5}$$

式中　C_i——标准方法测得的值；

$\mathbb{C}_i$——通过 PLS 模型对各样本进行拟合所得拟合值；

n——校正集样品数。

4. 预测模型预测能力外部验证

为了验证预测模型的预测能力，由所建立的 PLS 预测模型计算验证样品的预测结果。通过计算验证样品的 RMSEP（式 6-6）来考察模型的预测能力。RMSEP 值越小，表示预测值越接近标准值，拟合效果更好，越有利于模型的预测。

$$RMSEP = \sqrt{\sum_{j=1}^{m} (\mathbb{C}_j - C_j)^2} \tag{6-6}$$

式中　C_j——预测样本的实测值；

$\mathbb{C}_j$——通过建立的 PLS 模型对各样本进行拟合所得拟合值；

m——预测样样本数。

三、误差逆传播算法

人工神经网络是一种模拟人的神经系统而建立起来的非线性动力学模型，由大量的被称为神经元的简要信息处理单元通过高度并联、互联而组成，每个神经元从它邻近的神经元接受信息，同时也向邻近的其他神经元发出信息，整个网络系统的信息处理是通过神经元之间的相互作用来完成的，具有很强的自适应学习能力、并行信息处理能力、容错能力和非线性函数逼近能力，为解决具有多因素性、复杂性、随机性及非线性的问题提供了一种新的途径。

目前，已经发展了几十种神经网络，误差逆传播算法即 BP（error back propagation neural network）算法，实现了多层网络设想，是近年来使用最多的神经网络之一。BP 神经网络模型采用的是并行网络结构，包括输入层、隐含层和输出层（图 6-1）。

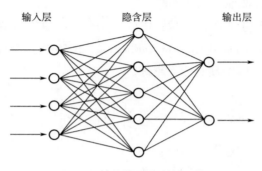

输入层　　　　　隐含层　　　　　输出层

图 6-1　BP 神经网络模型

对于输入信号，先向前传播到隐含层节点，经作用函数后，再把隐节点的输出信号传播到输出节点，最后给出输出结果。该算法的学习过程由正向传播和反向传播组成。在正向传播的过程中，输入信息从输入层经隐含层逐层处理，并传向输出层。每一层神经元的状态只影响下一层神经元的状态。如果输出层得不到期望的输出结果，则转入反向传播，将误差信号沿原来的连接通道返回，通过修改各层神经元的权值，使得误差信号最小。BP 神经网络算法流程（图 6-2）主要包括以下几个步骤：

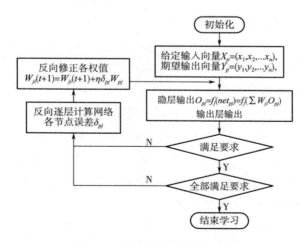

图 6-2　BP 神经网络算法流程

1. 确定样本数据

2. 数据处理

为了消除各变量量纲的影响，将各预测因子进行标准化，具体方法如下：

$$X' = (X - a)/S$$

其中　a——平均值；

　　　　S——标准差。

3. BP 神经网络模型的建立与分析

根据逐步回归分析的结果，选取与预测对象相关性较强的几个变量为预测因子，在 DPS（Data Processing System）系统中，经反复调整，确定建立 BP 神经网络模型的参数。

4. BP 神经网络模型的优化

依次输入训练样本集，先执行正相传播过程，计算出网络的输出模式，并将其与期望模式进行比较，如果存在误差就执行反相传播过程（①计算同一单元的误差；②修正权值和阈值；如果误差满足要求，则训练结束），否则，训练结束。

5. 预测准确度评价

以最大误差 S_i 为指标优化模型参数，最大误差 S_i 越小，表示预测值越接近标准值，拟合效果更好，越有利于模型的预测。

$$S_i(\%)\left[1 - \frac{|C_i - \mathbb{C}_i|}{C_i V(C_{i\max} - C_i)}\right] \times 100 \tag{6-7}$$

式中　　　　C_i——标准方法测得的值；

　　　　　　$\mathbb{C}_i$——通过模型对各样本进行拟合所得拟合值；

$C_i V(C_{i\max} - C_i)$ ——C_i 和 $C_{i\max} - C_i$ 中取较大值。

四、层次分析法

层次分析法，简称 AHP（The analytic hierarchy process），是指将与决策总是有关的元素分解成目标、准则、方案等层次，在此基础之上进行定性和定量分析的决策方法。层次分析法是将决策问题按总目标、各层子目标、评价准则直至具体的备投方案的顺序分解为不同的层次结构，然后用求解判断矩阵特征向量的办法，求得每一层次的各元素对上一层次某元素的优先权重，最后再加权和的方法递阶归并各备择方案对总目标的最终权重，此最终权重最大者即为最优方案。层次分析法多应用于综合评价中，主要包括以下几个步骤：

1. 建立层次结构模型

将决策的目标、考虑的因素（决策准则）和决策对象按它们之间的相互关系分为目标层、准则层和方案层，绘出层次结构图。

2. 构造判断矩阵

在确定各层次各因素之间的权重时，如果只是定性的结果，则常常不容易被别人接受，因而提出一致矩阵法，即不把所有因素放在一起比较，而是两两相互比较，对此时采用相对尺度，以尽可能减少性质不同的诸因素相互比较的困难，以提高准确度。在某一准则下各方案进行两两对比，并按其重要性程度评定等级，并按两两比较结果构造判断矩阵。

3. 特征向量求算

构造判读矩阵后，首先要计算矩阵中所有元素的和，其次各行元素的和进行归一化，最后计算权重向量 W_k，得到该判读矩阵的特征向量，其计算公式：

$$W_k = \frac{\sum_{j=1}^{n} a_{kj}}{\sum_{i=1}^{n} a_{kj} \sum_{j=1}^{n} a_{ij}} \tag{6-8}$$

其中，a_{kj} 为判读矩阵 a 的第 k 行第 j 列的数值。分子为判读矩阵第 k 行数值之和，分母为判读矩阵所有元素之和。

判断矩阵的特征值 λ 是与 W_k 的函数：

$$\lambda_{\max} = \sum_{k=1}^{n} \frac{(AW)_k}{n W_k} \tag{6-9}$$

4. 层次总排序

根据每一个层级判读矩阵的特征向量来计算各层对目标层的权值，并根据权重的大小，对影响供应评价的因素进行排序，权重较大的即为关键影响因素。

一致性检验在计算出每个判读矩阵的特征向量后，需要检验判读矩阵的一致性，以保证结果的精确性。通过计算一致性检验值 CR 来实现一致性检验。一致性检验的步骤如下：首先，计算一致性指标 CI（式6-10）。

$$CI = \frac{\lambda_{\max} - n}{n - 1} \tag{6-10}$$

查表确定相应的平均随机一致性指标 RI，最后计算一致性比例 CR。

$$CR = \frac{CI}{RI} \qquad (6-11)$$

当 CR>0.1 时，则判断矩阵的一致性不符合要求，需要对其进行修正，当 CR<0.1 时，则判断矩阵的一致性可以接受。

5. 对方案层指标进行打分

可采用德尔菲法收集各个专家对供应商在方案层的各项指标进行打分，最终综合各专家的意见，确定最终指标分数。

6. 确定最终决策

将各决策的各项方案层指标分数与相应的指标相对于目标层的权重 W_k 相乘，从而得到各决策在该指标上相对于目标层的分数，最后将所有指标的分数相加，得到该决策的综合得分。根据分数的高低进行排序，分数越高标明该决策越好，可作为最终决策。

五、灰色预测法

灰色预测法是一种对含有不确定因素的系统进行预测的方法。灰色理论认为，灰色系统的数据尽管是杂乱的，但仍有规可循，通过分析数据的变化过程来做出科学预测。在灰色理论中，将杂乱的原始数据整理成规律性较强的生成数列，再通过一系列计算，从建立一阶单变量微分方程模型即 GM（1，1）模型。

灰色预测常见类型包括：灰色时间序列预测、畸变预测、系统预测、拓扑预测四类。灰色预测需要数据量少，适合预测波动性较小的数据，但对与波动性较大的数据，预测误差很大。

第二节 卷烟材料对烟气中有害成分预测模型的建立

卷烟材料的合理组合即"三纸一棒"（成型纸、接装纸、卷烟纸和滤棒）是当前烟草企业最易实现的有效降焦减害方法之一。近年来的研究表明：卷烟材料对烟气特征的影响有其内在的规律性。"卷烟减害技术"重大专项提出最具代表性的 7 种卷烟烟气有害成分，即 CO、HCN、NNK、NH_3、苯并［a］芘、苯酚和巴豆醛，并以卷烟烟气危害性指数 H 来表征卷烟主流烟气的危害性，为行业减害降焦技术研究的深入开展提供了参考依据。为了实现在卷烟辅材设计的关键环节中对卷烟主流烟气中的有害成分、烟碱、焦油释放量化学成分释放量进行预测，辅助控制这些指标在标准规定的范围内，同时确保卷烟产品的质量，根据近年来卷烟烟用材料设计实验测定的主流烟气中有害成分、烟碱、焦油释放量成分释放量的检测数据，采用线性回归法和逐步回归法分别建立卷烟烟用材料参数对主流烟气中有害成分、烟碱、焦油释放量化学成分释放量的多因素预测模型，估计出了模型的系数，并根据交叉验证和外部验证的结果对模型进行优化，不断提高预测的精度，为低焦油、低危害产品的开发提供了数字模拟技术。

一、烟用材料设计参数及预测指标

共计 5 个烟用材料设计参数，分别为卷烟纸定量（X_1）、卷烟纸透气度（X_2）、成形纸透气度（X_3）、接装纸透气度（X_4）和滤棒压降（X_5）。预测指标共计 9 个：CO、HCN、NNK、NH_3、苯并［a］芘、苯酚、巴豆醛、烟碱和焦油。

二、卷烟样品设计

选取卷烟纸透气度、卷烟纸定量、接装纸透气度、成形纸透气度、滤棒压降 5 个因素，每个因素 5 个水平，采用中心组合结合正交设计制备了烤烟型和混合型卷烟各 50 个样品（表6-1）。

表 6-1 多因素样品设计表

编号	卷烟纸定量/（g/m²）	卷烟纸透气度/CU	成形纸透气度/CU	接装纸透气度/CU	滤棒压降/Pa
1	26	20	10000	400	4800
2	26	20	6000	1200	5200
3	28	20	4500	800	4000
4	28	20	10000	1200	3600
5	30	20	4500	0	3600
6	32	20	6000	0	4000
7	32	20	15000	0	4800
8	32	20	3300	400	5200
9	34	20	3300	100	4400
10	34	20	15000	800	4400
11	26	40	15000	400	3600

续表

编号	卷烟纸定量/ （g/m²）	卷烟纸 透气度/CU	成形纸 透气度/CU	接装纸 透气度/CU	滤棒压 降/Pa
12	26	40	6000	800	4000
13	28	40	4500	100	5200
14	28	40	15000	1200	4000
15	30	40	10000	400	4400
16	30	40	3300	1200	4400
17	32	40	3300	100	3600
18	32	40	6000	100	4400
19	34	40	10000	0	5200
20	34	40	4500	800	4800
21	26	50	3300	0	4400
22	28	50	6000	400	4400
23	28	50	10000	400	4800
24	30	50	15000	0	3600
25	30	50	6000	100	4800
26	30	50	3300	800	4000
27	32	50	15000	800	5200
28	32	50	4500	1200	4000
29	34	50	4500	100	3600
30	34	50	10000	1200	5200
31	26	60	3300	0	5200
32	26	60	4500	800	4400
33	26	60	4500	1200	3600
34	28	60	6000	0	4800
35	28	60	15000	100	5200
36	30	60	10000	100	4000
37	30	60	15000	1200	4400
38	32	60	10000	800	3600

续表

编号	卷烟纸定量/ （g/m²）	卷烟纸 透气度/CU	成形纸 透气度/CU	接装纸 透气度/CU	滤棒压 降/Pa
39	34	60	3300	400	4800
40	34	60	6000	400	4000
41	26	80	10000	100	4000
42	26	80	15000	100	4800
43	28	80	3300	0	4400
44	28	80	3300	800	3600
45	30	80	4500	400	5200
46	30	80	6000	800	5200
47	32	80	4500	0	4400
48	32	80	10000	1200	4800
49	34	80	15000	400	4000
50	34	80	6000	1200	3600

三、模型的建立与优化

采用线性回归法和逐步回归法，分别建立了烟用材料设计参数对主流烟气中 7 种有害成分、烟碱、焦油释放量的多因素预测模型。预测模型建立采用了多因素设计的 50 个样品，并对所建模型进行 95% 置信水平的 P 检验，并依据交叉验证标准差 RMSECV 筛选出最优预测模型。

1. 烟碱预测模型

烟碱的烤烟型预测模型建立采用了多因素设计的 50 个样品，释放量范围：0.4~1.1mg/支，建立预测模型过程如下：

（1）模型 1：5 因素线性模型 采用多元线性回归法建立了烟碱与 5 项指标的预测模型，模型及模型参数如下：

$$Y = 1.506 - 0.0009423X_1 - 0.002199X_2 - 7.100E-6X_3 - 0.0003532X_4 - 8.845E-5X_5$$

如表 6-2 所示，模型 1 中 X_1 的系数 P 为 0.6326，说明本模型中 X_1 系数的可靠性稍差，但由表 6-3 可知，模型 1 的 P 小于 0.05，决定系数 R^2 为 0.9308，说明模型 1 能够通过检验，有统计学意义。

表 6-2　　　　　　　　　**烟碱模型 1 回归系数 P 检验**

回归系数	P	回归系数	P
b_0	$<1\times10^{-5}$	b_3	$<1\times10^{-5}$
b_1	0.6326	b_4	$<1\times10^{-5}$
b_2	$<1\times10^{-5}$	b_5	$<1\times10^{-5}$

表 6-3　　　　　　　　　**烟碱模型 1 性能指标**

P	R^2
$<1\times10^{-5}$	0.9308

如图 6-3 所示，根据模型 1 计算的拟合值与实际测定值的线性相关线斜率为 0.997，R^2 为 0.9259，说明模型 1 拟合值与实测值吻合度较好。由拟合误差图 6-4 可知，拟合值与观测值之间的误差大多分布在 ±0.15mg/支这个范围内，且没有任何趋势，说明建立的模型是好的。

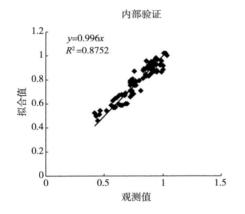

图 6-3　烟碱模型 1 内部验证图

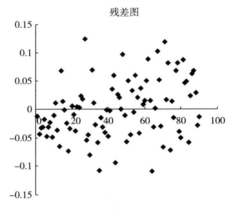

图 6-4　烟碱模型 1 内部验证残差图

（2）模型 2：5 因素二次多项式模型　采用逐步回归法建立了烟碱与 5 项指标及其交叉项和二次项的预测模型，模型及模型参数如下：

$$Y = 0.5234 - 0.005857X_2 - 0.0006599X_4 + 0.0004133X_5 + 0.00004175X_2X_2 +$$
$$0.0000001191X_4X_4 - 0.00000006192X_5X_5 - 0.00000003756X_2X_3 -$$
$$0.00000001420X_3X_4 + 0.00000006745X_4X_5$$

如表 6-4 所示，模型 2 各系数 P 均小于 0.05，说明模型 2 的各系数能够通过检验。由表6-5可知，模型2的$P<0.05$，决定系数R^2为0.9660，说明模型2能够通过检验，有统计学意义。

表6-4   烟碱模型2回归系数 P 检验

回归系数	P	回归系数	P
$r(Y, X_2)$	$<1\times10^{-5}$	$r(Y, X_5X_5)$	0.0019
$r(Y, X_4)$	$<1\times10^{-5}$	$r(Y, X_2X_3)$	0.0379
$r(Y, X_5)$	0.0147	$r(Y, X_3X_4)$	$<1\times10^{-5}$
$r(Y, X_2X_2)$	0.0007	$r(Y, X_4X_5)$	0.0011
$r(Y, X_4X_4)$	0.0003		

表6-5   烟碱模型2性能指标

P	R^2
$<1\times10^{-5}$	0.9660

如图6-5所示，根据模型2计算的拟合值与实际测定值的线性相关线斜率为0.9971，R^2为0.9134，说明模型2拟合值与实测值吻合度较好。由拟合误差图6-6可知，拟合值与观测值之间的误差大多分布在±0.15mg/支这个范围内，且没有任何趋势，说明建立的模型是好的。

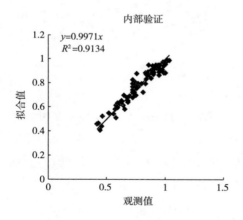

图6-5 烟碱模型2内部验证图

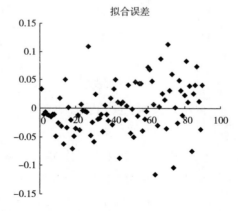

图6-6 烟碱模型2内部验证残差图

（3）模型3：5因素多因子及互作项模型 采用逐步回归法建立了烟碱与

5 项指标及其交叉项的预测模型，模型及模型参数如下：

$$Y = 1.008 + 0.00006660X_1X_2 - 0.000006254X_1X_4 - 0.0000009709X_2X_4 -$$

$$0.0000008768X_2X_5 - 0.00000001276X_3X_4$$

从表 6-6 看出，模型 3 中 X_2X_4 的系数 P 值为 0.1806，说明本模型中 X_2X_4 系数的可靠性稍差，但由表 6-7 可知，模型 3 的 P 值小于 0.05，决定系数 R^2 为 0.9182，说明模型 3 能够通过检验，有统计学意义。

表 6-6 烟碱模型 3 回归系数 P 检验

回归系数	P	回归系数	P
$r(Y, X_1X_2)$	0.0111	$r(Y, X_2X_5)$	$<1\times10^{-5}$
$r(Y, X_1X_4)$	$<1\times10^{-5}$	$r(Y, X_3X_4)$	$<1\times10^{-5}$
$r(Y, X_2X_4)$	0.1806		

表 6-7 烟碱模型 3 性能指标

P	R^2
$<1\times10^{-5}$	0.9182

由图 6-7 可知，根据模型 3 计算的拟合值与实际测定值的线性相关线斜率为 0.997，R^2 为 0.9111，说明模型 3 拟合值与实测值吻合度较好。由拟合误差图 6-8 可知，拟合值与观测值之间的误差大多分布在 ±0.15mg/支这个范围内，且没有任何趋势，说明建立的模型是好的。

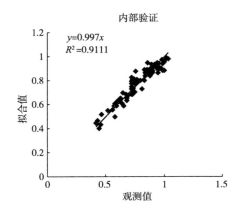

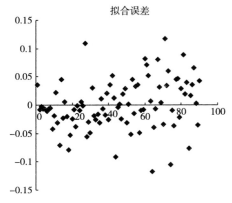

图 6-7 烟碱模型 3 内部验证图　　　　图 6-8 烟碱模型 3 内部验证残差图

单因素试验结果表明，烟碱释放量与卷烟纸定量之间基本无关，因此对其余四因素建立预测模型。

（4）模型 4：4 因素线性模型　采用多元线性回归法建立了烟碱与 4 项指标的预测模型，模型及模型参数如下：

$$Y=1.279-0.002181X_2-0.000004320X_3-0.0003177X_4-0.00005397X_5$$

如表 6-8 所示，模型 4 各系数 P 值均小于 0.05，说明模型 4 的各系数能够通过检验。如表 6-9 所示，模型 4 的 $P<0.05$，决定系数 R^2 为 0.8885，说明模型 4 能够通过检验，有统计学意义。

表 6-8　　　　　　　　　烟碱模型 4 回归系数 P 检验

回归系数	P	回归系数	P
b_0	$<1\times10^{-5}$	b_3	$<1\times10^{-5}$
b_1	$<1\times10^{-5}$	b_4	0.0001
b_2	0.0004		

表 6-9　　　　　　　　　　烟碱模型 4 性能指标

P	R^2
$<1\times10^{-5}$	0.8885

如图 6-9 所示，根据模型 4 计算的拟合值与实际测定值的线性相关线斜率为 0.996，R^2 为 0.875，说明模型 4 拟合值与实测值吻合度较好。由拟合误差图 6-10 可知，拟合值与观测值之间的误差大多分布在 ±0.15mg/支这个范围内，且没有任何趋势，说明建立的模型是好的。

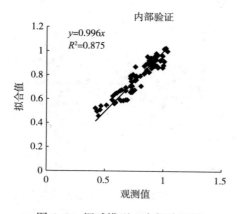

图 6-9　烟碱模型 4 内部验证图

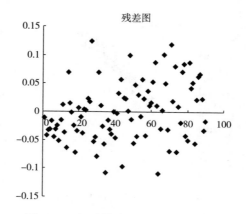

图 6-10　烟碱模型 4 内部验证残差图

（5）模型5：4因素二次多项式模型 采用逐步回归法建立了烟碱与4项指标及其交叉项和二次项的预测模型，模型及模型参数如下：

$$Y = 1.208 - 0.0003734X_4 - 0.00004730X_5 + 0.00000005514X_4X_4 - 0.000001085X_2X_4 -$$
$$0.0000004085X_2X_5 - 0.00000001362X_3X_4 + 0.00000003552X_4X_5$$

从表6-10看出，模型5中X_4X_4、X_2X_4和X_4X_5的系数$P>0.05$，说明本模型中X_4X_4、X_2X_4和X_4X_5系数的可靠性稍差，但由表6-11可知，模型5的$P<0.05$，决定系数R^2为0.9225，说明模型5能够通过检验，有统计学意义。

表6-10 烟碱模型5回归系数P检验

回归系数	P	回归系数	P
$r(Y, X_4)$	0.0037	$r(Y, X_2X_5)$	0.0001
$r(Y, X_5)$	0.0051	$r(Y, X_3X_4)$	$<1\times10^{-5}$
$r(Y, X_4X_4)$	0.1735	$r(Y, X_4X_5)$	0.1806
$r(Y, X_2X_4)$	0.1395		

表6-11 烟碱模型5性能指标

P	R^2
$<1\times10^{-5}$	0.9225

由图6-11可知，根据模型5计算的拟合值与实际测定值的线性相关线斜率为0.9966，R^2为0.9141，说明模型5拟合值与实测值吻合度较好。由拟合误差图6-12可知，拟合值与观测值之间的误差大多分布在±0.1mg/支这个范围内，且没有任何趋势，说明建立的模型是好的。

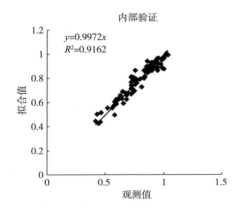

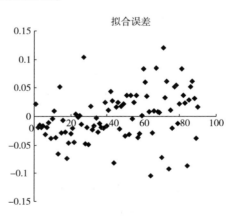

图6-11 烟碱模型5内部验证图　　图6-12 烟碱模型5内部验证残差图

（6）烟碱预测模型优选　通过 P 检验的烟碱预测模型共计 5 个，各预测模型参数见表 6-12。从表中看出，5 个模型的 R^2 均在 0.9 以上，其中模型 2 的 R^2 最大，交叉验证标准差 RMSECV 值最小，因此选择模型 2 作为烟碱最优预测模型。

表 6-12　　　　　　　　　　　　　　　　烟碱预测模型

编号	模型	P	R^2	RMSECV
模型 1	$Y = 1.506 - 0.0009423X_1 - 0.002199X_2 - 7.100E - 6X_3 - 0.0003532X_4 - 8.845E - 5X_5$	$<1×10^{-5}$	0.9308	0.0471
模型 2	$Y = 0.5234 - 0.005857X_2 - 0.0006599X_4 + 0.0004133X_5 + 0.00004175X_2X_2 + 0.0000001191X_4X_4 - 0.00000006192X_5X_5 - 0.00000003756X_2X_3 - 0.00000001420X_3X_4 + 0.00000006745X_4X_5$	$<1×10^{-5}$	0.9660	0.0338
模型 3	$Y = 1.465 - 0.0005505X_4 - 0.00009643X_5 - 0.00000005466X_2X_3 - 0.0000004179X_2X_5 - 0.00000001246X_3X_4 + 0.00000006796X_4X_5$	$<1×10^{-5}$	0.9502	0.0402
模型 4	$Y = 1.326 - 0.001949X_2 - 0.000006281X_3 - 0.0003160X_4 - 0.00008110X_5$	$<1×10^{-5}$	0.9322	0.0576
模型 5	$Y = 0.5121 - 0.005100X_2 - 0.0005707X_4 + 0.0003462X_5 + 0.0000000009721X_2X_2 + 0.0000001020X_4X_4 - 0.00000005301X_5X_5 - 0.00000003408X_2X_3 - 0.00000001208X_3X_4 + 0.00000005701X_4X_5$	$<1×10^{-5}$	0.9656	0.0362

2. 焦油预测模型

焦油的烤烟型预测模型建立采用了单因素和多因素设计的 88 个样品，释放量范围：4.3~15.3mg/支，建立预测模型过程如下：

（1）模型 1：5 因素线性模型　采用多元线性回归法建立了焦油与 5 项指标的预测模型，模型及模型参数如下：

$$Y = 20.35 + 0.001426X_1 - 0.03542X_2 - 0.0001272X_3 - 0.005745X_4 - 0.001246X_5$$

如表 6-13 所示，模型 1 中 X_1 的系数 $P = 0.9625$，说明本模型中 X_1 系数的可靠性稍差，但由表 6-14 可知，模型 1 的 P 值<0.05，决定系数 R^2 为 0.9517，说明模型 1 能够通过检验，有统计学意义。

表 6-13　　　　　　　　　　焦油模型 1 回归系数 P 检验

回归系数	P	回归系数	P
b_0	$<1 \times 10^{-5}$	b_3	$<1 \times 10^{-5}$
b_1	0.9625	b_4	$<1 \times 10^{-5}$
b_2	$<1 \times 10^{-5}$	b_5	$<1 \times 10^{-5}$

表 6-14　　　　　　　　　　焦油模型 1 性能指标

P	R^2
$<1 \times 10^{-5}$	0.9517

由图 6-13 可知，根据模型 1 计算的拟合值与实际测定值的线性相关线斜率为 0.9967，R^2 为 0.9494，说明模型 1 拟合值与实测值吻合度较好。由拟合误差 6-14 图可知，拟合值与观测值之间的误差大多分布在 ±1.5mg/支这个范围内，且没有任何趋势，说明建立的模型是好的。

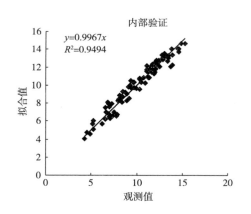

图 6-13　焦油模型 1 内部验证图

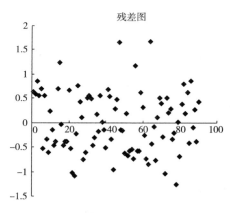

图 6-14　焦油模型 1 内部验证残差图

（2）模型 2：5 因素二次多项式模型　采用逐步回归法建立了焦油与 5 项指标及其交叉项和二次项的预测模型，模型及模型参数如下：

$$Y = 22.39 - 0.08190X_2 - 0.01201X_4 - 0.001451X_5 + 0.0004575X_2X_2 + 0.00000001125X_3X_3 +$$
$$0.000002633X_4X_4 - 0.000005439X_1X_3 - 0.000001393X_2X_3 + 0.00002932X_2X_4 -$$
$$0.0000001907X_3X_4 + 0.0000008406X_4X_5$$

如表 6-15 所示，模型 2 各系数 P 值均小于 0.05，说明模型 2 的各系数能够通过检验。如表 6-16 所示，模型 2 的 $P<0.05$，决定系数 R^2 为 0.9836，说明模型 2 能够通过检验，有统计学意义。

表 6-15 　　　　　　　　　　**焦油模型 2 回归系数 P 检验**

回归系数	P	回归系数	P
$r(Y, X_2)$	$<1\times10^{-5}$	$r(Y, X_1X_3)$	$<1\times10^{-5}$
$r(Y, X_4)$	$<1\times10^{-5}$	$r(Y, X_2X_3)$	0.0064
$r(Y, X_5)$	$<1\times10^{-5}$	$r(Y, X_2X_4)$	$<1\times10^{-5}$
$r(Y, X_2X_2)$	0.0011	$r(Y, X_3X_4)$	$<1\times10^{-5}$
$r(Y, X_3X_3)$	$<1\times10^{-5}$	$r(Y, X_4X_5)$	0.0004
$r(Y, X_4X_4)$	$<1\times10^{-5}$		

表 6-16 　　　　　　　　　　**焦油模型 2 性能指标**

P	R^2
$<1\times10^{-5}$	0.9836

如图 6-15 所示，根据模型 2 计算的拟合值与实际测定值的线性相关线斜率为 0.9989，R^2 为 0.9833，说明模型 2 拟合值与实测值吻合度较好。由拟合误差 6-16 图可知，拟合值与观测值之间的误差大多分布在 ±1mg/支这个范围内，且没有任何趋势，说明建立的模型是好的。

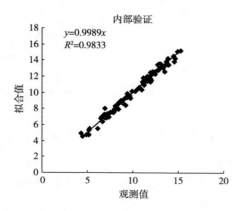

图 6-15　焦油模型 2 内部验证图

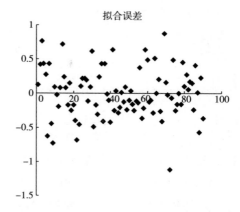

图 6-16　焦油模型 2 内部验证残差图

（3）模型3：5因素多因子及互作项模型　采用逐步回归法建立了焦油与5项指标及其交叉项的预测模型，模型及模型参数如下：

$$Y = 19.28 - 0.0009315X_3 - 0.0084X_4 - 0.0009619X_5 + 0.00001839X_2X_4 - 0.00001010X_2X_5 - 0.0000001012X_3X_4 + 0.0000005786X_4X_5$$

从表6-17看出，模型3中X_2X_4和X_4X_5的系数P为>0.05，说明本模型中X_2X_4和X_4X_5系数的可靠性稍差，但由表6-18可知，模型3的$P<0.05$，决定系数R^2为0.9601，说明模型3能够通过检验，有统计学意义。

表6-17　　　　　　　　　焦油模型3回归系数P检验

回归系数	P	回归系数	P
$r(Y, X_3)$	$<1\times10^{-5}$	$r(Y, X_2X_5)$	$<1\times10^{-5}$
$r(Y, X_4)$	$<1\times10^{-5}$	$r(Y, X_3X_4)$	0.0022
$r(Y, X_5)$	$<1\times10^{-5}$	$r(Y, X_4X_5)$	0.0976
$r(Y, X_2X_4)$	0.057		

表6-18　　　　　　　　　　　焦油模型3性能指标

P	R^2
$<1\times10^{-5}$	0.9601

由图6-17可知，根据模型3计算的拟合值与实际测定值的线性相关线斜率为0.9972，R^2为0.9585，说明模型3拟合值与实测值吻合度较好。由拟合误差图6-18可知，拟合值与观测值之间的误差大多分布在±1.5mg/支这个范围内，且没有任何趋势，说明建立的模型是好的。

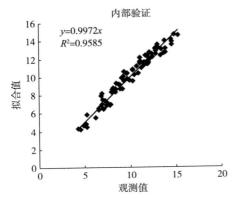

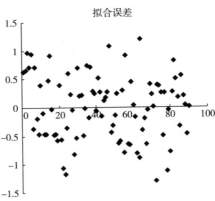

图6-17　焦油模型3内部验证图　　　　图6-18　焦油模型3内部验证残差图

单因素试验结论表明，焦油释放量与卷烟纸克重基本无关，因此对其余 4 个因素建立预测模型。

（4）模型 4：4 因素线性模型　采用多元线性回归法建立了焦油与 4 项指标的预测模型，模型及模型参数如下：

$$Y = 20.31 - 0.03540X_2 - 0.0001272X_3 - 0.005745X_4 - 0.001247X_5$$

如表 6-19 所示，模型 4 各系数 P 均小于 0.05，说明模型 4 的各系数能够通过检验。如表 6-20 所示，模型 4 的 $P < 0.05$，决定系数 R^2 为 0.9517，说明模型 4 能够通过检验，有统计学意义。

表 6-19　　　　　　　　　焦油模型 4 回归系数 P 检验

回归系数	P	回归系数	P
b_0	$<1\times10^{-5}$	b_3	$<1\times10^{-5}$
b_1	$<1\times10^{-5}$	b_4	$<1\times10^{-5}$
b_2	$<1\times10^{-5}$		

表 6-20　　　　　　　　　焦油模型 4 性能指标

P	R^2
$<1\times10^{-5}$	0.9517

由图 6-19 可知，根据模型 4 计算的拟合值与实际测定值的线性相关线斜率为 0.9967，R^2 为 0.9494，说明模型 4 拟合值与实测值吻合度较好。由拟合误差图可知，拟合值与观测值之间的误差大多分布在 ±1.5mg/支这个范围内，且没有任何趋势，说明建立的模型是好的。

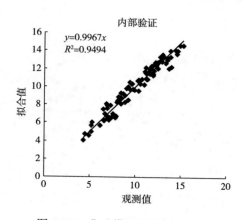

图 6-19　焦油模型 4 内部验证图

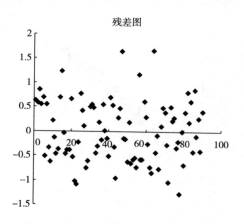

图 6-20　焦油模型 4 内部验证残差图

（5）模型5：4因素二次多项式模型　采用逐步回归法建立了焦油与4项指标及其交叉项和二次项的预测模型，模型及模型参数如下：

$$Y = 22.26 - 0.07651X_2 - 0.0001846X_3 - 0.01117X_4 - 0.001445X_5 + 0.0003995X_2X_2 +$$
$$0.00000001149X_3X_3 + 0.000002648X_4X_4 - 0.0000009509X_2X_3 + 0.00002327X_2X_4 -$$
$$0.0000001964X_3X_4 + 0.0000007153X_4X_5$$

如表6-21所示，模型5中X_2X_3的系数$P = 0.1195$，说明本模型中X_2X_3系数的可靠性稍差，但如表6-22所示，模型5的$P < 0.05$，决定系数R^2为0.9826，说明模型5能够通过检验，有统计学意义。

表6-21　　　　　　　　　焦油模型5回归系数P检验

回归系数	P	回归系数	P
$r(Y, X_2)$	$<1\times10^{-5}$	$r(Y, X_4X_4)$	$<1\times10^{-5}$
$r(Y, X_3)$	0.0003	$r(Y, X_2X_3)$	0.1195
$r(Y, X_4)$	$<1\times10^{-5}$	$r(Y, X_2X_4)$	0.0008
$r(Y, X_5)$	$<1\times10^{-5}$	$r(Y, X_3X_4)$	$<1\times10^{-5}$
$r(Y, X_2X_2)$	0.0049	$r(Y, X_4X_5)$	0.0036
$r(Y, X_3X_3)$	$<1\times10^{-5}$		

表6-22　　　　　　　　　焦油模型5性能指标

P	R^2
$<1\times10^{-5}$	0.9826

如图6-21所示，根据模型5计算的拟合值与实际测定值的线性相关线斜率为0.9988，R^2为0.9823，说明模型5拟合值与实测值吻合度较好。由拟合误差图6-22可知，拟合值与观测值之间的误差大多分布在±1.5mg/支这个范围内，且没有任何趋势，说明建立的模型是好的。

（6）焦油预测模型优选　通过P检验的焦油预测模型共计5个，各预测模型参数见表6-23。从表中看出，5个模型的R^2均在0.9以上，说明5个模型回归效果很好，其中模型2的R^2最大，交叉验证标准差RMSECV值最小，因此选择模型2作为焦油最优预测模型。

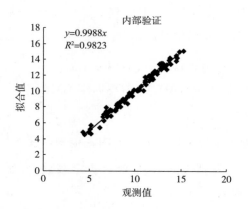

图 6-21　焦油模型 5 内部验证图

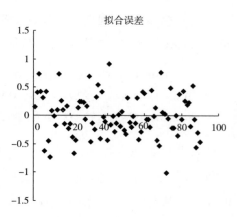

图 6-22　焦油模型 5 内部验证残差图

表 6-23　　　　　　　　　　　　　　　焦油预测模型

编号	模型	P	R^2	RMSECV
模型 1	$Y = 20.35 + 0.001426X_1 - 0.03542X_2 - 0.0001272X_3 - 0.005745X_4 - 0.001246X_5$	$<1\times10^{-5}$	0.9517	0.6343
模型 2	$Y = 22.39 - 0.08190X_2 - 0.01201X_4 - 0.001451X_5 + 0.0004575X_2X_2 + 0.00000001125X_3X_3 + 0.000002633X_4X_4 - 0.000005439X_1X_3 - 0.000001393X_2X_3 + 0.00002932X_2X_4 - 0.0000001907X_3X_4 + 0.0000008406X_4X_5$	$<1\times10^{-5}$	0.9836	0.3839
模型 3	$Y = 19.28 - 0.00009315X_3 - 0.0084X_4 - 0.0009619X_5 + 0.00001839X_2X_4 - 0.00001010X_2X_5 - 0.0000001012X_3X_4 + 0.0000005786X_4X_5$	$<1\times10^{-5}$	0.9601	0.5837
模型 4	$Y = 20.31 - 0.03540X_2 - 0.0001272X_3 - 0.005745X_4 - 0.001247X_5$	$<1\times10^{-5}$	0.9517	0.6306
模型 5	$Y = 22.26 - 0.07651X_2 - 0.0001846X_3 - 0.01117X_4 - 0.001445X_5 + 0.0003995X_2X_2 + 0.00000001149X_3X_3 + 0.000002648X_4X_4 - 0.0000009509X_2X_3 + 0.00002327X_2X_4 - 0.0000001964X_3X_4 + 0.0000007153X_4X_5$	$<1\times10^{-5}$	0.9826	0.3951

3. 一氧化碳预测模型

一氧化碳的烤烟型预测模型建立采用了单因素和多因素设计的 88 个样品，释放量范围：4.3～18.3mg/支，建立预测模型过程如下：

（1）模型 1：5 因素线性模型　采用多元线性回归法建立了一氧化碳与 5

项指标的预测模型，模型及模型参数如下：

$$Y = 16.75 + 0.1202X_1 - 0.05884X_2 - 0.0001602X_3 - 0.007204X_4 - 0.0005313X_5$$

如表 6-24 所示，模型 1 的各系数 P 均小于 0.05，说明模型 1 的各系数能够通过检验。如表 6-25 所示，模型 1 的 $P<0.05$，决定系数 R^2 为 0.9388，说明模型 1 能够通过检验，有统计学意义。

表 6-24　　　　　　　　　　　**CO 模型 1 回归系数 P 检验**

回归系数	P	回归系数	P
b_0	$<1\times10^{-5}$	b_3	$<1\times10^{-5}$
b_1	0.0022	b_4	$<1\times10^{-5}$
b_2	$<1\times10^{-5}$	b_5	0.0222

表 6-25　　　　　　　　　　　**CO 模型 1 性能指标**

P	R^2
$<1\times10^{-5}$	0.9388

由图 6-23 可知，根据模型 1 计算的拟合值与实际测定值的线性相关线斜率为 0.9945，R^2 为 0.9352，说明模型 1 拟合值与实测值吻合度较好。由残差图 6-24 可知，拟合值与观测值之间的误差大多分布在 ±1.5mg/支这个范围内，且没有任何趋势，说明建立的模型是好的。

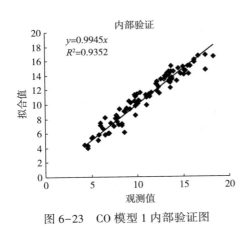

图 6-23　CO 模型 1 内部验证图　　　图 6-24　CO 模型 1 内部验证残差图

（2）模型 2：5 因素二次多项式模型　采用逐步回归法建立了一氧化碳与 5 项指标及其交叉叉项和二次项的预测模型，模型及模型参数如下：

$$Y = 11.34 + 0.2503X_1 - 0.009874X_4 + 0.00000001083X_3X_3 + 0.000003930X_4X_4 -$$
$$0.000007910X_1X_3 - 0.0002216X_1X_4 + 0.00003626X_2X_4 - 0.00001644X_2X_5 -$$
$$0.0000002398X_3X_4 + 0.000001206X_4X_5$$

如表 6-26 所示,模型 2 各系数 P 均小于 0.05,说明模型 2 的各系数能够通过检验,如表 6-27 所示,模型 2 的 $P<0.05$,决定系数 R^2 为 0.9752,说明模型 2 能够通过检验,有统计学意义。

表 6-26　　　　　　　　　　　CO 模型 2 各回归系数 P 检验

回归系数	P	回归系数	P
$r(Y, X_1)$	$<1\times10^{-5}$	$r(Y, X_1X_4)$	0.001
$r(Y, X_4)$	$<1\times10^{-5}$	$r(Y, X_2X_4)$	0.0005
$r(Y, X_3X_3)$	0.0018	$r(Y, X_2X_5)$	$<1\times10^{-5}$
$r(Y, X_4X_4)$	$<1\times10^{-5}$	$r(Y, X_3X_4)$	$<1\times10^{-5}$
$r(Y, X_1X_3)$	$<1\times10^{-5}$	$r(Y, X_4X_5)$	$<1\times10^{-5}$

表 6-27　　　　　　　　　　　　　CO 模型 2 性能指标

P	R^2
$<1\times10^{-5}$	0.9752

如图 6-25 所示,根据模型 2 计算的拟合值与实际测定值的线性相关线斜率为 0.9978,R^2 为 0.9746,说明模型 2 拟合值与实测值吻合度较好。由拟合误差图 6-26 可知,拟合值与观测值之间的误差大多分布在 ±1.0mg/支这个范围内,且没有任何趋势,说明建立的模型是好的。

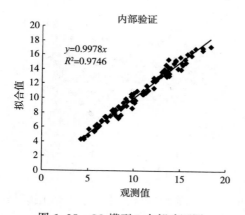

图 6-25　CO 模型 2 内部验证图

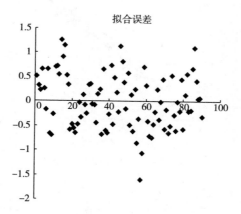

图 6-26　CO 模型 2 内部验证残差图

（3）模型3：5因素多因子及互作项模型 采用逐步回归法建立了一氧化碳与5项指标及其交叉项的预测模型，模型及模型参数如下：

$$Y = 12.86 + 0.1660X_1 - 0.006211X_4 - 0.0002010X_1X_4 - 0.000001918X_2X_3 + 0.00004198X_2X_4 - 0.00001405X_2X_5 - 0.0000001584X_3X_4 + 0.0000009256X_4X_5$$

如表6-28所示，模型3各系数P均小于0.05，说明模型3的各系数能够通过检验，如表6-29所示，模型3的$P<0.05$，决定系数R^2为0.9534，说明模型3能够通过检验，有统计学意义。

表6-28 CO 模型3各回归系数P检验

回归系数	P	回归系数	P
$r(Y, X_1)$	0.0014	$r(Y, X_2X_4)$	0.0027
$r(Y, X_4)$	0.0327	$r(Y, X_2X_5)$	$<1\times10^{-5}$
$r(Y, X_1X_4)$	0.0239	$r(Y, X_3X_4)$	0.0003
$r(Y, X_2X_3)$	$<1\times10^{-5}$	$r(Y, X_4X_5)$	0.0149

表6-29 CO 模型3性能指标

P	R^2
$<1\times10^{-5}$	0.9534

如图6-27所示，根据模型3计算的拟合值与实际测定值的线性相关线斜率为0.9958，R^2为0.9514，说明模型3拟合值与实测值吻合度较好。由拟合误差图6-28可知，拟合值与观测值之间的误差大多分布在±1.5mg/支这个范围内，且没有任何趋势，说明建立的模型是好的。

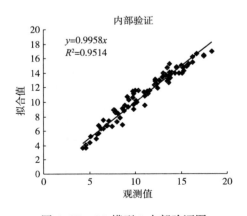

图6-27 CO 模型3内部验证图

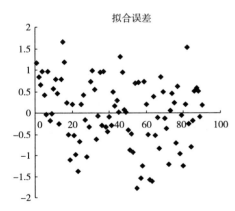

图6-28 CO 模型3内部验证残差图

（4）CO 预测模型优选　通过 P 检验的一氧化碳预测模型共计 3 个，各预测模型参数见表 6-30。从表中看出，3 个模型的 R^2 均在 0.9 以上，说明 3 个模型回归效果很好，其中模型 2 的 R^2 最大，交叉验证标准差 RMSECV 值最小，因此选择模型 2 作为一氧化碳最优预测模型。

表 6-30　一氧化碳预测模型

编号	模型	P	R^2	RMSECV
模型 1	$Y = 16.75 + 0.1202X_1 - 0.05884X_2 - 0.0001602X_3 - 0.007204X_4 - 0.0005313X_5$	$<1\times10^{-5}$	0.9388	0.9014
模型 2	$Y = 11.34 + 0.2503X_1 - 0.009874X_4 + 0.00000001083X_3X_3 + 0.000003930X_4X_4 - 0.000007910X_1X_3 - 0.0002216X_1X_4 + 0.00003626X_2X_4 - 0.00001644X_2X_5 - 0.0000002398X_3X_4 + 0.000001206X_4X_5$	$<1\times10^{-5}$	0.9752	0.5921
模型 3	$Y = 12.86 + 0.1660X_1 - 0.006211X_4 - 0.0002010X_1X_4 - 0.000001918X_2X_3 + 0.00004198X_2X_4 - 0.00001405X_2X_5 - 0.0000001584X_3X_4 + 0.0000009256X_4X_5$	$<1\times10^{-5}$	0.9534	0.8008

4. NNK 预测模型

NNK 的烤烟型预测模型建立采用了单因素和多因素设计的 88 个样品，释放量范围：1.4~4.4ng/支，建立预测模型过程如下：

（1）模型 1：5 因素线性模型　采用多元线性回归法建立了 NNK 与 5 项指标的预测模型，模型及模型参数如下：

$$Y = 8.617 - 0.08538X_1 - 0.0006251X_2 - 6.159\text{E}-5X_3 - 0.0007446X_4 - 0.0005918X_5$$

如表 6-31 所示，模型 1 各系数 P 均小于 0.05，说明模型 1 的各系数能够通过检验，如表 6-32 所示，模型 1 的 $P<0.05$，决定系数 R^2 为 0.4984。尽管模型 1 的决定系数较低，但是 $P<0.05$，说明模型 1 具有一定的统计学意义。

表 6-31　NNK 模型 1 回归系数 P 检验

回归系数	P	回归系数	P
b_0	$<1\times10^{-5}$	b_3	0.0013
b_1	0.0044	b_4	0.0001
b_2	0.0474	b_5	0.0011

表 6-32	NNK 模型 1 性能指标
P	R^2
$<1\times10^{-5}$	0.4984

如图 6-29 所示,根据模型 1 计算的拟合值与实际测定值的线性相关线斜率为 0.4984,R^2 为 0.4984,由残差图 6-30 可知,拟合值与观测值之间的误差大多分布在 ±1.5ng/支这个范围内,说明模型 1 具备一定的预测能力,但预测效果一般。

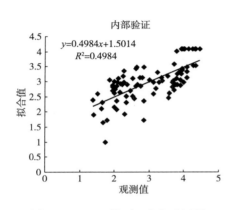

图 6-29　NNK 模型 1 内部验证图　　　　图 6-30　NNK 模型 1 内部验证残差图

(2)模型 2:5 因素二次多项式模型　采用逐步回归法建立了 NNK 与 5 项指标及其交叉项和二次项的预测模型,模型及模型参数如下:

$$Y=5.977-0.0001942X_3+0.000000008991X_3X_3-0.00002029X_1X_4-0.00001712X_1X_5$$

如表 6-33 所示,模型 2 各系数 P 均小于 0.05,说明模型 2 的各系数能够通过检验,由表 6-34 可知,模型 2 的 $P<0.05$,决定系数 R^2 为 0.4725。尽管模型 2 的决定系数较低,但是 $P<0.05$,说明模型 2 具有一定的统计学意义。

表 6-33		NNK 模型 2 回归系数 P 检验	
回归系数	P	回归系数	P
$r(Y, X_3)$	0.0009	$r(Y, X_1X_4)$	0.0014
$r(Y, X_3X_3)$	0.01	$r(Y, X_1X_5)$	0.0001

表 6-34　　　　　　　　　　　NNK 模型 2 性能指标

P	R^2
$<1\times10^{-5}$	0.4725

如图 6-31 所示，根据模型 2 计算的拟合值与实际测定值的线性相关线斜率为 0.4725，R^2 为 0.4725，由残差图 6-32 可知，拟合值与观测值之间的误差大多分布在 ±1.5ng/支这个范围内，说明模型 2 具备一定的预测能力，但预测效果一般。

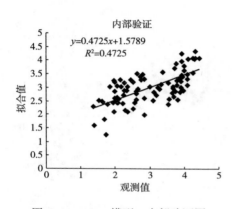

图 6-31　NNK 模型 2 内部验证图

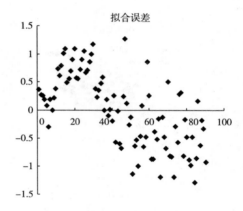

图 6-32　NNK 模型 2 内部验证残差图

（3）模型 3：5 因素多因子及互作项模型　采用逐步回归法建立了 NNK 与 5 项指标及其交叉项的预测模型，模型及模型参数如下：

$$Y = 5.809 - 0.00005117X_3 - 0.00002535X_1X_4 - 0.00001794X_1X_5$$

如表 6-35 所示，模型 3 各系数 P 均小于 0.05，说明模型 3 的各系数能够通过检验，如表 6-36 所示，模型 3 的 $P<0.05$，决定系数 R^2 为 0.4294。尽管模型 3 的决定系数较低，但是 $P<0.05$，说明模型 3 具有一定的统计学意义。

表 6-35　　　　　　　　　　　NNK 模型 3 回归系数 P 检验

回归系数	P	回归系数	P
$r(Y, X_3)$	0.0013	$r(Y, X_1X_5)$	0
$r(Y, X_1X_4)$	0.0001		

表 6-36	NNK 模型 3 性能指标
P	R^2
$<1 \times 10^{-5}$	0.4294

由图 6-33 可知，根据模型 3 计算的拟合值与实际测定值的线性相关线斜率为 0.4294，R^2 为 0.4294，由残差图 6-34 可知，拟合值与观测值之间的误差大多分布在 ±1.5ng/支这个范围内，说明模型 3 具备一定的预测能力，但预测效果一般。

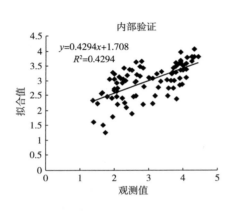

图 6-33　NNK 模型 3 内部验证图　　　图 6-34　NNK 模型 3 内部验证残差图

根据单因素试验结论，NNK 释放量与卷烟纸克重无关，因此对其余四个因素分别建立了线性模型和二次多项式模型。

（4）模型 4：4 因素线性模型　采用多元线性回归法建立了 NNK 与 4 项指标的预测模型，模型及模型参数如下：

$$Y = 6.326 + 0.000393X_2 - 0.00005247X_3 - 0.0007721X_4 - 0.0006544X_5$$

如表 6-37 所示，模型 4 中 X_2 的系数 P 为 0.9379，说明本模型中 X_2 系数的可靠性稍差，如表 6-38 所示，模型 4 的 $P<0.05$，决定系数 R^2 为 0.3782，尽管模型 4 的决定系数较低，但是 $P<0.05$，说明模型 4 具有一定的统计学意义。

如图 6-35 所示，根据模型 4 计算的拟合值与实际测定值的线性相关线斜率为 0.3782，R^2 为 0.3781，由残差图 6-36 可知，拟合值与观测值之间的误差大多分布在 ±1.5ng/支这个范围内，说明模型 4 具备一定的预测能力，但预测效果一般。

表 6–37　　　　　　　　　　NNK 模型 4 回归系数 P 检验

回归系数	P	回归系数	P
b_0	$<1\times10^{-5}$	b_3	0.0001
b_1	0.9379	b_4	0.0005
b_2	0.0017		

表 6–38　　　　　　　　　　　NNK 模型 4 性能指标

P	R^2
$<1\times10^{-5}$	0.3782

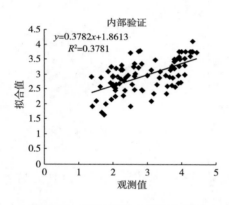

图 6-35　NNK 模型 4 内部验证图

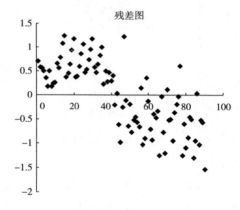

图 6-36　NNK 模型 4 内部验证残差图

（5）模型 5：4 因素二次多项式模型　采用逐步回归法建立了 NNK 与 4 项指标及其交叉项和二次项的预测模型，模型及模型参数如下：

$$Y=-18.01-0.0001963X_3+0.01085X_5+0.000000008985X_3X_3-0.000001331X_5X_5-0.0000001305X_4X_5$$

如表 6-39 所示，模型 5 各系数 P 均小于 0.05，说明模型 5 的各系数能够通过检验，如表 6-40 所示，模型 5 的 $P<0.05$，决定系数 R^2 为 0.4358。尽管模型 5 的决定系数较低，但是 $P<0.05$，说明模型 5 具有一定的统计学意义。

表 6-39　　　　　　　　　　NNK 模型 5 回归系数 P 检验

回归系数	P	回归系数	P
$r(Y, X_3)$	0.0006	$r(Y, X_5X_5)$	0.0005
$r(Y, X_5)$	0.0009	$r(Y, X_4X_5)$	0.0035
$r(Y, X_3X_3)$	0.0088		

表 6-40　　　　　　　　　　NNK 模型 5 性能指标

P	R^2
$<1\times10^{-5}$	0.4358

如图 6-37 所示，根据模型 5 计算的拟合值与实际测定值的线性相关线斜率为 0.4358，R^2 为 0.4358，由残差图 6-38 可知，拟合值与观测值之间的误差大多分布在 ±1.5ng/支这个范围内，说明模型 5 具备一定的预测能力，但预测效果一般。

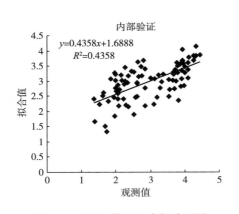

图 6-37　NNK 模型 5 内部验证图

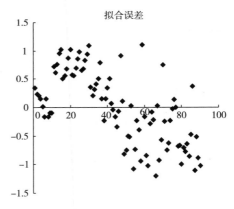

图 6-38　NNK 模型 5 内部验证图

（6）NNK 预测模型优选　通过 P 检验的 NNK 预测模型共计 5 个，各预测模型参数见表 6-41。从表中看出，5 个模型的 R^2 均较小，说明 5 个模型回归效果较差，这可能是由于烤烟型卷烟 NNK 释放量较小，测试误差相对较大的原因。其中模型 1 的 R^2 最大，RMSECV 值最小，因此选择模型 1 作为 NNK 最优预测模型。

表 6-41 　　　　　　　　　　　 NNK 预测模型

编号	模型	P	R^2	RMSECV
模型 1	$Y = 8.617 - 0.08538X_1 - 0.0006251X_2 - 6.159E\text{-}5X_3 - 0.0007446X_4 - 0.0005918X_5$	$<1\times10^{-5}$	0.4984	0.6519
模型 2	$Y = 5.977 - 0.0001942X_3 + 0.000000008991X_3X_3 - 0.00002029X_1X_4 - 0.00001712X_1X_5$	$<1\times10^{-5}$	0.4725	0.6646
模型 3	$Y = 5.809 - 0.00005117X_3 - 0.00002535X_1X_4 - 0.00001794X_1X_5$	$<1\times10^{-5}$	0.4294	0.6872
模型 4	$Y = 6.326 + 0.000393X_2 - 0.00005247X_3 - 0.0007721X_4 - 0.0006544X_5$	$<1\times10^{-5}$	0.3782	0.7216
模型 5	$Y = -18.01 - 0.0001963X_3 + 0.01085X_5 + 0.000000008985X_3X_3 - 0.000001331X_5X_5 - 0.0000001305X_4X_5$	$<1\times10^{-5}$	0.4358	0.6914

5. 氨预测模型

NH_3 的烤烟型预测模型建立采用了单因素和多因素设计的 88 个样品，释放量范围：2.7~9.7μg/支，建立预测模型过程如下：

（1）模型 1：5 因素线性模型　采用多元线性回归法建立了氨与 5 项指标的预测模型，模型及模型参数如下：

$$Y = 14.21 - 0.04198X_1 - 0.01451X_2 - 7.309E\text{-}5X_3 - 0.002923X_4 - 0.0009585X_5$$

如表 6-42 所示，模型 1 中 X_1 的系数 P 为 0.106，说明本模型中 X_1 系数的可靠性稍差，但如表 6-43 所示，模型 1 的 $P<0.05$，决定系数 R^2 为 0.8567，说明模型 1 能够通过检验，有统计学意义。

表 6-42 　　　　　　　　 NH_3 模型 1 回归系数 P 检验

回归系数	P	回归系数	P
b_0	$<1\times10^{-5}$	b_3	$<1\times10^{-5}$
b_1	0.106	b_4	$<1\times10^{-5}$
b_2	0.001	b_5	$<1\times10^{-5}$

表 6-43 　　　　　　　　　 NH_3 模型 1 性能指标

P	R^2
$<1\times10^{-5}$	0.8567

如图 6-39 所示，根据模型 1 计算的拟合值与实际测定值的线性相关线斜

率为 0.9925，R^2 为 0.8339，说明模型 1 拟合值与实测值吻合度较好。由拟合误差图 6-40 可知，拟合值与观测值之间的误差大多分布在 ±1.5μg/支这个范围内，且不具有一定趋势，说明建立的模型是好的。

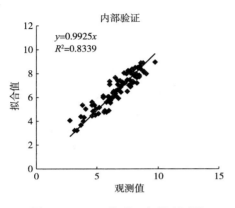

图 6-39　NH_3 模型 1 内部验证图　　　　图 6-40　NH_3 模型 1 内部验证残差图

（2）模型 2：5 因素二次多项式模型　采用逐步回归法建立了氨与 5 项指标及其交叉项和二次项的预测模型，模型及模型参数如下：

$$Y = 11.43 - 0.005619X_4 - 0.0000001577X_5X_5 - 0.0004755X_1X_2 - 0.0000006914X_1X_3 - 0.0000001638X_3X_4 + 0.0000009289X_4X_5$$

如表 6-44 所示，模型 2 中 X_1X_3 的系数 P 为 0.1629，说明本模型中 X_1X_3 系数的可靠性稍差，但由表 6-45 可知，模型 2 的 $P < 0.05$，决定系数 R^2 为 0.9041，说明模型 2 能够通过检验，有统计学意义。

表 6-44　　　　　　　　　　　　NH_3 模型 2 回归系数 P 检验

回归系数	P	回归系数	P
$r(Y, X_4)$	$<1×10^{-5}$	$r(Y, X_1X_3)$	0.1629
$r(Y, X_5X_5)$	$<1×10^{-5}$	$r(Y, X_3X_4)$	$<1×10^{-5}$
$r(Y, X_1X_2)$	0.0001	$r(Y, X_4X_5)$	0.0022

表 6-45　　　　　　　　　　　　NH_3 模型 2 性能指标

P	R^2
$<1×10^{-5}$	0.9041

如图 6-41 所示，根据模型 2 计算的拟合值与实际测定值的线性相关线斜率为 0.995，R^2 为 0.8945，说明模型 2 拟合值与实测值吻合度较好。由拟合误差图 6-42 可知，拟合值与观测值之间的误差大多分布在 ±1μg/支这个范围内，且不具有一定趋势，说明建立的模型是好的。

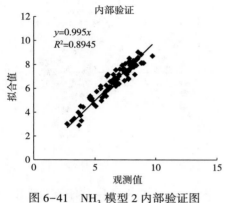

图 6-41　NH_3 模型 2 内部验证图　　　　图 6-42　NH_3 模型 2 内部验证残差图

（3）模型 3：5 因素多因子及互作项模型　采用逐步回归法建立了氨与 5 项指标及其交叉项的预测模型，模型及模型参数如下：

$$Y = 14.28 - 0.005609X_4 - 0.001346X_5 - 0.0004749X_1X_2 - 0.0000007123X_1X_3 -$$
$$0.0000001623X_3X_4 + 0.0000009224X_4X_5$$

如表 6-46 所示，模型 3 中 X_1X_3 的系数 P 为 0.1529，说明本模型中 X_1X_3 系数的可靠性稍差，但如表 6-47 所示，模型 3 的 $P < 0.05$，决定系数 R^2 为 0.9030，说明模型 3 能够通过检验，有统计学意义。

表 6-46　　　　　　　　　　NH_3 模型 3 回归系数 P 检验

回归系数	P	回归系数	P
$r(Y, X_4)$	$<1\times10^{-5}$	$r(Y, X_1X_3)$	0.1529
$r(Y, X_5)$	$<1\times10^{-5}$	$r(Y, X_3X_4)$	$<1\times10^{-5}$
$r(Y, X_1X_2)$	0.0001	$r(Y, X_4X_5)$	0.0026

表 6-47　　　　　　　　　　NH_3 模型 3 性能指标

P	R^2
$<1\times10^{-5}$	0.9030

如图 6-43 所示，根据模型 3 计算的拟合值与实际测定值的线性相关线斜率为 0.9949，R^2 为 0.8931，说明模型 3 拟合值与实测值吻合度较好。由拟合误差图 6-44 可知，拟合值与观测值之间的误差大多分布在 ±1μg/支这个范围内，且不具有一定趋势，说明建立的模型是好的。

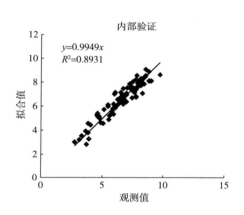

图 6-43 NH_3 模型 3 内部验证图   图 6-44 NH_3 模型 3 内部验证残差图

（4）氨预测模型优选 通过 P 检验的氨预测模型共计 3 个，各预测模型参数见表 6-48。从表中看出，从表中看出，模型 2 的 R^2 最大，交叉验证标准差 RMSECV 值最小，因此选择模型 2 作为氨最优预测模型。

表 6-48 NH_3 预测模型

编号	模型	P	R^2	RMSECV
模型 1	$Y = 14.21 - 0.04198X_1 - 0.01451X_2 - 7.309E-5X_3 - 0.002923X_4 - 0.0009585X_5$	$<1\times10^{-5}$	0.8567	0.6094
模型 2	$Y = 11.43 - 0.005619X_4 - 0.0000001577X_5X_5 - 0.0004755X_1X_2 - 0.0000006914X_1X_3 - 0.0000001638X_3X_4 + 0.0000009289X_4X_5$	$<1\times10^{-5}$	0.9041	0.5014
模型 3	$Y = 14.28 - 0.005609X_4 - 0.001346X_5 - 0.0004749X_1X_2 - 0.0000007123X_1X_3 - 0.0000001623X_3X_4 + 0.0000009224X_4X_5$	$<1\times10^{-5}$	0.9030	0.5044

6. 氢氰酸预测模型

HCN 的烤烟型预测模型建立采用了单因素和多因素设计的 88 个样品，释放量范围：29.4～193.6μg/支，建立预测模型过程如下：

（1）模型1：5因素线性模型　采用多元线性回归法建立了氢氰酸与5项指标的预测模型，模型及模型参数如下：

$$Y = 222.9 + 0.5910X_1 - 0.6239X_2 - 0.001570X_3 - 0.08922X_4 - 0.01270X_5$$

如表6-49所示，模型1中X_1的系数b_1的P为0.2919，说明本模型中X_1系数的可靠性稍差，但如表6-50所示，模型1的$P<0.05$，决定系数R^2为0.9122，说明模型1能够通过检验，有统计学意义。

表6-49　　　　　　　HCN模型1回归系数P检验

回归系数	P	回归系数	P
b_0	$<1\times10^{-5}$	b_3	$<1\times10^{-5}$
b_1	0.2919	b_4	$<1\times10^{-5}$
b_2	$<1\times10^{-5}$	b_5	0.0003

表6-50　　　　　　　HCN模型1性能指标

P	R^2
$<1\times10^{-5}$	0.9122

如图6-45所示，根据模型1计算的拟合值与实际测定值的线性相关线斜率为0.9884，R^2为0.9048，说明模型1拟合值与实测值吻合度较好。由拟合误差图6-46可知，拟合值与观测值之间的误差大多分布在±20μg/支这个范围内，且不具有一定趋势，说明建立的模型是好的。

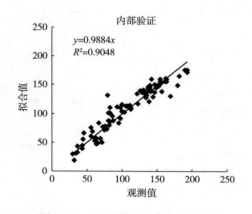

图6-45　HCN模型1内部验证图

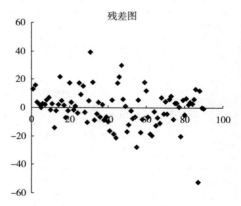

图6-46　HCN模型1内部验证图

（2）模型2：5因素二次多项式模型 采用逐步回归法建立了氢氰酸与5项指标及其交叉项和二次项的预测模型，模型及模型参数如下：

$$Y = 226.3 - 0.1881X_4 - 0.006251X_5 + 0.0007642X_2X_4 - 0.0002207X_2X_5 - 0.000001835X_3X_4 - 0.0000002256X_3X_5 + 0.00001747X_4X_5$$

如表6-49所示，模型2中X_5的系数P为0.1549，说明本模型中X_5系数的可靠性稍差，但如表6-52所示，模型2的$P < 0.05$，决定系数R^2为0.9346，说明模型2能够通过检验，有统计学意义。

表6-51　　　　　　　　　　HCN 模型 2 回归系数 P 检验

回归系数	P	回归系数	P
$r(Y, X_4)$	$< 1 \times 10^{-5}$	$r(Y, X_3X_4)$	0.0047
$r(Y, X_5)$	0.1549	$r(Y, X_3X_5)$	0.006
$r(Y, X_2X_4)$	0.0001	$r(Y, X_4X_5)$	0.0121
$r(Y, X_2X_5)$	$< 1 \times 10^{-5}$		

表6-52　　　　　　　　　　HCN 模型 2 性能指标

P	R^2
$< 1 \times 10^{-5}$	0.9346

如图6-47所示，根据模型2计算的拟合值与实际测定值的线性相关线斜率为0.9913，R^2为0.9507，说明模型2拟合值与实测值吻合度较好。由拟合误差图6-48可知，拟合值与观测值之间的误差大多分布在±20μg/支这个范围内，且没有任何趋势，说明建立的模型是好的。

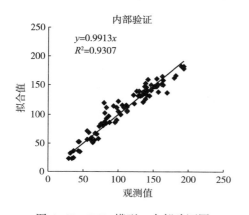

图 6-47　HCN 模型 2 内部验证图

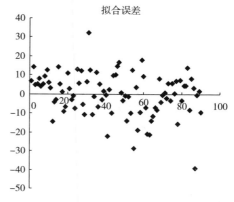

图 6-48　HCN 模型 2 内部验证残差图

（3）模型3：5因素多因子及互作项模型　采用逐步回归法建立了氢氰酸与5项指标及其交叉项的预测模型，模型及模型参数如下：

$$Y = 226.3 - 0.1881X_4 - 0.006251X_5 + 0.0007642X_2X_4 - 0.0002207X_2X_5 - 0.000001835X_3X_4 - 0.0000002256X_3X_5 + 0.00001747X_4X_5$$

如表6-53所示，模型3中X_5的系数P为0.1549，说明本模型中X_5系数的可靠性稍差，但如表6-54所示，模型3的$P<0.05$，决定系数R^2为0.9346，说明模型3能够通过检验，有统计学意义。

表6-53　　　　　　　　　　　　　HCN 模型3回归系数P检验

回归系数	P	回归系数	P
$r(Y, X_4)$	$<1\times10^{-5}$	$r(Y, X_3X_4)$	0.0047
$r(Y, X_5)$	0.1549	$r(Y, X_3X_5)$	0.006
$r(Y, X_2X_4)$	0.0001	$r(Y, X_4X_5)$	0.0121
$r(Y, X_2X_5)$	$<1\times10^{-5}$		

表6-54　　　　　　　　　　　　　HCN 模型3性能指标

P	R^2
$<1\times10^{-5}$	0.9346

如图6-49所示，根据模型3计算的拟合值与实际测定值的线性相关线斜率为0.9913，R^2为0.9507，说明模型3拟合值与实测值吻合度较好。由拟合误差图6-50可知，拟合值与观测值之间的误差大多分布在±20μg/支这个范围内，且没有任何趋势，说明建立的模型是好的。

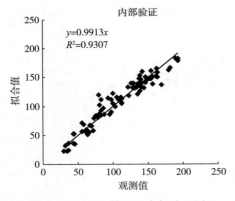

图6-49　HCN 模型3内部验证图

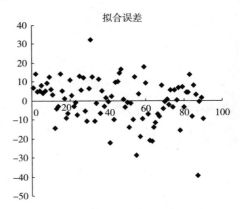

图6-50　HCN 模型3内部验证残差图

可以看出，模型 2 和模型 3 是一致的，这是由于在做二次多项式回归计算过程中各因素的平方项影响较小而被剔除，因此导致模型 2 和模型 3 一致。

根据单因素试验结论，卷烟纸定量对 HCN 释放量基本无影响，因此对其余四个因素建立预测模型。

（4）模型 4：4 因素线性模型　采用多元线性回归法建立了氢氰酸与 4 项指标的预测模型，模型及模型参数如下：

$$Y = 238.8 - 0.6309X_2 - 0.001564X_3 - 0.08902X_4 - 0.01227X_5$$

如表 6-55 所示，模型 4 各系数 P 均小于 0.05，说明模型 4 的各系数能够通过检验。如表 6-56 所示，模型 4 的 $P<0.05$，决定系数 R^2 为 0.9110，说明模型 4 能够通过检验，有统计学意义。

表 6-55　　　　　　　　　　HCN 模型 4 回归系数 P 检验

回归系数	P	回归系数	P
b_0	$<1\times10^{-5}$	b_3	$<1\times10^{-5}$
b_1	$<1\times10^{-5}$	b_4	0.0004
b_2	$<1\times10^{-5}$		

表 6-56　　　　　　　　　　HCN 模型 4 性能指标

P	R^2
$<1\times10^{-5}$	0.9110

如图 6-51 所示，根据模型 4 计算的拟合值与实际测定值的线性相关线斜率为 0.9882，R^2 为 0.9034，说明模型 4 拟合值与实测值吻合度较好。由拟合误差图 6-52 可知，拟合值与观测值之间的误差大多分布在 ±20μg/支这个范围内，且没有任何趋势，说明建立的模型是好的。

（5）模型 5：4 因素二次多项式模型　采用逐步回归法建立了氢氰酸与 4 项指标及其交叉项和二次项的预测模型，模型及模型参数如下：

$$Y = 207.4 - 0.2291X_4 + 0.0000001563X_3X_3 + 0.00004531X_4X_4 + 0.0008455X_2X_4 -$$
$$0.0002334X_2X_5 - 0.000003098X_3X_4 - 0.0000006812X_3X_5 + 0.00001750X_4X_5$$

如表 6-57 所示，模型 5 各系数 P 均小于 0.05，说明模型 5 的各系数能够通过检验。由表 6-58 可知，模型 5 的 $P<0.05$，决定系数 R^2 为 0.9545，说明模型 5 能够通过检验，有统计学意义。

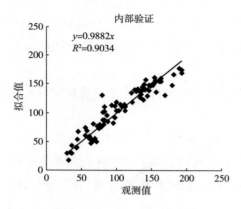

图 6-51　HCN 模型 4 内部验证图　　　　图 6-52　HCN 模型 4 内部验证残差图

表 6-57　　　　　　　　　　HCN 模型 5 回归系数 P 检验

回归系数	P	回归系数	P
$r(Y, X_4)$	$<1\times10^{-5}$	$r(Y, X_2X_5)$	$<1\times10^{-5}$
$r(Y, X_3X_3)$	0.0027	$r(Y, X_3X_4)$	$<1\times10^{-5}$
$r(Y, X_4X_4)$	$<1\times10^{-5}$	$r(Y, X_3X_5)$	0.0004
$r(Y, X_2X_4)$	$<1\times10^{-5}$	$r(Y, X_4X_5)$	0.0003

表 6-58　　　　　　　　　　HCN 模型 5 性能指标

P	R^2
$<1\times10^{-5}$	0.9545

由图 6-53 可知，根据模型 5 计算的拟合值与实际测定值的线性相关线斜率为 0.994，R^2 为 0.9526，说明模型 5 拟合值与实测值吻合度较好。由拟合误差图 6-54 可知，拟合值与观测值之间的误差大多分布在 ±20μg/支这个范围内，且没有任何趋势，说明建立的模型是好的。

（6）HCN 预测模型优选　通过 P 检验的氢氰酸预测模型共计 5 个，各预测模型参数见表 6-59。从表中看出，5 个模型的 R^2 均在 0.9 以上，说明 5 个模型回归效果很好，其中模型 5 的 R^2 最大，交叉验证标准差 RMSECV 值最小，因此选择模型 5 作为氢氰酸最优预测模型。

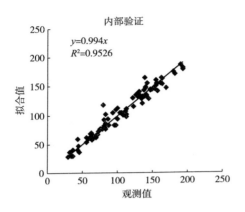

图 6-53　HCN 模型 5 内部验证图

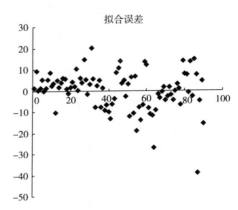

图 6-54　HCN 模型 5 内部验证残差图

表 6-59　　　　　　　　　　　　　　　氢氰酸预测模型

编号	模型	P	R^2	RMSECV
模型 1	$Y = 222.9 + 0.5910X_1 - 0.6239X_2 - 0.001570X_3 - 0.08922X_4$ $-0.01270X_5$	$<1\times10^{-5}$	0.9122	13.20
模型 2	$Y = 226.3 - 0.1881X_4 - 0.006251X_5 + 0.0007642X_2X_4 -$ $0.0002207X_2X_5 - 0.000001835X_3X_4 - 0.0000002256X_3X_5 +$ $0.00001747X_4X_5$	$<1\times10^{-5}$	0.9346	11.53
模型 3	$Y = 226.3 - 0.1881X_4 - 0.006251X_5 + 0.0007642X_2X_4 -$ $0.0002207X_2X_5 - 0.000001835X_3X_4 - 0.0000002256X_3X_5 +$ $0.00001747X_4X_5$	$<1\times10^{-5}$	0.9346	11.53
模型 4	$Y = 238.8 - 0.6309X_2 - 0.001564X_3 - 0.08902X_4 - 0.01227X_5$	$<1\times10^{-5}$	0.9110	13.21
模型 5	$Y = 207.4 - 0.2291X_4 + 0.0000001563X_3X_3 + 0.00004531X_4X_4 +$ $0.0008455X_2X_4 - 0.0002334X_2X_5 - 0.000003098X_3X_4 -$ $0.0000006812X_3X_5 + 0.00001750X_4X_5$	$<1\times10^{-5}$	0.9545	9.679

7. 巴豆醛预测模型

巴豆醛的烤烟型预测模型建立采用了单因素和多因素设计的 88 个样品，释放量范围：6.7~25.5μg/支，建立预测模型过程如下：

（1）**模型 1：5 因素线性模型**　采用多元线性回归法建立了巴豆醛与 5 项指标的预测模型，模型及模型参数如下：

$$Y = 14.99 + 0.1451X_1 - 0.008288X_2 - 1.104E-5X_3 - 0.008397X_4 - 0.0001592X_5$$

从表 6-60 看出，模型 1 中 X_1、X_2、X_3 和 X_5 的系数 P 分别为 0.0939、0.5612、0.8091 和 0.7051，说明本模型中 X_1、X_2、X_3 和 X_5 的系数的可靠性稍差，但由表 6-61 可知，模型 1 的 $P < 0.05$，决定系数 R^2 为 0.7654，尽管模型 1 的决定系数较低，但是 $P < 0.05$，说明模型 1 具有一定的统计学意义。

表 6-60　　　　　　　　　巴豆醛模型 1 回归系数 P 检验

回归系数	P	回归系数	P
b_0	$<1\times10^{-5}$	b_3	0.8091
b_1	0.0939	b_4	$<1\times10^{-5}$
b_2	0.5612	b_5	0.7051

表 6-61　　　　　　　　　巴豆醛模型 1 性能指标

P	R^2
$<1\times10^{-5}$	0.7654

由图 6-55 可知，根据模型 1 计算的拟合值与实际测定值的线性相关线斜率为 0.9863，R^2 为 0.6978。由拟合误差图 6-56 可知，拟合值与观测值之间的误差大多分布在 $\pm 4\mu g/$ 支这个范围内，且没有任何趋势，说明模型 1 具备一定的预测能力，但预测效果一般。

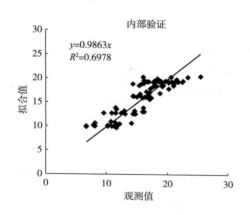

图 6-55　巴豆醛模型 1 内部验证图

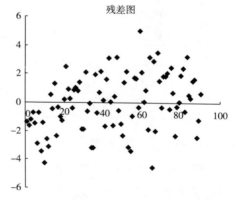

图 6-56　巴豆醛模型 1 内部验证残差图

（2）模型 2：5 因素二次多项式模型 采用逐步回归法建立了巴豆醛与 5 项指标及其交叉项和二次项的预测模型，模型及模型参数如下：

$$Y = 16.40 - 0.004260X_4 + 0.002546X_1X_1 + 0.000002181X_4X_4 + 0.000007556X_1X_3 - 0.00003946X_2X_4 - 0.0000006614X_3X_4$$

从表 6-62 看出，模型 2 中 X_4X_4 这项的系数 P 为 0.1391，说明本模型中 X_4X_4 系数的可靠性稍差，但由表 6-63 可知，模型 2 的 $P < 0.05$，决定系数 R^2 为 0.8627，说明模型 2 能够通过检验，有统计学意义。

表 6-62   巴豆醛模型 2 回归系数 P 检验

回归系数	P	回归系数	P
$r(Y, X_4)$	0.0239	$r(Y, X_1X_3)$	$<1 \times 10^{-5}$
$r(Y, X_1X_1)$	0.0228	$r(Y, X_2X_4)$	0.0353
$r(Y, X_4X_4)$	0.1391	$r(Y, X_3X_4)$	$<1 \times 10^{-5}$

表 6-63   巴豆醛模型 2 性能指标

P	R^2
$<1 \times 10^{-5}$	0.8627

如图 6-57 所示，根据模型 2 计算的拟合值与实际测定值的线性相关线斜率为 0.992，R^2 为 0.8422，说明模型 2 拟合值与实测值吻合度较好。由拟合误差图 6-58 可知，拟合值与观测值之间的误差大多分布在 ±2μg/支这个范围内，且没有任何趋势，说明建立的模型是好的。

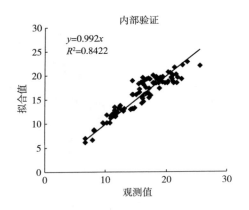

图 6-57 巴豆醛模型 2 内部验证图

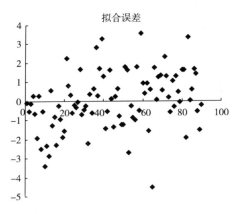

图 6-58 巴豆醛模型 2 内部验证残差图

（3）模型3：5因素多因子及互作项模型　采用逐步回归法建立了巴豆醛与5项指标及其交叉项的预测模型，模型及模型参数如下：

$$Y = 14.11 + 0.1504X_1 - 0.002163X_4 + 0.000006930X_1X_3 - 0.00003881X_2X_4 - 0.0000006338X_3X_4$$

如表6-64所示，模型3中X_4的系数P为0.0802，说明本模型中X_4系数的可靠性稍差，但由表6-65可知，模型3的$P<0.05$，决定系数R^2为0.8589，说明模型3能够通过检验，有统计学意义。

表6-64　　　　　　　　　　巴豆醛模型3回归系数P检验

回归系数	P	回归系数	P
$r(Y, X_1)$	0.0278	$r(Y, X_2X_4)$	0.0398
$r(Y, X_4)$	0.0802	$r(Y, X_3X_4)$	$<1\times10^{-5}$
$r(Y, X_1X_3)$	$<1\times10^{-5}$		

表6-65　　　　　　　　　　巴豆醛模型3性能指标

P	R^2
$<1\times10^{-5}$	0.8589

如图6-59所示，根据模型3计算的拟合值与实际测定值的线性相关线斜率为0.9917，R^2为0.837，说明模型3拟合值与实测值吻合度较好。由拟合误差图6-60可知，拟合值与观测值之间的误差大多分布在$\pm3\mu g/$支这个范围内，且没有任何趋势，说明建立的模型是好的。

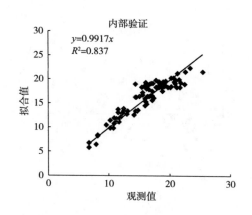

图6-59　巴豆醛模型3内部验证图

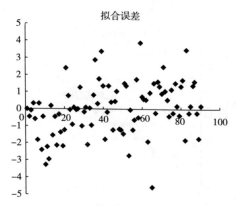

图6-60　巴豆醛模型3内部验证残差图

单因素试验结论表明，巴豆醛释放量与卷烟纸克重、卷烟纸透气度和滤棒吸阻基本无关，因此对其余两个因素建立预测模型。

（4）模型4：2因素线性模型　采用多元线性回归法建立了巴豆醛与2项指标的预测模型，模型及模型参数如下：

$$Y = 19.60 - 0.000005552X_3 - 0.008366X_4$$

从表6-66看出，模型4中X_3的系数P为0.9032，说明本模型中X_3系数的可靠性稍差，但由表6-67可知，模型4的$P < 0.05$，决定系数R^2为0.7548，尽管模型4的决定系数较低，但是$P < 0.05$，说明模型4具有一定的统计学意义。

表 6-66　巴豆醛模型 4 回归系数 P 检验

回归系数	P	回归系数	P
b_0	$<1×10^{-5}$	b_2	$<1×10^{-5}$
b_1	0.9032		

表 6-67　巴豆醛模型 4 性能指标

P	R^2
$<1×10^{-5}$	0.7548

由图6-61可知，根据模型4计算的拟合值与实际测定值的线性相关线斜率为0.9856，R^2为0.6799。由拟合误差图6-62可知，拟合值与观测值之间的误差大多分布在$±4\mu g/$支这个范围内，说明模型4具备一定的预测能力，但预测效果一般。

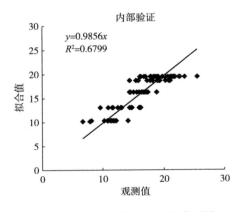

图 6-61　巴豆醛模型 4 内部验证图

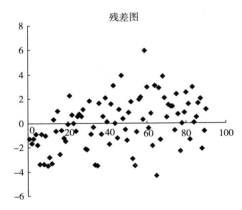

图 6-62　巴豆醛模型 4 内部验证残差图

（5）模型5：2因素二次多项式模型　采用逐步回归法建立了巴豆醛与2项指标及其交叉项和二次项的预测模型，模型及模型参数如下：

$$Y = 18.56 + 0.0001949X_3 - 0.004319X_4 - 0.0000005985X_3X_4$$

如表6-68所示，模型5各系数P均小于0.05，说明模型5的各系数能够通过检验，由表6-69可知，模型5的$P<0.05$，决定系数R^2为0.7654。尽管模型5的决定系数较低，但是$P<0.05$，说明模型5具有一定的统计学意义。

表6-68　　　　　　　　　　**巴豆醛模型5回归系数P检验**

回归系数	P	回归系数	P
$r(Y, X_3)$	0.0001	$r(Y, X_3X_4)$	$<1\times10^{-5}$
$r(Y, X_4)$	$<1\times10^{-5}$		

表6-69　　　　　　　　　　　　**巴豆醛模型5性能指标**

P	R^2
$<1\times10^{-5}$	0.7654

如图6-63所示，根据模型5计算的拟合值与实际测定值的线性相关线斜率为0.9905，R^2为0.808，说明模型5拟合值与实测值吻合度较好。由拟合误差图6-64可知，拟合值与观测值之间的误差大多分布在±4μg/支这个范围内，且没有任何趋势，说明建立的模型是好的。

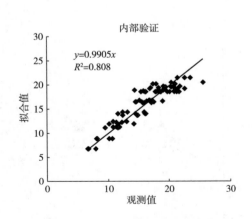

图6-63　巴豆醛模型5内部验证图

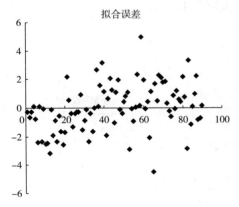

图6-64　巴豆醛模型5内部验证残差图

（6）巴豆醛预测模型优选 通过 P 检验的巴豆醛预测模型共计 5 个，各预测模型参数见表 6-70。从表中看出，模型 1、2 和 3 的 R^2 均在 0.8 以上，说明上述 3 个模型回归效果较好，其中模型 2 的 R^2 最大，交叉验证标准差 RMSECV 值最小，因此选择模型 2 作为巴豆醛最优预测模型。

表 6-70　　　　　　　　　　　巴豆醛预测模型

编号	模型	P	R^2	RMSECV
模型 1	$Y = 14.99 + 0.1451X_1 - 0.008288X_2 - 1.104E - 5X_3 - 0.008397X_4 - 0.0001592X_5$	$<1\times10^{-5}$	0.8376	2.032
模型 2	$Y = 16.40 - 0.004260X_4 + 0.002546X_1X_1 + 0.000002181X_4X_4 + 0.000007556X_1X_3 - 0.00003946X_2X_4 - 0.0000006614X_3X_4$	$<1\times10^{-5}$	0.8627	1.564
模型 3	$Y = 14.11 + 0.1504X_1 - 0.002163X_4 + 0.000006930X_1X_3 - 0.00003881X_2X_4 - 0.0000006338X_3X_4$	$<1\times10^{-5}$	0.8589	1.576
模型 4	$Y = 19.60 - 0.000005552X_3 - 0.008366X_4$	$<1\times10^{-5}$	0.7548	2.041
模型 5	$Y = 18.56 + 0.0001949X_3 - 0.004319X_4 - 0.0000005985X_3X_4$	$<1\times10^{-5}$	0.7654	1.671

8. 苯酚预测模型

苯酚的烤烟型预测模型建立采用了单因素和多因素设计的 88 个样品，释放量范围：5.7~17.2 μg/支，建立预测模型过程如下：

（1）模型 1：5 因素线性模型 采用多元线性回归法建立了苯酚与 5 项指标的预测模型，模型及模型参数如下：

$$Y = 31.26 - 0.1584X_1 - 0.03553X_2 - 8.320E - 5X_3 - 0.004651X_4 - 0.002446X_5$$

如表 6-71 所示，模型 1 各系数 P 均小于 0.05，说明模型 1 的各系数能够通过检验。如表 6-72 所示，模型 1 的 $P<0.05$，决定系数 R^2 为 0.8553，说明模型 1 能够通过检验，有统计学意义。

表 6-71　　　　　　　苯酚模型 1 回归系数 P 检验

回归系数	P	回归系数	P
b_0	$<1\times10^{-5}$	b_3	0.0005
b_1	0.0005	b_4	$<1\times10^{-5}$
b_2	$<1\times10^{-5}$	b_5	$<1\times10^{-5}$

表 6-72　　　　　　　　　　　　　苯酚模型 1 性能指标

P	R^2
$<1\times10^{-5}$	0.8553

如图 6-65 所示，根据模型 1 计算的拟合值与实际测定值的线性相关线斜率为 0.9937，R^2 为 0.8319，说明模型 1 拟合值与实测值吻合度较好。由拟合误差图 6-66 可知，拟合值与观测值之间的误差大多分布在 ±2μg/支这个范围内，且没有任何趋势，说明建立的模型是好的。

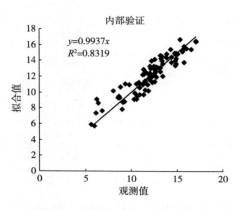

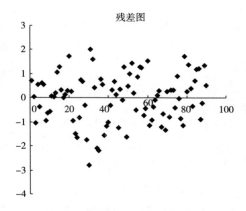

图 6-65　苯酚模型 1 内部验证图　　　　图 6-66　苯酚模型 1 内部验证残差图

（2）模型 2：5 因素二次多项式模型　采用逐步回归法建立了苯酚与 5 项指标及其交叉项和二次项的预测模型，模型及模型参数如下：

$$Y=53.71-0.9237X_1-0.01037X_4-0.007591X_5+0.0001989X_1X_4+0.0001676X_1X_5-$$

$$0.00002863X_2X_4-0.000006178X_2X_5-0.0000002760X_3X_4+0.0000007638X_4X_5$$

如表 6-73 所示，模型 2 中 X_4X_5 的系数 P 为 0.1435，说明本模型中 X_4X_5 系数的可靠性稍差，但如表 6-74 所示，模型 2 的 $P<0.05$，决定系数 R^2 为 0.9093，说明模型 2 能够通过检验，有统计学意义。

如图 6-67 所示，根据模型 2 计算的拟合值与实际测定值的线性相关线斜率为 0.996，R^2 为 0.9006，说明模型 2 拟合值与实测值吻合度较好。由拟合误差图 6-68 可知，拟合值与观测值之间的误差大多分布在 ±2μg/支这个范围内，且没有任何趋势，说明建立的模型是好的。

表 6-73　　　　　　　　　　苯酚模型 2 回归系数 P 检验

回归系数	P	回归系数	P
$r(Y, X_1)$	0.0075	$r(Y, X_2X_4)$	0.0499
$r(Y, X_4)$	0.0016	$r(Y, X_2X_5)$	0.0027
$r(Y, X_5)$	0.0018	$r(Y, X_3X_4)$	$<1×10^{-5}$
$r(Y, X_1X_4)$	0.0331	$r(Y, X_4X_5)$	0.1435
$r(Y, X_1X_5)$	0.0362		

表 6-74　　　　　　　　　　苯酚模型 2 性能指标

P	R^2
$<1×10^{-5}$	0.9093

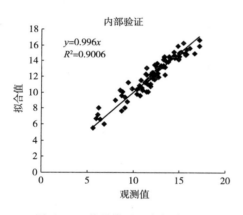

图 6-67　苯酚模型 2 内部验证图　　　　　图 6-68　苯酚模型 2 内部验证残差图

（3）模型 3：5 因素多因子及互作项模型　采用逐步回归法建立了苯酚与 5 项指标及其交叉项的预测模型，模型及模型参数如下：

$$Y = 53.71 - 0.9237X_1 - 0.01037X_4 - 0.007591X_5 + 0.0001989X_1X_4 + 0.0001676X_1X_5 -$$
$$0.00002863X_2X_4 - 0.000006178X_2X_5 - 0.0000002760X_3X_4 + 0.0000007638X_4X_5$$

如表 6-75 所示，模型 3 中 X_4X_5 的系数 P 值为 0.1435，说明本模型中 X_4X_5 系数的可靠性稍差，但由表 6-76 可知，模型 3 的 $P<0.05$，决定系数 R^2 为 0.9093，说明模型 3 能够通过检验，有统计学意义。

表 6-75　　　　　　　　　　苯酚模型 3 回归系数 P 检验

回归系数	P	回归系数	P
$r(Y, X_1)$	0.0075	$r(Y, X_2X_4)$	0.0499
$r(Y, X_4)$	0.0016	$r(Y, X_2X_5)$	0.0027
$r(Y, X_5)$	0.0018	$r(Y, X_3X_4)$	$<1\times10^{-5}$
$r(Y, X_1X_4)$	0.0331	$r(Y, X_4X_5)$	0.1435
$r(Y, X_1X_5)$	0.0362		

表 6-76　　　　　　　　　　苯酚模型 3 性能指标

P	R^2
$<1\times10^{-5}$	0.9093

如图 6-69 所示，根据模型 3 计算的拟合值与实际测定值的线性相关线斜率为 0.996，R^2 为 0.9006，说明模型 3 拟合值与实测值吻合度较好。由拟合误差图 6-70 可知，拟合值与观测值之间的误差大多分布在 ±2μg/支这个范围内，且没有任何趋势，说明建立的模型是好的。

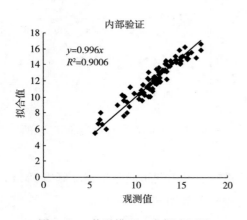

图 6-69　苯酚模型 3 内部验证图

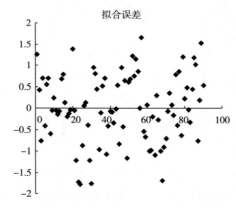

图 6-70　苯酚模型 3 内部验证残差图

可以看出，模型 2 和模型 3 是一致的，这是由于在做二次多项式回归计算过程中各因素的平方项影响较小而被剔除，因此导致模型 2 和模型 3 一致。

（4）苯酚预测模型优选　通过 P 检验的苯酚预测模型共计 3 个，各预测模型参数见表 6-77。从表中看出，模型 2 的 R^2 最大，交叉验证标准差

RMSECV 值最小，因此选择模型 2（模型 2 和模型 3 一致）作为苯酚最优预测模型。

表 6-77　　　　　　　　　　苯酚预测模型

编号	模型	P	R^2	RMSECV
模型 1	$Y=31.26-0.1584X_1-0.03553X_2-8.320\mathrm{E}{-}5X_3-0.004651X_4-$ $0.002446X_5$	$<1\times10^{-5}$	0.8553	1.029
模型 2	$Y=53.71-0.9237X_1-0.01037X_4-0.007591X_5+0.0001989X_1X_4+$ $0.0001676X_1X_5-0.00002863X_2X_4-0.000006178X_2X_5-$ $0.0000002760X_3X_4+0.0000007638X_4X_5$	$<1\times10^{-5}$	0.9093	0.8351
模型 3	$Y=53.71-0.9237X_1-0.01037X_4-0.007591X_5+0.0001989X_1X_4+$ $0.0001676X_1X_5-0.00002863X_2X_4-0.000006178X_2X_5-$ $0.0000002760X_3X_4+0.0000007638X_4X_5$	$<1\times10^{-5}$	0.9093	0.8351

9. 苯并［a］芘预测模型

苯并［a］芘的烤烟型预测模型建立采用了单因素和多因素设计的 88 个样品，释放量范围：6.5~17.5 ng/支，建立预测模型过程如下：

（1）模型 1：5 因素线性模型　采用多元线性回归法建立了苯并［a］芘与 5 项指标的预测模型，模型及模型参数如下：

$$Y=22.58-0.04937X_1-0.05075X_2-1.002\mathrm{E}{-}4X_3-0.003791X_4-0.001170X_5$$

从表 6-78 看出，模型 1 中 X_1 系数 b_1 的 P 值为 0.0621，说明本模型中 X_1 系数的可靠性稍差，但由表 6-79 可知，模型 1 的 $P<0.05$，决定系数 R^2 为 0.9158，说明模型 1 能够通过检验，有统计学意义。

表 6-78　　　　　苯并［a］芘模型 1 回归系数 P 检验

回归系数	P	回归系数	P
b_0	$<1\times10^{-5}$	b_3	$<1\times10^{-5}$
b_1	0.0621	b_4	$<1\times10^{-5}$
b_2	$<1\times10^{-5}$	b_5	$<1\times10^{-5}$

表 6-79　　　　　苯并［a］芘模型 1 性能指标

P	R^2
$<1\times10^{-5}$	0.9158

如图 6-71 所示，根据模型 1 计算的拟合值与实际测定值的线性相关线斜率为 0.9937，R^2 为 0.8319，说明模型 1 拟合值与实测值吻合度较好。由拟合误差图 6-72 可知，拟合值与观测值之间的误差大多分布在 ±1.5ng/支这个范围内，且没有任何趋势，说明建立的模型是好的。

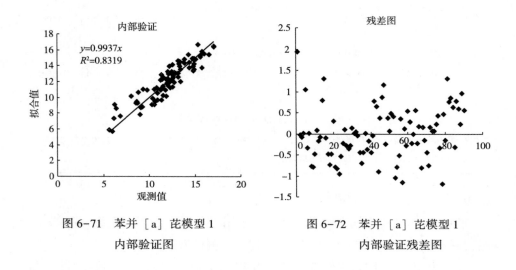

图 6-71　苯并［a］芘模型 1　　　　图 6-72　苯并［a］芘模型 1
　内部验证图　　　　　　　　　　　　　内部验证残差图

（2）模型 2：5 因素二次多项式模型　采用逐步回归法建立了苯并［a］芘与 5 项指标及其交叉项和二次项的预测模型，模型及模型参数如下：

$$Y = 30.06 - 1.089X_1 - 0.1553X_2 - 0.006636X_4 + 0.003897X_5 + 0.01292X_1X_1 + 0.001032X_2X_2 +$$
$$0.000000006589X_3X_3 + 0.0000008454X_4X_4 - 0.0000007870X_5X_5 + 0.00005650X_1X_5 +$$
$$0.00001635X_2X_4 - 0.0000001607X_3X_4 - 0.00000003647X_3X_5 + 0.0000005614X_4X_5$$

如表 6-80 所示，模型 2 中 X_5、X_1X_1、X_1X_5 的系数 P 大于 0.05，说明本模型中 X_5、X_1X_1、X_1X_5 系数的可靠性稍差，但由表 6-81 可知，模型 2 的 $P < 0.05$，决定系数 R^2 为 0.9670，说明模型 2 能够通过检验，有统计学意义。

如图 6-73 所示，根据模型 2 计算的拟合值与实际测定值的线性相关线斜率为 0.999，R^2 为 0.9659，说明模型 2 拟合值与实测值吻合度较好。由拟合误差图 6-74 可知，拟合值与观测值之间的误差大多分布在 ±1ng/支这个范围内，且没有任何趋势，说明建立的模型是好的。

表 6-80　　　　　　　苯并［a］芘模型 2 回归系数 P 检验

回归系数	P	回归系数	P
$r(Y, X_1)$	0.0232	$r(Y, X_4X_4)$	0.0324
$r(Y, X_2)$	$<1\times10^{-5}$	$r(Y, X_5X_5)$	0.0014
$r(Y, X_4)$	$<1\times10^{-5}$	$r(Y, X_1X_5)$	0.1496
$r(Y, X_5)$	0.0948	$r(Y, X_2X_4)$	0.0249
$r(Y, X_1X_1)$	0.0704	$r(Y, X_3X_4)$	$<1\times10^{-5}$
$r(Y, X_2X_2)$	$<1\times10^{-5}$	$r(Y, X_3X_5)$	0.0001
$r(Y, X_3X_3)$	0.0057	$r(Y, X_4X_5)$	0.0285

表 6-81　　　　　　　苯并［a］芘模型 2 性能指标

P	R^2
$<1\times10^{-5}$	0.9670

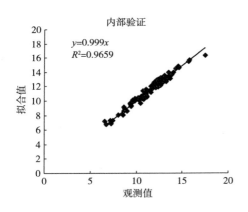

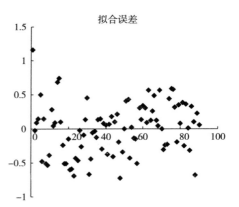

图 6-73　苯并［a］芘模型 2 内部验证图　　图 6-74　苯并［a］芘模型 2 内部验证残差图

（3）模型 3：5 因素多因子及互作项模型　采用逐步回归法建立了苯并
［a］芘与 5 项指标及其交叉项的预测模型，模型及模型参数如下：

$$Y = 22.71 - 0.04777X_1 - 0.05064X_2 - 0.004843X_4 - 0.001267X_5 - 0.0000001286X_3X_4 -$$
$$0.00000001372X_3X_5 + 0.0000004664X_4X_5$$

如表 6-82 所示，模型 3 中 X_1 和 X_4X_5 的系数 P>0.05，说明本模型中 X_1
和 X_4X_5 系数的可靠性稍差，但由表 6-83 可知，模型 3 的 P<0.05，决定系数
R^2 为 0.9300，说明模型 3 能够通过检验，有统计学意义。

表 6-82　　　　　　　　苯并［a］芘模型 3 回归系数 *P* 检验

回归系数	*P*	回归系数	*P*
$r\ (Y,\ X_1)$	0.0532	$r\ (Y,\ X_3X_4)$	0.0001
$r\ (Y,\ X_2)$	$<1\times10^{-5}$	$r\ (Y,\ X_3X_5)$	0.0008
$r\ (Y,\ X_4)$	0.0008	$r\ (Y,\ X_4X_5)$	0.1738
$r\ (Y,\ X_5)$	$<1\times10^{-5}$		

表 6-83　　　　　　　　苯并［a］芘模型 3 性能指标

P	R^2
$<1\times10^{-5}$	0.9300

如图 6-75 所示，根据模型 3 计算的拟合值与实际测定值的线性相关线斜率为 0.9978，R^2 为 0.9249，说明模型 3 拟合值与实测值吻合度较好。由拟合误差图 6-76 可知，拟合值与观测值之间的误差大多分布在 ±1ng/支这个范围内，且没有任何趋势，说明建立的模型是好的。

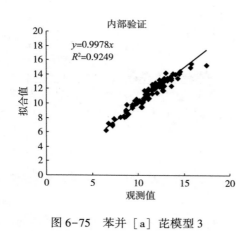

图 6-75　苯并［a］芘模型 3
内部验证图

图 6-76　苯并［a］芘模型 3
内部验证残差图

（4）苯并［a］芘预测模型优选　通过 *P* 检验的苯并［a］芘预测模型共计 3 个，各预测模型参数见表 6-84。从表中看出，3 个模型的 R^2 均在 0.9 以上，说明 3 个模型回归效果很好，其中模型 2 的 R^2 最大，交叉验证标准差 RMSECV 值最小，因此选择模型 2 作为苯并［a］芘最优预测模型。

表 6-84　　　　　　　　　　苯并［a］芘预测模型

编号	模型	P	R^2	RMSECV
模型 1	$Y = 22.58 - 0.04937X_1 - 0.05075X_2 - 1.002E-4X_3 - 0.003791X_4 - 0.001170X_5$	$<1\times10^{-5}$	0.9158	0.6192
模型 2	$Y = 30.06 - 1.089X_1 - 0.1553X_2 - 0.006636X_4 + 0.003897X_5 + 0.01292X_1X_1 + 0.001032X_2X_2 + 0.000000006589X_3X_3 + 0.0000008454X_4X_4 - 0.0000007870X_5X_5 + 0.00005650X_1X_5 - 0.00001635X_2X_4 - 0.0000001607X_3X_4 - 0.00000003647X_3X_5 - 0.0000005614X_4X_5$	$<1\times10^{-5}$	0.9670	0.4102
模型 3	$Y = 22.71 - 0.04777X_1 - 0.05064X_2 - 0.004843X_4 - 0.001267X_5 - 0.0000001286X_3X_4 - 0.00000001372X_3X_5 + 0.0000004664X_4X_5$	$<1\times10^{-5}$	0.9300	0.5715

参考文献

[1] 赵乐, 彭斌, 于川芳, 等. 基于卷烟辅助材料参数的卷烟烟气有害成分预测模型 [J]. 烟草科技, 2012 (5): 35-39.

[2] 郑琴, 程占刚, 李会荣, 等. 卷烟纸对卷烟主流烟气中 7 种有害成分释放量的影响 [J]. 烟草科技, 2010 (12): 49-51.

[3] 谢卫, 黄朝章, 苏明亮, 等. 辅助材料设计参数对卷烟 7 种烟气有害成分释放量及其危害性指数的影响 [J]. 烟草科技, 2013 (1): 31-38.

[4] 于川芳, 罗登山, 王芳, 等. 卷烟 "三纸一棒" 对烟气特征及感官质量的影响 (一)* [J]. 中国烟草学报, 2001, 7 (2): 1-7.

[5] 于川芳, 罗登山, 王芳, 等. 卷烟 "三纸一棒" 对烟气特征及感官质量的影响 (二)* [J]. 中国烟草学报, 2001, 9 (3): 6-10.

[6] 连芬燕, 李斌, 黄朝章, 等. 滤嘴通风对卷烟燃烧温度及主流烟气中七种有害成分的影响 [J]. 湖北农业科学, 2014, 53 (17): 4074-4078.

[7] 庞永强, 黄春晖, 陈再根, 等. 通风稀释对卷烟燃烧温度及主流烟气中主要有害成分释放量的影响 [J]. 烟草科技, 2012, (11): 29-32.

[8] 魏玉玲, 徐金和, 胡群, 等. 卷烟材料组合搭配对主流烟气量及过滤效率的影响 [J]. 数学的实践与认识, 2008, 38 (23): 91-100.

[9] 魏玉玲, 胡群, 牟定荣, 等. 材料多因素对 30 mm 滤嘴长卷烟主流烟气量及过滤效率的影响 [J]. 昆明理工大学学报 (理工版), 2008, 33 (4): 84-90.

[10] 魏玉玲, 王建, 缪明明, 等. 材料多因素对 24 mm 滤嘴长卷烟烟气递送量及过滤效率的影响 [J]. 数理统计与管理, 2008, 27 (5): 801-806.

［11］魏玉玲，冯洪涛，戴家红，等．27 mm 滤嘴长卷烟材料多因素对主流烟气递送量及过滤效率的影响［J］．中国烟草学报，2008，14（5）：15-21.

［12］魏玉玲，徐金和，廖臻，等．卷烟材料多因素对卷烟通风率及过滤效率的影响［J］．烟草科技，2008（11）：9-13.

［13］刘华．卷烟材料与焦油量关系的回归设计与分析［J］．烟草科技，2008（5）：9-11.

［14］Wilson S A. Smoke composition changes resulting from filter ventilation［C］. 55th TSRC, 2001.

［15］Christophe L M, Lang L B, Gilles L B, et al. Influence ofcigarette paper and filter ventilation on Hoffmann analytes［C］. 58th TSRC, 2004.

［16］Case P D, Branton P J, Baker R R, et al. The effect of cigarette design variables on assays of interest to the tobacco industry［C］. CORESTA, 2005.

［17］Xie J P, Development of a novel hazard index of mainstream cigarette smoke and its application on risk evaluation of cigarette products［C］. CORESTA, 2008.

［18］GB/T 451.2-2002/ISO 536：1995 纸和纸板定量的测定．

［19］YC/T 172-2002/ISO 2965：1997 卷烟纸，成形纸，接装纸及具有定向透气带的材料透气度的测定．

［20］YC/T 37.3 — 1996 滤棒物理性能的测定 第 3 部分：吸阻．

［21］GB/T 19609-2004 卷烟 用常规分析用吸烟机测定总粒相物和焦油．

［22］GB/T 23355-2009 卷烟 总粒相物中烟碱的测定方法 气相色谱法．

［23］YC/T 157-2001 卷烟 总粒相物中水分的测定方法 气相色谱法．

［24］GB/T 23356-2009 卷烟烟气气相中一氧化碳的测定 非散射红外法．

［25］YC/T 253-2008 卷烟主流烟气中氰化氢的测定连续流动法．

［26］GB/T23228-2008 卷烟 主流烟气总粒相物中烟草特有 N-亚硝胺的测定 气相色谱-热能分析联用法．

［27］GB/T 21130-2007 卷烟 烟气总粒相物中苯并［a］芘的测定．

［28］YC/T 255-2008 卷烟主流烟气中主要酚类化合物的测定高效液相色谱法．

［29］YC/T 254-2008 卷烟主流烟气中主要羰基化合物的测定高效液相色谱法．

［30］Determination of ammonia in mainstream tobacco smoke. Health Canada T-101, 1999.

［31］肖悦岩．预测预报准确度评估方法的研究［J］．植保技术与推广，1997，17（4）：3-6.

［32］肖悦岩，季伯衡，杨之为，等．植物病害流行与预测［M］．北京：中国农业大学出版社，1998，80-81.

［33］唐启义．实用统计分析及其 DPS 数据处理系统［M］．北京：科学出版社，2002,

268-278.

[34] 成巨龙, 安德荣, 孙渭. 陕西省烟草蚜传病毒病的发生规律及预测预报模型的研究 [J]. 中国烟草学报, 1998, 4 (2): 43-48.

[35] 任广伟, 王凤龙, 高汉杰, 等. BP 神经网络在烟草蚜传病毒病预测中的应用 [J]. 中国烟草学报, 2004, 8 (4): 23-26.

[36] 尹光志, 李铭辉, 李文璞, 等. 基于改进 BP 神经网络的煤体瓦斯渗透率预测模型 [J]. 煤炭学报, 2013, 38 (7): 1179-1183.

[37] 金思明, 王培琳, 程增林, 等. 烟草黄瓜花叶病测报方法初探 [J]. 中国烟草, 1987 (2): 1-5.

[38] 汪尔康. 21 世纪的分析化学 [M]. 北京: 科学出版社, 2001.

[39] 许禄, 邵学广. 化学计量学方法 [M]. 北京: 科学出版社, 2004.

第七章
卷烟材料降焦减害应用

卷烟降焦减害是烟草行业生存与发展的必然选择，是提高中式卷烟核心竞争力的重要途径，也是确立中式卷烟比较优势的关键环节。卷烟材料是卷烟的重要组成部分，通过其参数调整是国内外烟草行业降焦减害的重要技术手段，也是最易实现的技术手段。

本章主要介绍卷烟材料参数的变化对降焦减害的影响幅度以及降焦减害集成技术在卷烟产品开发中的应用实例。

第一节　卷烟材料设计参数对降焦减害的影响幅度

卷烟材料设计参数对卷烟主流烟气的化学成分具有十分重要的影响。参数改变对卷烟主流烟气常规成分影响研究始于 20 世纪 70 年代，通过调节卷烟燃烧、烟气稀释和截留等因素影响卷烟主流烟气的释放量。1976 年，Leonard 等人研究了烟草类型和卷烟纸透气度对主流烟气中焦油、烟碱和 CO 的影响。1980 年，Townsend 等人研究了卷烟纸透气度和通风稀释对主流烟气中 CO 的产生和扩散的影响。1983 年，Browne 等人研究了通风稀释对主流烟气和侧流烟气中烟气冷凝物、水分、烟碱和 CO 的影响。1995 年，Lewis 等人研究了通风稀释对主流烟气中烟碱的扩散的影响。这些研究结果的应用使得卷烟产品的焦油、烟碱和 CO 等常规成分在近几十年来有了明显的降低。

近年来，国内在卷烟产品减害降焦方面进行了部分研究和应用，相当多的卷烟产品已使用了高透气度和静燃速度快的卷烟纸、滤嘴通风稀释和加长滤嘴，或通过调整膨胀梗丝、膨胀叶丝和再造烟叶比例等技术来降低卷烟主流烟气有害成分的释放量。对卷烟材料（如卷烟纸、成形纸、接装纸和滤棒）参数的改变影响卷烟主流烟气中的总粒相物、焦油、烟碱、7 种有害成分以及卷烟的燃烧性、抽吸口数、感官质量等方面也开展了一些研究工作。

目前国内市场销售的卷烟类型主要为烤烟型和混合型两个类型的卷烟，不同类型卷烟中卷烟材料对主流烟气中9种有害成分（焦油、烟碱、7种有害成分）释放量的影响不尽相同。明确地表征卷烟材料设计参数与烟气有害成分释放量的量化关系，实现对其释放量进行设计控制，对于卷烟产品开发显得尤为重要。

一、卷烟样品设计

1. 卷烟样品配方设计

烤烟型卷烟样品：5个单等级烟叶混配，不加香不加料，只添加8‰保润剂。

混合型卷烟样品：参考2R4F卷烟配方设计，实际配方见表7−1。

表7−1　　　　　　　　　混合型卷烟配方设计表

配方构成	含量/%	配方构成	含量/%
烤烟	32.5	烟草薄片	27.1
白肋烟	21.2	甘油	2.8
香料烟	11.1	还原糖	5.3

2. 卷烟样品卷烟材料设计

卷烟样品的卷烟材料参数设计值如下：

卷烟纸自然透气度（CU，由同一种纸浆加工，助燃剂相同）：20，40，50，60，80。

卷烟纸定量（g/m²）：26，28，30，32，34。

接装纸透气度（CU，预打孔方式，固定中心打孔位置19mm，激光打孔，长度固定32mm）：0，100，400，800，1200。

成形纸透气度（CU）：3300，4500，6000，10000，15000。

滤棒压降（Pa，144mm滤棒，3.0Y/35000醋纤丝束）：3600，4000，4400，4800，5200。

二、卷烟材料参数变化对烤烟型卷烟9种成分释放量的影响

卷烟材料参数变化对烤烟型卷烟的9种成分释放量影响不尽相同，卷烟材料参数主要有卷烟纸定量、卷烟纸透气度、成形纸透气度、接装纸透气度和滤棒压降5种参数。本节重点介绍了5种卷烟材料参数在卷烟产品常规设计范围内的变化对烤烟型卷烟9种成分释放量的影响程度和影响幅度。

1. 一氧化碳（CO）

CO 释放量随着卷烟纸定量增加而增加，呈现较强的正相关关系；CO 释放量随着卷烟纸透气度、成形纸透气度、接装纸透气度、滤棒压降的增加而降低，呈现负相关关系。卷烟纸定量、成形纸透气度和滤棒压降对 CO 释放量影响较小，卷烟纸透气度和接装纸透气度对 CO 释放量影响较大。

卷烟纸透气度从 20CU 增加到 80CU，CO 释放量降低幅度为 22%，接装纸透气度从 0CU 到 1200CU，CO 释放量降低幅度为 48%。卷烟材料降低卷烟烟气中的 CO 释放量首选方法为增加接装纸的透气度，其次是增加卷烟纸的透气度。CO 在卷烟材料设计范围内变化幅度（烤烟型）见图 7-1。

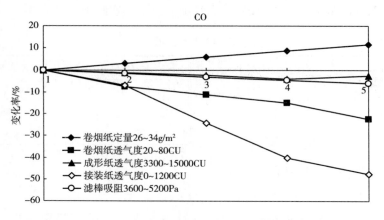

图 7-1　CO 在卷烟材料设计范围内变化幅度（烤烟型）

2. 烟草特有亚硝胺（NNK）

NNK 释放量随着卷烟纸定量、卷烟纸透气度、成形纸透气度、接装纸透气度、滤棒压降的增加而降低，呈现负相关关系。卷烟纸定量和卷烟纸透气度对 NNK 释放量影响较小。成形纸透气度、接装纸透气度和滤棒压降对 NNK 释放量影响较大。按照对 NNK 释放量影响由大到小排序为滤棒压降>接装纸透气度>成形纸透气度>卷烟纸定量>卷烟纸透气度。

成形纸透气度从 3300CU 增加到 15000CU，NNK 释放量降低幅度为 15%；接装纸透气度从 0CU 到 1200CU，NNK 释放量降低幅度为 22%，滤棒压降从 3600 Pa 增加到 5200 Pa，NNK 释放量降低幅度达到 24%。卷烟材料降低卷烟烟气中的 NNK 释放量首选方法为增加滤棒压降，其次是增加接装纸透气度。NNK 在卷烟材料设计范围内变化幅度（烤烟型）见图 7-2。

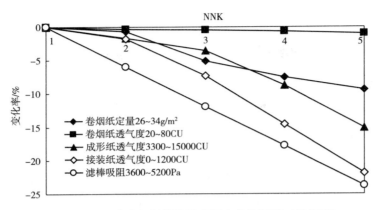

图 7-2 NNK 在卷烟材料设计范围内变化幅度（烤烟型）

3. 氨（NH_3）

NH_3 释放量随着卷烟纸定量、卷烟纸透气度、成形纸透气度、接装纸透气度、滤棒压降的增加而降低，呈现负相关关系。卷烟纸定量、卷烟纸透气度和成形纸透气度对 NH_3 释放量影响较小。接装纸透气度和滤棒压降对 NH_3 释放量影响较大。按照对 NH_3 释放量影响由大到小排序为接装纸透气度>滤棒压降>卷烟纸透气度>成形纸透气度>卷烟纸定量。

滤棒压降从 3600 Pa 增加到 5200 Pa，NH_3 释放量降低幅度达到 24%，接装纸透气度从 0CU 到 1200CU，NH_3 释放量降低幅度达到 38%。卷烟材料降低卷烟烟气中的 NH_3 释放量首选方法为增加接装纸透气度，其次是增加滤棒压降。NH_3 在卷烟材料设计范围内变化幅度（烤烟型）见图 7-3。

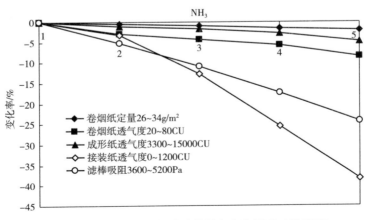

图 7-3 NH_3 在卷烟材料设计范围内变化幅度（烤烟型）

4. 氢氰酸（HCN）

HCN 释放量随着卷烟纸透气度、接装纸透气度、滤棒压降的增加而降低，呈现负相关关系。卷烟纸定量和成形纸透气度对 HCN 释放量基本没有影响，滤棒压降对 HCN 释放量影响较小，卷烟纸透气度和接装纸透气度对 HCN 释放量影响较大。按照对 HCN 释放量影响由大到小排序为接装纸透气度>卷烟纸透气度>滤棒压降>成形纸透气度>卷烟纸定量。

卷烟纸透气度从 20CU 增加到 80CU，HCN 释放量降低幅度为 27%，接装纸透气度从 0CU 到 1200CU，HCN 释放量降低幅度为 63%。卷烟材料降低卷烟烟气中的 HCN 释放量首选方法为增加接装纸透气度，其次是增加卷烟纸透气度。HCN 在卷烟材料设计范围内变化幅度（烤烟型）见图 7-4。

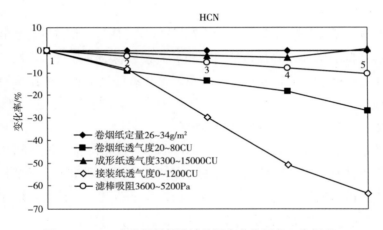

图 7-4　HCN 在卷烟材料设计范围内变化幅度（烤烟型）

5. 巴豆醛

巴豆醛释放量随着接装纸透气度的增加而降低，呈现负相关关系；巴豆醛释放量随着卷烟纸定量的增加而增加，呈现正相关关系；卷烟纸透气度、成形纸透气度和滤棒压降对巴豆醛释放量基本没有影响。卷烟纸定量、卷烟纸透气度、滤棒压降和成形纸透气度对巴豆醛释放量影响较小，接装纸透气度对巴豆醛释放量影响较大。

接装纸透气度从 0CU 到 1200CU，巴豆醛释放量降低幅度达到 57%。卷烟材料降低混合型卷烟烟气中的巴豆醛释放量首选方法为增加接装纸透气度。巴豆醛在卷烟材料设计范围内变化幅度（烤烟型）见图 7-5。

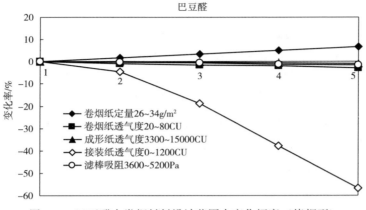

图 7-5　巴豆醛在卷烟材料设计范围内变化幅度（烤烟型）

6. 苯酚

苯酚释放量随着卷烟纸定量、卷烟纸透气度、成形纸透气度、接装纸透气度和滤棒压降的增加而降低，呈现负相关关系。卷烟纸定量、卷烟纸透气度和成形纸透气度对苯酚释放量影响较小，接装纸透气度和滤棒压降对苯酚释放量影响较大。按照对苯酚释放量影响由大到小排序为滤棒压降>接装纸透气度>卷烟纸定量>卷烟纸透气度>成形纸透气度。

接装纸透气度从 0CU 到 1200CU，苯酚释放量降低幅度达到 31%，滤棒压降从 3600 Pa 增加到 5200 Pa，苯酚释放量降低幅度达到 33%。卷烟材料降低卷烟烟气中的苯酚释放量首选方法为增加滤棒压降，其次是增加接装纸透气度。苯酚在卷烟材料设计范围内变化幅度（烤烟型）见图 7-6。

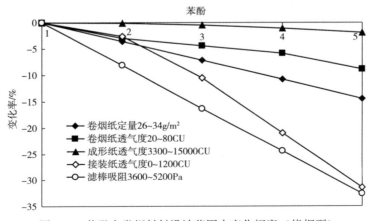

图 7-6　苯酚在卷烟材料设计范围内变化幅度（烤烟型）

7. 苯并〔a〕芘

苯并〔a〕芘释放量随着卷烟纸定量、卷烟纸透气度、成形纸透气度、接装纸透气度和滤棒压降的增加而降低，呈现负相关关系。卷烟纸定量和成形纸透气度对苯并〔a〕芘释放量影响较小，卷烟纸透气度、接装纸透气度和滤棒压降对苯并〔a〕芘释放量影响较大。按照对苯并〔a〕芘释放量影响由大到小排序为接装纸透气度>卷烟纸透气度≈滤棒压降>卷烟纸定量>成形纸透气度。

滤棒压降从3600Pa增加到5200Pa，苯并〔a〕芘释放量降低幅度为18%，卷烟纸透气度从20CU到80CU，苯并〔a〕芘降低幅度为19%，接装纸透气度从0CU到1200CU，苯并〔a〕芘释放量降低幅度达到28%。卷烟材料降低卷烟烟气中的苯酚释放量首选方法为增加接装纸透气度，其次是增加滤棒压降或卷烟纸透气度。苯并〔a〕芘在卷烟材料设计范围内变化幅度（烤烟型）见图7-7。

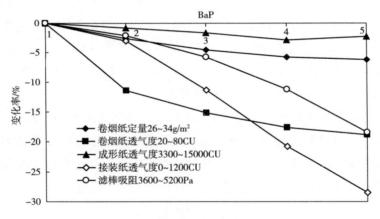

图7-7　苯并〔a〕芘在卷烟材料设计范围内变化幅度（烤烟型）

8. 烟碱

烟碱释放量随着卷烟纸透气度、成形纸透气度、接装纸透气度和滤棒压降的增加而降低，呈现负相关关系。烟碱释放量随卷烟纸定量增加基本保持不变。卷烟纸定量、卷烟纸透气度和成形纸透气度对烟碱释放量影响较小，接装纸透气度和滤棒压降对烟碱释放量影响较大。按照对烟碱释放量影响由大到小排序为接装纸透气度>滤棒压降>卷烟纸透气度>成形纸透气度>卷烟纸定量。

滤棒压降从3600Pa增加到5200Pa，烟碱降低幅度为19%，接装纸透气度从0CU到1200CU，焦油释放量降低幅度为38%。卷烟材料降低卷烟烟气中的烟碱释放量首选方法为增加接装纸透气度，其次是增加滤棒压降。烟碱在卷烟材料设计范围内变化幅度（烤烟型）见图7-8。

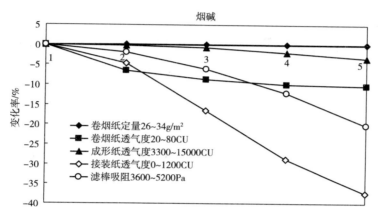

图7-8 烟碱在卷烟材料设计范围内变化幅度（烤烟型）

9. 焦油

焦油释放量随着卷烟纸定量增加、卷烟纸透气度、成形纸透气度、接装纸透气度和滤棒压降的增加而降低，呈现负相关关系。卷烟纸定量和成形纸透气度对焦油释放量影响很小，卷烟纸透气度和滤棒压降对焦油释放量影响较大，接装纸透气度对焦油释放量影响最大。按照对焦油释放量影响由大到小排序为接装纸透气度>卷烟纸透气度≈滤棒压降>卷烟纸定量≈成形纸透气度。

卷烟纸透气度从20CU到80CU或滤棒压降从3600Pa增加到5200Pa，焦油释放量降低幅度均为16%左右，接装纸透气度从0CU到1200CU，焦油释放量降低幅度为45%。卷烟材料降低卷烟烟气中的焦油释放量首选方法为增加接装纸透气度，其次是增加卷烟纸透气度或滤棒压降。焦油在卷烟材料设计范围内变化幅度（烤烟型）见图7-9。

10. 卷烟材料参数单位变化对烤烟型卷烟9种成分释放量影响程度

对于烤烟型卷烟，卷烟纸定量每增加$1g/m^2$，苯酚降低1.79%，CO升高1.45%，其他指标变化幅度不大；卷烟纸透气度每增加10CU，CO、NH_3、HCN、苯酚、苯并［a］芘、烟碱和焦油分别降低3.71%、1.41%、4.48%、1.47%、4.59%、2.57%和3.34%，NNK和巴豆醛变化幅度不大；成形纸透气

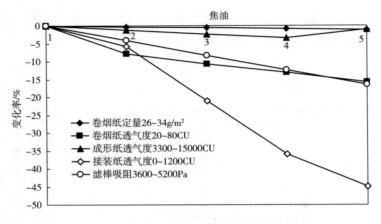

图 7-9　焦油在卷烟材料设计范围内变化幅度（烤烟型）

度每增加 1000CU，NNK 降低 1.32%，其它指标幅度不大；接装纸透气度每增加 100CU，所有有害成分释放量均有较明显地降低，CO、NNK、NH₃、HCN、巴豆醛、苯酚、苯并［a］芘、烟碱和焦油分别降低 5.48%、1.82%、3.18%、6.82%、4.71%、2.62%、2.71%、3.87%和 4.81%；滤棒压降每增加 400 Pa，CO、NNK、NH₃、HCN、苯酚、苯并［a］芘、烟碱和焦油分别降低 1.56%、5. 96%、5.61%、2.56%、8.14%、3.36%、3.48%和 4.13%，巴豆醛变化幅度不大。卷烟材料参数单位变化对烤烟型卷烟 9 种成分释放量影响程度见表 7-2。

表 7-2　卷烟材料参数单位变化对烤烟型卷烟 9 种成分释放量影响程度　单位：%

因素	卷烟纸定量	卷烟纸透气度	成形纸透气度	接装纸透气度	滤棒压降
变化值	+1g/m²	+10CU	+1000CU	+100CU	+400Pa
CO	1.45	−3.71	−0.72	−5.48	−1.56
NNK	−1.00	−0.16	−1.32	−1.82	−5.96
NH₃	−0.25	−1.41	−0.58	−3.18	−5.61
HCN	0.00	−4.48	−0.56	−6.82	−2.56
巴豆醛	0.86	−0.49	−0.06	−4.71	−0.37
苯酚	−1.79	−1.47	−0.16	−2.62	−8.14
苯并［a］芘	−1.06	−4.59	−0.48	−2.71	−3.36
烟碱	0.03	−2.57	−0.25	−3.87	−3.48
焦油	−0.14	−3.34	−0.61	−4.81	−4.13

三、卷烟材料参数变化对烤烟型卷烟 7 种有害成分单位焦油释放量的影响

对于卷烟 7 种有害成分的选择性降低效果的评价，一般采用 7 种有害成分的单位焦油释放量来表征。本节以卷烟纸克重 26g/m²，卷烟纸透气度 40CU，成形纸透气度 3300CU，接装纸透气度 100CU，滤棒压降 3600 Pa 为基准参数，重点介绍了卷烟材料参数在卷烟产品常规设计范围内的变化对烤烟型卷烟 7 种成分单位焦油释放量的影响。

1. 一氧化碳（CO）

随着卷烟纸定量和滤棒压降增加，CO 单位焦油释放量逐渐增加，最大幅度分别达到 13% 和 12%，说明此时焦油释放量的降低幅度大于 CO 的降低幅度，即通过增加卷烟纸定量和滤棒压降不能选择性降低 CO；在成形纸和卷烟纸透气度较低情况下，CO 单位焦油释放量基本不变，表明 CO 和焦油释放量同步下降；随着接装纸透气度和卷烟纸透气度的增加，CO 单位焦油释放量逐渐降低，说明此时焦油释放量的降低幅度小于 CO 释放量的降低幅度，即通过增加卷烟纸透气度和成形纸透气度可以一定程度上选择性降低 CO。CO 在卷烟材料设计范围内单位焦油变化幅度（烤烟型）见图 7-10。

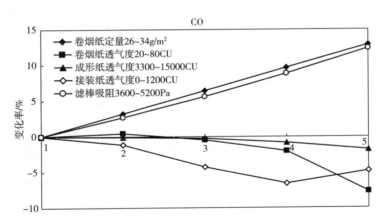

图 7-10　CO 在卷烟材料设计范围内单位焦油变化幅度（烤烟型）

2. 烟草特有亚硝胺（NNK）

随着卷烟纸透气度和接装纸透气度增加，NNK 单位焦油释放量逐渐增加，最大幅度分别达到 18% 和 42%，说明此时焦油释放量的降低幅度大于 NNK 的降低幅度，即通过增加卷烟纸透气度和接装纸透气度不能选择性降低 NNK；

随着成形纸透气度、滤棒压降和卷烟纸定量的增加，NNK 单位焦油释放量逐渐降低，最大降幅分别为 14%、16% 和 9%，说明此时焦油释放量的降低幅度小于 NNK 释放量的降低幅度，即通过增加成形纸透气度、滤棒压降和卷烟纸定量可以一定程度上选择性降低 NNK。NNK 在卷烟材料设计范围内单位焦油变化幅度（烤烟型）见图 7-11。

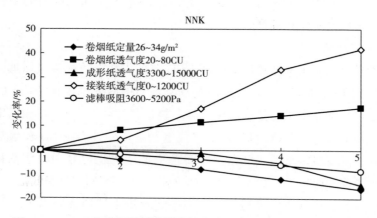

图 7-11　NNK 在卷烟材料设计范围内单位焦油变化幅度（烤烟型）

3. 氨（NH_3）

随着卷烟纸透气度和接装纸透气度增加，NH_3 单位焦油释放量逐渐增加，最大幅度分别达到 9% 和 16%，说明此时焦油释放量的降低幅度大于 NH_3 的降低幅度，即通过增加卷烟纸透气度和接装纸透气度不能选择性降低 NH_3；成形纸透气度和卷烟纸定量变化，NH_3 单位焦油释放量基本不变，表明 NH_3 和焦油释放量同步下降；随着滤棒压降的增加，NH_3 单位焦油释放量逐渐降低，最大降幅为 9%，说明此时焦油释放量的降低幅度小于 NH_3 释放量的降低幅度，即通过增加滤棒压降可以一定程度上选择性降低 NH_3。NH_3 在卷烟材料设计范围内单位焦油变化幅度（烤烟型）见图 7-12。

4. 氢氰酸（HCN）

随着滤棒压降增加，HCN 单位焦油释放量逐渐增加，最大幅度达到 7%，说明此时焦油释放量的降低幅度大于 HCN 的降低幅度，表明增加滤棒压降不能选择性降低 HCN；成形纸透气度和卷烟纸定量对 HCN 单位焦油释放量较小，基本不变，说明 HCN 和焦油释放量同步下降；随着卷烟纸透气度和成形纸透气度的增加，HCN 单位焦油释放量逐渐降低，最大降幅分别为 13% 和

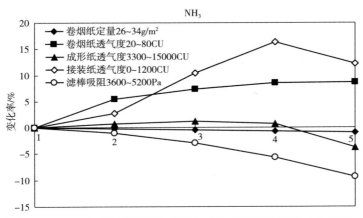

图 7-12 NH₃ 在卷烟材料设计范围内单位焦油变化幅度 （烤烟型）

33%，说明此时焦油释放量的降低幅度小于 HCN 释放量的降低幅度，通过增加卷烟纸透气度和成形纸透气度可以一定程度上选择性降低 HCN。HCN 在卷烟材料设计范围内单位焦油变化幅度 （烤烟型） 见图 7-13。

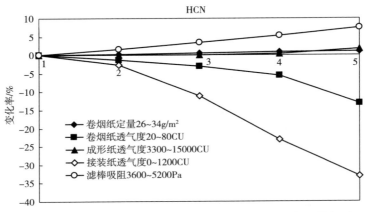

图 7-13 HCN 在卷烟材料设计范围内单位焦油变化幅度 （烤烟型）

5. 巴豆醛

随着卷烟纸透气度和滤棒压降的增加，巴豆醛单位焦油释放量逐渐增加，最大幅度分别达到 15% 和 18%，说明此时焦油释放量的降低幅度大于巴豆醛的降低幅度，即通过增加卷烟纸透气度和滤棒压降不能选择性降低巴豆醛；成形纸透气度、接装纸透气度和卷烟纸定量变化，巴豆醛单位焦油释放量基本不变，表明巴豆醛和焦油释放量同步下降。苯酚在卷烟材料设计范围内单位焦油变化幅度（烤烟型）见图 7-14。

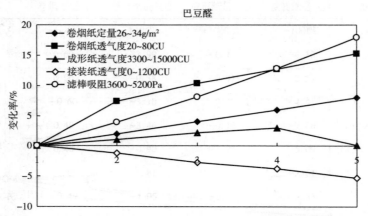

图 7-14　巴豆醛在卷烟材料设计范围内单位焦油变化幅度（烤烟型）

6. 苯酚

随着接装纸透气度增加，苯酚单位焦油释放量逐渐增加，最大幅度达到 24%，说明此时焦油释放量的降低幅度大于苯酚的降低幅度，即通过增加接装纸透气度不能选择性降低苯酚；成形纸透气度和卷烟纸透气度变化，苯酚单位焦油释放量基本不变，表明苯酚和焦油释放量同步下降；随着卷烟纸定量和滤棒压降的增加，苯酚单位焦油释放量逐渐降低，最大降幅分别为 13% 和 19%，说明增加卷烟纸定量和滤棒压降可以一定程度上选择性降低苯酚。苯酚在卷烟材料设计范围内单位焦油变化幅度（烤烟型）见图 7-15。

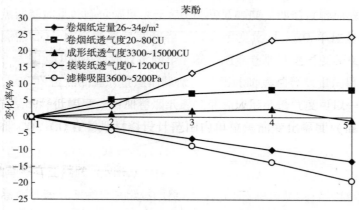

图 7-15　苯酚在卷烟材料设计范围内单位焦油变化幅度（烤烟型）

7. 苯并［a］芘（B［a］P）

随着接装纸透气度增加，B［a］P 单位焦油释放量逐渐增加，最大幅度达到 30%，说明此时焦油释放量的降低幅度大于 B［a］P 的降低幅度，即通过增加接装纸透气度不能选择性降低 B［a］P；卷烟纸定量、滤棒压降、成形纸透气度和卷烟纸透气度变化，B［a］P 单位焦油释放量基本不变，说明 B［a］P 和焦油释放量同步下降。B［a］P 在卷烟材料设计范围内单位焦油变化幅度（烤烟型）见图 7-16。

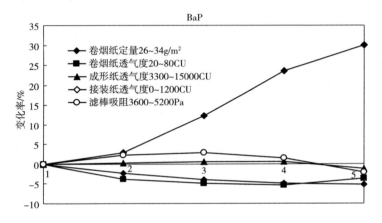

图 7-16 B［a］P 在卷烟材料设计范围内单位焦油变化幅度（烤烟型）

8. 卷烟材料参数变化对烤烟型卷烟 7 种有害成分单位焦油量释放量影响程度

对于烤烟型卷烟，卷烟纸定量每增加 $1g/m^2$，CO、HCN 和巴豆醛单位焦油释放量的影响为正值，说明上述 4 项指标降低幅度小于焦油，NNK、NH_3、苯酚和 B［a］P 为负值，但是上述 7 项指标数值较小，说明卷烟纸定量每增加 $1g/m^2$ 对 7 项指标释放量的选择性影响较小。

卷烟纸透气度每增加 10CU，NNK、NH_3、巴豆醛和苯酚单位焦油释放量的影响为正值，其降低幅度小于焦油，其中 NNK 和巴豆醛分别为 3.18% 和 2.85%，说明增加卷烟纸透气度 10CU，在降低焦油释放量的同时，NNK 和巴豆醛单位焦油释放量明显升高。CO、HCN 和 B［a］P 单位焦油释放量的影响为负值，其降低幅度大于焦油，但是数据较小，说明增加卷烟纸透气度 10CU，对 CO、HCN 和 B［a］P 单位焦油释放量的影响较小。

成形纸透气度每增加 1000CU，巴豆醛和苯酚单位焦油释放量为正值，其他指标为负值，但是数据较小，说明成形纸透气度每增加 1000CU 对 7 项指标释放量的选择性影响较小。

接装纸透气度每增加 100CU，CO 和 HCN 单位焦油释放量为负值，其中 HCN 为−2.01%，说明接装纸透气度增加 100CU，HCN 单位焦油释放量明显降低，其他指标均为正值，其中 NNK、NH₃、苯酚和苯并 ［a］芘值较高，说明接装纸透气度增加 100CU，上述指标单位焦油释放量明显升高。

滤棒压降每增加 400Pa，NNK、NH₃ 和苯酚单位焦油释放量为负值，其中苯酚为−4.01%，说明滤棒压降增加 400Pa，苯酚单位焦油释放量明显降低，其他指标均为正值，其中 CO 和巴豆醛分别为 2.57% 和 3.76%，说明滤棒压降增加 400Pa，CO 和巴豆醛单位焦油释放量明显升高。5 种卷烟材料参数变化对 7 种有害成分单位焦油释放量的影响见表 7-3。

表 7-3 卷烟材料参数变化对烤烟型卷烟 7 种成分单位焦油释放量影响程度

单位：%

因素	卷烟纸定量	卷烟纸透气度	成形纸透气度	接装纸透气度	滤棒压降
变化值	+1g/m²	+10CU	+1000CU	+100CU	+400 Pa
CO	1.59	−0.37	−0.11	−0.67	2.57
NNK	−0.86	3.18	−0.71	2.99	−1.83
NH₃	−0.11	1.93	0.03	1.63	−1.48
HCN	0.14	−1.14	0.05	−2.01	1.57
巴豆醛	1.00	2.85	0.55	0.1	3.76
苯酚	−1.65	1.87	0.45	2.19	−4.01
苯并 ［a］芘	−0.92	−1.25	0.13	2.1	0.77

四、卷烟材料参数变化对混合型卷烟 9 种成分释放量影响

卷烟材料参数变化对混合型卷烟的 9 种成分释放量影响与烤烟型卷烟有一定的差别，本节以卷烟纸定量、卷烟纸透气度、成形纸透气度、接装纸透气度和滤棒压降五个参数为考察对象，重点介绍了卷烟材料参数在卷烟产品常规设计范围内的变化对混合型卷烟 9 种成分释放量的影响程度和影响幅度。

1. 一氧化碳（CO）

CO 释放量随着卷烟纸定量增加而增加，其他 4 项卷烟材料参数增加导致 CO 释放量降低，混合型卷烟卷烟材料变化对 CO 释放量的影响趋势与烤烟型

卷烟基本一致，但变化幅度与烤烟型卷烟有一定的差别。其中卷烟纸定量、成形纸透气度和滤棒压降对 CO 释放量影响较小，最大变化幅度不超过 5%，卷烟纸透气度和接装纸透气度对 CO 释放量影响较大，卷烟纸透气度从 20CU 增加到 80CU，CO 释放量降低幅度达到 19%，接装纸透气度从 0CU 到 1200CU，CO 释放量降低幅度达到 52%。CO 在卷烟材料设计范围内变化幅度（混合型）见图 7-17。

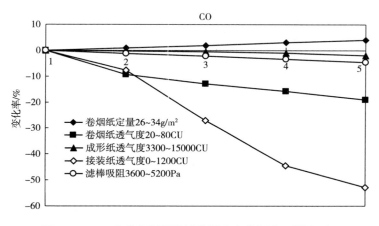

图 7-17　CO 在卷烟材料设计范围内变化幅度（混合型）

2. 烟草特有亚硝胺（NNK）

NNK 释放量随着卷烟纸定量的增加基本保持不变，NNK 释放量随着卷烟纸透气度、成形纸透气度、接装纸透气度、滤棒压降的增加而降低，呈现负相关关系。卷烟纸定量和卷烟纸透气度对 NNK 释放量影响较小。成形纸透气度、接装纸透气度和滤棒压降对 NNK 释放量影响较大。按照对 NNK 释放量影响由大到小排序为接装纸透气度>滤棒压降>成形纸透气度>卷烟纸透气度>卷烟纸定量。

成形纸透气度从 3300CU 增加到 15000CU，NNK 释放量降低幅度达到 11%，滤棒压降从 3600Pa 增加到 5200Pa，NNK 释放量降低幅度达到 22%，接装纸透气度从 0CU 到 1200CU，NNK 释放量降低幅度达到 30%。卷烟材料降低混合型卷烟烟气中的 NNK 释放量首选方法为增加接装纸透气度，其次是增加滤棒压降。NNK 在卷烟材料设计范围内变化幅度（混合型）见图 7-18。

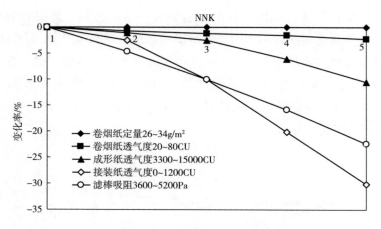

图 7-18　NNK 在卷烟材料设计范围内变化幅度（混合型）

3. 氨（NH_3）

NH_3 释放量随着卷烟纸定量、卷烟纸透气度、成形纸透气度、接装纸透气度、滤棒压降的增加而降低，呈现负相关关系。卷烟纸定量、卷烟纸透气度和成形纸透气度对 NH_3 释放量影响较小。卷烟纸透气度和滤棒压降对 NH_3 释放量影响较大，接装纸透气度对 NH_3 释放量影响最大。按照对 NH_3 释放量影响由大到小排序为接装纸透气度>滤棒压降≈卷烟纸透气度>卷烟纸定量>成形纸透气度。

滤棒压降从 3600Pa 增加到 5200Pa 或卷烟纸透气度从 20CU 到 80CU，NH_3 释放量降低幅度均达到 14%左右。接装纸透气度从 0CU 到 1200CU，NH_3 释放量降低幅度达到 45%。卷烟材料降低混合型卷烟烟气中的 NH_3 释放量首选方法为增加接装纸透气度，其次是增加滤棒压降或增加卷烟纸透气度。NH_3 在卷烟材料设计范围内变化幅度（混合型）见图 7-19。

4. 氢氰酸（HCN）

HCN 释放量随着成形纸透气度、滤棒压降、卷烟纸透气度、接装纸透气度的增加而降低，呈现负相关关系。HCN 释放量随着卷烟纸定量增加而增加，呈现正相关关系。卷烟纸定量、滤棒压降和成形纸透气度对 HCN 释放量影响较小，最大变化幅度不超过 10%；卷烟纸透气度和接装纸透气度对 HCN 释放量影响较大。按照对 HCN 释放量影响由大到小排序为接装纸透气度>卷烟纸透气度>滤棒压降>卷烟纸定量>成形纸透气度。

卷烟纸透气度从 20CU 增加到 80CU，HCN 释放量降低幅度为 21%，接装

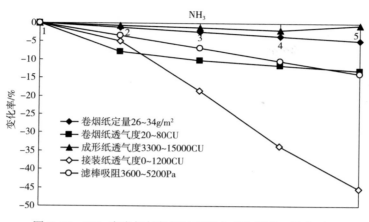

图 7-19　NH_3 在卷烟材料设计范围内变化幅度（混合型）

纸透气度从 0CU 到 1200CU，HCN 释放量降低幅度为 63%。卷烟材料降低混合型卷烟烟气中的 HCN 释放量首选方法为增加接装纸透气度，其次是增加卷烟纸透气度。HCN 在卷烟材料设计范围内变化幅度（混合型）见图 7-20。

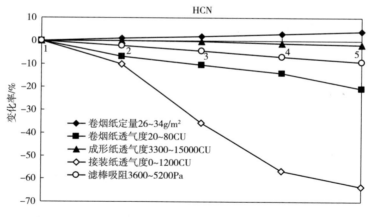

图 7-20　HCN 在卷烟材料设计范围内变化幅度（混合型）

5. 巴豆醛

巴豆醛释放量随着接装纸透气度、成形纸透气度、卷烟纸透气度的增加而降低，呈现负相关关系；巴豆醛释放量随着卷烟纸定量的增加而增加，呈现正相关关系；滤棒压降对巴豆醛释放量基本没有影响。卷烟纸定量、卷烟纸透气度、滤棒压降对巴豆醛释放量影响较小，成形纸透气度和接装纸透气度对巴豆醛释放量影响较大。

成形纸透气度从 3300CU 到 15000CU，巴豆醛释放量降低幅度达到 14%，接装纸透气度从 0CU 到 1200CU，巴豆醛释放量降低幅度达到 47%。卷烟材料降低混合型卷烟烟气中的巴豆醛释放量首选方法为增加接装纸透气度，其次是增加成形纸透气度。巴豆醛在卷烟材料设计范围内变化幅度（混合型）见图 7-21。

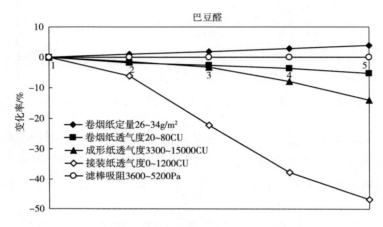

图 7-21　巴豆醛在卷烟材料设计范围内变化幅度（混合型）

6. 苯酚

苯酚释放量随着卷烟纸定量、卷烟纸透气度、接装纸透气度和滤棒压降的增加而降低，呈现负相关关系。苯酚释放量随着成形纸透气度增加基本没有变化。成形纸透气度对苯酚释放量影响较小，最大变化幅度不超过 10%，卷烟纸定量、卷烟纸透气度、接装纸透气度和滤棒压降对苯酚释放量影响较大。按照对苯酚释放量影响由大到小排序为滤棒压降>接装纸透气度>卷烟纸透气度>卷烟纸定量>成形纸透气度。

卷烟纸定量从 $26g/m^2$ 到 $34g/m^2$，苯酚释放量降低幅度达到 15%，卷烟纸透气度从 20CU 到 80CU，苯酚释放量降低幅度达到 28%，接装纸透气度从 0CU 到 1200CU，苯酚释放量降低幅度达到 31%，滤棒压降从 3600 Pa 增加到 5200 Pa，苯酚释放量降低幅度达到 33%。卷烟材料降低混合型卷烟烟气中的苯酚释放量首选方法为增加滤棒压降和接装纸透气度，其次是增加卷烟纸透气度。苯酚在卷烟材料设计范围内变化幅度（混合型）见图 7-22。

7. 苯并［a］芘

苯并［a］芘释放量随着卷烟纸定量、卷烟纸透气度、成形纸透气度、接

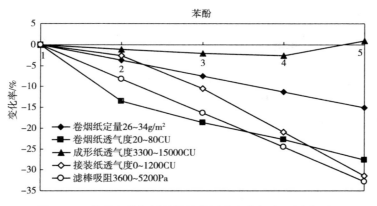

图 7-22　苯酚在卷烟材料设计范围内变化幅度（混合型）

装纸透气度和滤棒压降的增加而降低，呈现负相关关系。卷烟纸定量、滤棒压降和成形纸透气度对苯并［a］芘释放量影响较小，卷烟纸透气度和接装纸透气度对苯并［a］芘释放量影响较大。按照对苯并［a］芘释放量影响由大到小排序为接装纸透气度>卷烟纸透气度>滤棒压降>卷烟纸定量>成形纸透气度。

　　卷烟纸透气度从 20CU 到 80CU，苯并［a］芘降低幅度达到 16%，接装纸透气度从 0CU 到 1200CU，苯并［a］芘释放量降低幅度达到 32%。卷烟材料降低混合型卷烟烟气中的苯酚释放量首选方法为增加接装纸透气度，其次是增加卷烟纸透气度。苯并［a］芘在卷烟材料设计范围内变化幅度（混合型）见图 7-23。

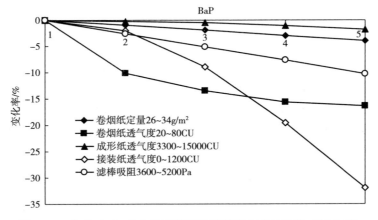

图 7-23　苯并［a］芘在卷烟材料设计范围内变化幅度（混合型）

8. 烟碱

烟碱释放量随着卷烟纸透气度、成形纸透气度、接装纸透气度和滤棒压降的增加而降低，呈现负相关关系。烟碱释放量随卷烟纸定量增加基本保持不变。混合型烟碱释放量随卷烟材料参数的变化趋势与烤烟型基本一致，但影响幅度差别较大。卷烟纸定量和成形纸透气度对烟碱释放量基本没有影响，卷烟纸透气度和滤棒压降对烟碱释放量影响较小，接装纸透气度对烟碱释放量影响最大。按照对烟碱释放量影响由大到小排序为接装纸透气度>滤棒压降≈卷烟纸透气度>成形纸透气度>卷烟纸定量。

接装纸透气度从 0CU 到 1200CU，烟碱释放量降低幅度达到 33%。卷烟材料降低混合型卷烟烟气中的烟碱释放量首选方法为增加接装纸透气度。烟碱在卷烟材料设计范围内变化幅度（混合型）见图 7-24。

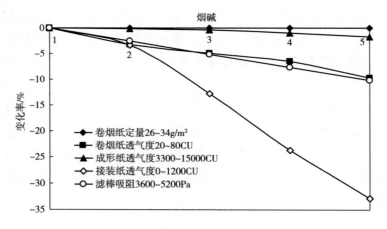

图 7-24　烟碱在卷烟材料设计范围内变化幅度（混合型）

9. 焦油

焦油释放量随着卷烟纸定量增加、卷烟纸透气度、成形纸透气度、接装纸透气度和滤棒压降的增加而降低，呈现负相关关系。焦油释放量随着卷烟纸定量增加而增加，呈现正相关关系。卷烟纸定量、卷烟纸透气度和成形纸透气度对焦油释放量影响很小，滤棒压降对焦油释放量影响较大，接装纸透气度对焦油释放量影响最大。按照对焦油释放量影响由大到小排序为接装纸透气度>滤棒压降>卷烟纸透气度>成形纸透气度>卷烟纸定量。

滤棒压降从 3600Pa 增加到 5200Pa，烟焦油释放量降低幅度达到 13%，接装纸透气度从 0CU 到 1200CU，烟焦油释放量降低幅度达到 55%。卷烟材料降低混合型卷烟烟气中的焦油释放量首选方法为增加接装纸透气度，其次是增加滤棒压降。焦油在卷烟材料设计范围内变化幅度（烤烟型）见图 7-25。

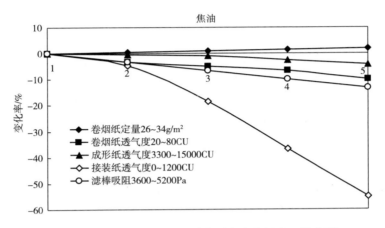

图 7-25　焦油在卷烟材料设计范围内变化幅度（混合型）

10. 卷烟材料参数单位变化对混合型卷烟 9 种成分释放量影响程度

对于混合型卷烟，卷烟纸定量每增加 1g/m²，苯酚降低 1.89%，氨降低 0.60%，CO 升高 0.69%，其他指标变化幅度不大；卷烟纸透气度每增加 10CU，CO、NH_3、HCN、苯酚、苯并［a］芘、烟碱和焦油分别降低 3.99%、3.10%、3.46%、5.81%、4.05%、1.62% 和 1.67%，NNK 和巴豆醛变化幅度不大；成形纸透气度每增加 1000CU，巴豆醛降低 1.21%，其他指标变化幅度不大；接装纸透气度每增加 100CU，所有有害成分释放量均有较明显地降低，CO、NNK、NH_3、HCN、巴豆醛、苯酚、苯并［a］芘、烟碱和焦油分别降低 6.10%、2.51%、4.41%、7.88%、5.09%、2.61%、2.35%、3.06% 和 4.60%；滤棒压降每增加 400Pa，CO、NNK、NH_3、HCN、苯酚、苯并［a］芘、烟碱和焦油分别降低 1.12%、5.13%、3.44%、2.25%、8.18%、2.56%、2.54% 和 3.31%，巴豆醛变化幅度不大。卷烟材料参数单位变化对混合型卷烟 9 种成分释放量影响程度见表 7-4。

表 7-4　　卷烟材料参数单位变化对混合型卷烟 9 种成分释放量影响程度　单位:%

因素	卷烟纸定量	卷烟纸透气度	成形纸透气度	接装纸透气度	滤棒压降
变化值	$+1g/m^2$	+10CU	+1000CU	+100CU	+400Pa
CO	0.69	-3.99	-0.16	-6.10	-1.12
NNK	0.00	-0.38	-0.91	-2.51	-5.13
NH₃	-0.60	-3.10	-0.33	-4.41	-3.44
HCN	0.49	-3.46	-0.16	-7.88	-2.25
巴豆醛	0.48	-0.90	-1.21	-5.09	0.00
苯酚	-1.89	-5.81	-0.49	-2.61	-8.18
苯并 [a] 芘	-0.49	-4.05	-0.16	-2.35	-2.56
烟碱	0.00	-1.62	-0.14	-3.06	-2.54
焦油	0.26	-1.67	-0.36	-4.60	-3.31

五、卷烟材料参数变化对混合型卷烟 7 种有害成分单位焦油释放量的影响

对于卷烟 7 种有害成分的选择性降低效果的评价,一般采用 7 种有害成分的单位焦油释放量来表征。本节以卷烟纸克重 $26g/m^2$,卷烟纸透气度 40CU,成形纸透气度 3300CU,接装纸透气度 100CU,滤棒压降 3600Pa 为基准参数,重点介绍了卷烟材料参数在卷烟产品常规设计范围内的变化对烤烟型卷烟 7 种成分单位焦油释放量的影响。

1. 一氧化碳（CO）

随着滤棒压降增加,CO 单位焦油释放量逐渐增加,最大幅度达到 10%,说明此时焦油释放量的降低幅度大于 CO 的降低幅度,即通过增加滤棒压降不能选择性降低 CO;成形纸透气度和卷烟纸克重变化时,CO 单位焦油释放量基本不变,表明 CO 和焦油释放量同步下降;随着卷烟纸透气度和接装纸透气度的增加,CO 单位焦油释放量逐渐降低,说明此时焦油释放量的降低幅度小于 CO 释放量的降低幅度,增加卷烟纸透气度和成形纸透气度可以一定程度上选择性降低 CO。CO 在卷烟材料设计范围内单位焦油变化幅度（混合型）见图 7-26。

2. 烟草特有亚硝胺（NNK）

随着卷烟纸透气度和接装纸透气度增加,NNK 单位焦油释放量逐渐增加,最大幅度分别达到 9% 和 27%,说明此时焦油释放量的降低幅度大于 NNK 的

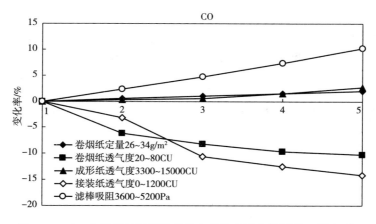

图7-26　CO在卷烟材料设计范围内单位焦油变化幅度（混合型）

降低幅度，即通过增加卷烟纸透气度和接装纸透气度不能选择性降低 NNK；成形纸透气度和卷烟纸克重变化时，NNK 单位焦油释放量基本不变，表明 NNK 和焦油释放量同步下降；随着滤棒压降的增加，NNK 单位焦油释放量逐渐降低，最大降幅达到 10%，说明此时焦油释放量的降低幅度小于 NNK 释放量的降低幅度，即通过增加成滤棒压降可以一定程度上选择性降低 NNK。NNK 在卷烟材料设计范围内单位焦油变化幅度（混合型）见图7-27。

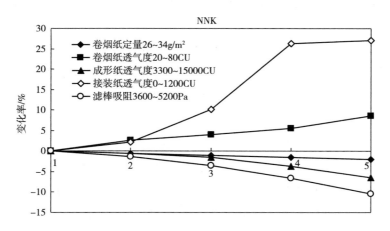

图7-27　NNK在卷烟材料设计范围内单位焦油变化幅度（混合型）

3. 氨（NH_3）

随着接装纸透气度增加，NH_3 单位焦油释放量逐渐增加，最大幅度达到

22%，说明此时焦油释放量的降低幅度大于 NH_3 的降低幅度，增加接装纸透气度不能选择性降低 NH_3；卷烟纸透气度、滤棒压降、成形纸透气度和卷烟纸克重变化，NH_3 单位焦油释放量基本不变，表明 NH_3 和焦油释放量同步下降。NH_3 在卷烟材料设计范围内单位焦油变化幅度（混合型）见图 7-28。

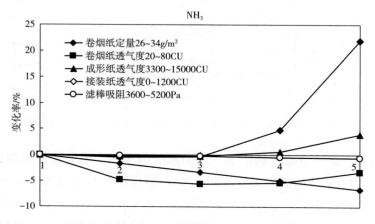

图 7-28　NH_3 在卷烟材料设计范围内单位焦油变化幅度（混合型）

4. 氢氰酸（HCN）

滤棒压降、成形纸透气度和卷烟纸克重变化，HCN 单位焦油释放量基本不变，表明 HCN 和焦油释放量同步下降；随着卷烟纸透气度和接装纸透气度的增加，HCN 单位焦油释放量逐渐降低，最大降幅分别为 12% 和 33%，说明此时焦油释放量的降低幅度小于 HCN 释放量的降低幅度，增加卷烟纸透气度和接装纸透气度可以一定程度上选择性降低 HCN。HCN 在卷烟材料设计范围内单位焦油变化幅度（混合型）见图 7-29。

5. 巴豆醛

随着滤棒压降的增加，巴豆醛单位焦油释放量逐渐增加，最大幅度达到15%，说明此时焦油释放量的降低幅度大于巴豆醛的降低幅度，增加滤棒压降不能选择性降低巴豆醛；卷烟纸透气度、接装纸透气度和卷烟纸克重变化，巴豆醛单位焦油释放量基本不变，表明巴豆醛和焦油释放量同步下降；随着成形纸透气度的增加，巴豆醛单位焦油释放量逐渐降低，最大幅度达到10%，说明此时焦油释放量的降低幅度小于巴豆醛释放量的降低幅度，增加成形纸透气度可以一定程度上选择性降低巴豆醛。巴豆醛在卷烟材料设计范围内单

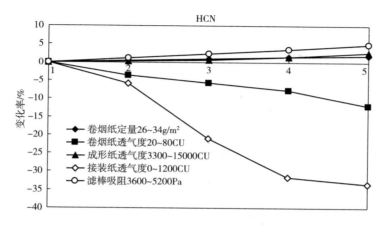

图 7-29 HCN 在卷烟材料设计范围内单位焦油变化幅度（混合型）

位焦油变化幅度（混合型）见图 7-30。

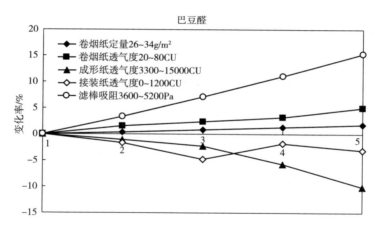

图 7-30 巴豆醛在卷烟材料设计范围内单位焦油变化幅度（混合型）

6. 苯酚

随着接装纸透气度增加，苯酚单位焦油释放量逐渐增加，最大幅度达到
52%，说明此时焦油释放量的降低幅度大于苯酚的降低幅度，增加接装纸透
气度不能选择性降低苯酚；成形纸透气度变化，苯酚单位焦油释放量基本不
变，表明苯酚和焦油释放量同步下降；随着卷烟纸克重、卷烟纸透气度和滤
棒压降的增加，苯酚单位焦油释放量逐渐降低，最大降幅分别为 17%、20%
和 22%，说明此时焦油释放量的降低幅度小于苯酚释放量的降低幅度，增加

卷烟纸克重、卷烟纸透气度和滤棒压降可以一定程度上选择性降低苯酚。苯酚在卷烟材料设计范围内单位焦油变化幅度（混合型）见图7-31。

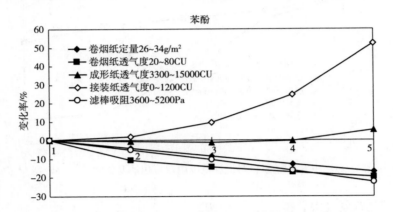

图7-31 苯酚在卷烟材料设计范围内单位焦油变化幅度（混合型）

7. 苯并［a］芘

随着接装纸透气度增加，苯并［a］芘单位焦油释放量逐渐增加，最大幅度达到52%，说明此时焦油释放量的降低幅度大于苯并［a］芘的降低幅度，增加接装纸透气度不能选择性降低苯并［a］芘；卷烟纸克重、滤棒压降、成形纸透气度和卷烟纸透气度变化，苯酚单位焦油释放量基本不变，表明苯并［a］芘和焦油释放量同步下降。苯并［a］芘在卷烟材料设计范围内单位焦油变化幅度（混合型）见图7-32。

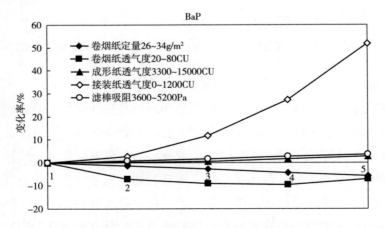

图7-32 苯并［a］芘在卷烟材料设计范围内单位焦油变化幅度（混合型）

8. 卷烟材料参数变化对混合型卷烟 7 种有害成分单位焦油量释放量影响程度

对于混合型卷烟，卷烟纸克重每增加 $1g/m^2$，CO、HCN 和巴豆醛单位焦油释放量的影响为正值，NNK、NH_3、苯酚和苯并［a］芘单位焦油释放量为负值，上述 7 项指标数值较小，说明卷烟纸克重每增加 $1g/m^2$ 对 7 项指标释放量的选择性影响较小。

卷烟纸透气度每增加 10CU，NNK 和巴豆醛单位焦油释放量的影响为正值，其降低幅度小于焦油，其中 NNK 为 1.29%，说明增加卷烟纸透气度 10CU，在降低焦油释放量的同时，NNK 单位焦油释放量明显升高。CO、NH_3、HCN、苯酚和苯并［a］芘单位焦油释放量的影响为负值，其降低幅度大于焦油，分别为 -2.32%、-1.43%、-1.79%、-4.14% 和 -2.38%，说明增加卷烟纸透气度 10CU，在降低焦油释放量的同时，CO、NH_3、HCN、苯酚和苯并［a］芘单位焦油释放量明显降低。

成形纸透气度每增加 1000CU，各项指标单位焦油释放量变化较小，说明成形纸透气度每增加 1000CU 对 7 项指标释放量的选择性影响较小。

接装纸透气度每增加 100CU，CO、HCN 和巴豆醛单位焦油释放量为负值，其中 CO 和 HCN 分别为 -1.50% 和 -3.28%，说明接装纸透气度增加 100CU，CO 和 HCN 单位焦油释放量明显降低，其他指标均为正值，其中 NNK、苯酚和 BaP 值较高，说明接装纸透气度增加 100CU，上述指标单位焦油释放量明显升高。

滤棒压降每增加 400Pa，NNK、NH_3 和苯酚单位焦油释放量为负值，其中苯酚为 -4.87%，说明滤棒压降增加 400 Pa，苯酚单位焦油释放量明显降低，其他指标均为正值，其中 CO 和巴豆醛分别为 2.19% 和 3.31%，说明滤棒压降增加 400 Pa，CO 和巴豆醛单位焦油释放量明显升高。卷烟材料参数变化对混合型卷烟 7 种成分单位焦油释放量影响程度见表 7-5。

表 7-5　卷烟材料参数变化对混合型卷烟 7 种成分单位焦油释放量影响程度

单位:%

因素	卷烟纸定量	卷烟纸透气度	成形纸透气度	接装纸透气度	滤棒压降
变化值	$+1g/m^2$	+10CU	+1000CU	+100CU	+400 Pa
CO	0.43	-2.32	0.20	-1.50	2.19
NNK	-0.26	1.29	-0.55	2.09	-1.82

续表

因素	卷烟纸定量	卷烟纸透气度	成形纸透气度	接装纸透气度	滤棒压降
NH_3	-0.86	-1.43	0.03	0.19	-0.13
HCN	0.23	-1.79	0.2	-3.28	1.06
巴豆醛	0.22	0.77	-0.85	-0.49	3.31
苯酚	-2.15	-4.14	-0.13	1.99	-4.87
苯并 [a] 芘	-0.75	-2.38	0.20	2.25	0.75

第二节　卷烟材料降焦减害的技术集成应用实例

卷烟产品由烟丝和卷烟材料组成，卷烟有害成分生成机理复杂，释放量水平受多种因素的影响。卷烟产品中9种成分释放量除与卷烟材料参数有密切关系以外，还受到烟叶原料、叶组配方、加工工艺等变化的影响。实现卷烟降焦减害的目的，并非是独立应用某一项技术就能达到的。只有在综合应用各项技术，发挥各自专长的前提下进行多方面的技术集成应用，才能实现卷烟产品降焦减害的目标。从而实现以卷烟产品为最终技术载体，在卷烟感官品质稳定，甚至稳中有升的基础上，实现卷烟产品主流烟气中9种有害成分释放量的降低或选择性降低。目前国内烟草生产企业致力于卷烟产品的减害降焦技术的集成应用取得了一定的成果。本节主要通过对几个代表性降焦减害技术集成应用实例的介绍，为卷烟产品的降焦减害提供模式和参考。

一、选择性减害技术集成实例

A 企业卷烟产品苯并 [a] 芘释放量偏高，为了选择性降低卷烟主流烟气中苯并 [a] 芘释放量，该企业系统考察了材料设计、叶组配方、工艺优化、功能性添加剂等烟支设计重要因素，形成了一套卷烟的降低苯并 [a] 芘的集成技术。在着眼苯并 [a] 芘这一单项卷烟危害性指标化合物的同时，综合考量对其他六项指标的影响，保证卷烟 H 值整体上有所下降。

1. 技术可行性分析

首先对原料配方、辅材参数、新材料应用、加工参数等可能影响卷烟产品的主流烟气中苯并 [a] 芘释放量的因素进行分析，得出各因素对降低主流烟气中苯并 [a] 芘释放量技术可行性进行分析，分析结果表 7-6 所示。

表 7-6 降低主流烟气中苯并［a］芘释放量技术提炼总结

	影响因素	技术建议	作用程度	生产适应性
原料配方	产地	增加低前体烟叶	++	中等
	部位	增加上部烟叶	++	可行
	新型膨胀梗丝	增加	++	可行
	薄片	增加	++	可行
辅料调整	卷烟纸透气度	增加	+	可行
	嘴棒长度	减短	+	不可行
	水松纸透气度	增加	+	可行
	嘴棒吸阻	增加	+	可行
新材料应用	低危害、低苯并［a］芘卷烟纸	采用	++	可行
	疏槽嘴棒	采用	++	可行
	烟丝助燃剂	加入	+	可行
加工工艺	松散回潮热风温度	64℃		中等
	烘丝热风温度	90/93℃	+	中等
	HT 工作蒸汽流量	30/60kg/h		中等
	排潮风门开度	65%	+	中等

注：++表示明显作用，+表示一定作用。

2. 技术集成与生产适应性评价

集成原料平衡规划技术、减害配方技术、定向减害卷烟材料开发与优化技术、全配方工艺减害技术，实现低苯并［a］芘释放量的低危害卷烟设计、维护与生产。

（1）原料平衡规划技术 产地因素改变对苯并［a］芘释放量有显著影响，通过统计分析，获得还原糖、钾和蛋白质的限值分别为 21.94 以上、2 以上和 7.05 以上，多酚总量为 25.42 以下和甾醇总量为 949.7 以下时，可作为单位焦油苯并［a］芘含量在 1.04ng/mg 以下的样品筛选的限值范围。按照限制范围，给予叶组配方设计更大的减害操作空间针对高苯并［a］芘释放量卷烟规格，在制订原料模块方案时，针对性设计低苯并［a］芘模块进入配方，设计出低苯并［a］芘释放量的原料模块，用于特定卷烟规格的开发或维护。

（2）减害配方技术 从烟气分析数据来看，烟叶部位对单位焦油苯并

［a］芘释放量影响显著，上部烟叶的单位焦油苯并［a］芘释放量较低。考虑增加上部烟叶用量这一技术途径，较为符合产品改造实际情况，叶组配方调整难度较小，整体感官风格不易发生较大负面变化。

适当增大新型膨胀烟丝用量，增加薄片丝用量，可以选择性降低苯并［a］芘释放量。气流干燥法膨胀烟丝工艺成熟，生产实现程度高，且在叶组配方中容易协调。通过填充料改变降低苯并［a］芘技术手段可行，但考虑到老产品维护中的原配方结构使用膨胀梗丝及薄片丝比例，大幅增加用量并不现实，因此，必须综合考虑配方技术降低苯并［a］芘手段为在叶组配方设计过程中，以焦油量、危害性指数和苯并［a］芘释放量为关键控制指标，以"三丝"有害成分释放量模型为指导，应用新型烟丝、梗丝处理技术，开发具有低特定有害成分释放量的叶组配方。

（3）定向减害辅料开发与优化技术　增加卷烟纸透气度、接装纸透气度以及嘴棒吸阻可以降低苯并［a］芘释放量。但从选择性降低苯并［a］芘的效果来看，随着焦油释放量的降低，选择性降低苯并［a］芘的难度增加。从嘴棒结构考虑，通过调整二元复合滤棒前后半段丝束规格和吸阻，可以选择性降低苯并［a］芘释放量。功能性嘴棒考察表明除同轴芯嘴棒可一定程度选择性降低苯并［a］芘释放量外，其他嘴棒对单位焦油、苯并［a］芘释放量均有一定程度升高。水松纸打孔结构来看，在实际生产中，选择合适的打孔孔密度有利于降低苯并［a］芘的释放量，打孔孔密度并不是越高越好。调整打孔位置，使其接近唇端，能够降低苯并［a］芘释放量，但对单位焦油、苯并［a］芘释放量的控制作用不明显。

低害、低苯并［a］芘卷烟纸应用于卷烟产品中，能够降低苯并［a］芘释放量。经感官评吸，该卷烟纸对卷烟感官品质无负面影响，具有工业可应用性。

疏槽嘴棒作为一种新型的功能性嘴棒，能够明显增大烟气横向流动的面积，增大烟气中被过滤的焦油量，有效降低烟气中焦油及各项有害成分释放量，具有工业可应用性。

由此产出的定向减害辅料开发与优化技术为：在保证卷烟危害性指数不升高的前提下，以降低卷烟主流烟气苯并［a］芘释放量为目标，设计开发功能性卷烟纸、嘴棒，辅以"三纸一棒"参数优化，实现低苯并［a］芘释放量的低危害卷烟产品设计与开发。

（4）全配方工艺减害技术　通过对现行参数进行小幅度优化，在保证焦油量和感官质量稳定的前提下，实现卷烟主流烟气苯并［a］芘释放量一定程度的降低。

3. 集成技术应用

为了实现选择性降低卷烟产品主流烟气苯并［a］芘释放量，A 企业共进行了四次技术集成。第 1 次选择性降苯并［a］芘技术集成验证——叶组配方优化，辅料设计参数优化；第 2 次选择性降苯并［a］芘技术集成验证——降苯并［a］芘专用卷烟纸，嘴棒降低吸阻，降低接装纸透气度，叶组配方优化（适当提高上部烟叶、薄片使用量）；第 3 次选择性降苯并［a］芘技术集成验证——降苯并［a］芘专用卷烟纸，降低滤嘴吸阻，降低接装纸透气度，叶组配方优化（适当提高上部烟叶、薄片使用量）；第 4 次选择性降苯并［a］芘技术集成验证——降苯并［a］芘专用卷烟纸，优化叶组配方（适当提高上部烟叶、薄片用量）。

经过四次技术集成应用，实现了苯并［a］芘的释放量绝对值降低，同时实现了对焦油的相对值的降低，选择性减害成果显著。A 企业卷烟产品苯并［a］芘的释放量由 2008 年的 12.4ng/支降低到 2014 年的 7.6ng/支，下降 38.7%，苯并［a］芘单位焦油释放量由 2008 年的 0.98ng/mg 降低为 2014 年的 0.69ng/mg，特别是 2014 年，在全国单位焦油苯并［a］芘释放量上升的形势下，A 企业产品首次低于全国平均水平。A 企业产品单位焦油苯并［a］芘释放量与全国平均水平比较图如图 7-33 所示。

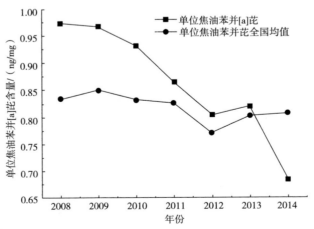

图 7-33　A 企业产品单位焦油苯并［a］芘释放量与全国平均水平比较图

二、降焦减害集成技术应用实例

国内某中烟公司，根据公司品牌"B"主规格产品辅材/配方参数特点、有害成分释放量状况，结合公司品牌发展的战略规划，将综合降焦减害技术体系针对性地应用于指导各主导规格产品的改造和低害新产品的开发中，切实有效地降低了品牌的危害性。

1. 品牌降焦减害的集成设计方案

2010 年该中烟公司在卷烟降焦方面取得良好的成效，但在卷烟减害方面进展缓慢，"B"品牌减害形势严峻。因此，公司着力加快常规减害技术在生产中的转化应用，推进减害技术研究成果的落地应用，通过减害预测模型指导"B"品牌高焦油主规格产品 7 种辅材参数和 3 种配方参数的优化调整，力争短时间内有效降低"B"卷烟烟气有害成分和危害指数。结合品牌的产量目标规划，到 2011 年品牌卷烟危害指数将降至 8.5；到 2012 年度，"B"品牌卷烟危害指数将降至 8.3；到 2013—2015 年度，"B"品牌卷烟危害指数将维持在 8.2（见表 7-7）。

2. 品牌降焦减害技术的集成应用

根据制定的减害方案，2011~2015 年度该中烟逐步对"B"品牌卷烟重点规格产品的 7 种辅材参数和 3 种配方参数进行优化调整如表 7-7 所示，具体调整措施如下：

（1）提高卷烟纸透气度和定量 2011 年度通过对 B（软灰）的改造（透气度从 50CU 到 60CU，定量从 $28g/m^2$ 到 $32g/m^2$），以及在"B"通系高端卷烟和低焦卷烟开发中采用较高透气度和定量的卷烟纸，提高了"B"品牌卷烟的卷烟纸透气度和定量，从而有利于危害指数的降低。

（2）提高卷烟纸助燃剂含量和钾盐比例 2011 年度通过对 B（白）的改造（助剂含量增加 2‰，K：Na 比例由 2：1 升至 7：1），以及在"B"通系高端卷烟和低焦卷烟开发中采用较高助燃剂含量和钾含量的卷烟纸，提高了"B"品牌助燃剂含量和钾含量比重，从而有效降低 B（白）和"B"品牌卷烟有害成分和危害指数。

（3）提高滤嘴吸阻和通风率 由于滤嘴吸阻和通风率变化，对"B"经典系类产品感官质量的影响比较大，同时可能会改变其加工工艺条件，因此在"B"经典系类产品改造中没有对其滤嘴吸阻和通风率进行调整，但是在通系产品和纯系低焦产品均采用通风和高吸阻的降焦减害技术。

表 7-7　2011～2015 年度"B"品牌卷烟减害降焦实施措施及危害指数预测

同比 2010 年参数变化值

规格	年份	助剂含量/‰	助剂类型/%	透气度/CU	定量/(g/m²)	亚麻含量/%	滤棒通风率/%	滤棒吸阻/Pa	薄片量/%	梗丝量/%	膨胀量/%	预计产量/万箱	预测 ΔH	预测 H
B (软灰)	2011	+2	-27.5	+10	+4	0	0	0	+3	0	+5	6	-1.26	8.3
	2012	+2	-27.5	10	+4	0	0	0	+7	0	+10	7	-1.70	7.9
	2013	+2	-27.5	10	+4	0	0	0	+7	0	+10	9	-1.70	7.9
	2014	+2	-27.5	10	+4	0	0	0	+10	0	+10	10	-1.80	7.8
	2015	+2	-27.5	10	+4	0	0	0	+10	0	+10	10	-1.80	7.8
B (红)	2011	0	0	0	0	0	0	0	+3	0	+8	17	-0.40	8.5
	2012	0	0	0	0	0	0	0	+8	0	+10	20	-0.78	8.1
	2013	0	0	10	0	0	0	0	+10	0	+10	25	-0.80	8.1
	2014	0	0	10	0	0	0	0	+10	0	+10	30	-0.80	8.1
	2015	0	0	10	0	0	0	0	+10	0	+10	30	-0.80	8.1
B (软红)	2011	0	0	0	0	0	0	0	+3	+5	+10	7	-0.69	8.9
	2012	0	0	0	0	0	0	0	+3	+5	+10	8	-0.69	8.9
	2013	0	0	0	0	0	0	0	+6	+5	+10	10	-0.87	8.7
	2014	0	0	0	0	0	0	0	+6	+5	+10	15	-0.87	8.7
	2015	0	0	0	0	0	0	0	+6	+5	+10	15	-0.87	8.7
B (白)	2011	+2	-21	0	0	0	0	0	+7	0	0	40	-0.73	8.5
	2012	+2	-21	0	0	0	0	0	+9	+3	-6	50	-0.83	8.4
	2013	+2	-21	0	0	0	0	0	+9	+3	0	55	-1.00	8.2
	2014	+2	-21	0	0	0	0	0	+10	+3	0	55	-1.00	8.2
	2015	+2	-21	0	0	0	0	0	+10	+3	0	55	-1.00	8.2

续表

规格	年份	助剂含量/‰	助剂类型/%	透气度/CU	定量/(g/m²)	亚麻含量/%	滤棒通风率/%	滤棒吸阻/Pa	薄片量/%	梗丝量/%	膨胀量/%	预计产量/万箱	预测 ΔH	预测 H
B (豪迈)	2011	+1	0	0	0	0	0	0	0	0	+4	7	-0.21	7.3
	2012	+1	0	0	0	0	0	0	+5	+3	+2	10	-0.70	6.8
	2013	+1	0	0	0	0	0	0	+5	+3	+2	10	-0.70	6.8
	2014	+1	0	0	0	0	0	0	+5	+3	+2	10	-0.70	6.8
	2015	+1	0	0	0	0	0	0	+5	+3	+2	10	-0.70	6.8
B (金)	2011	0	0	0	0	0	0	0	0	+2	+4	5	-0.21	9.0
	2012	0	0	0	0	0	0	0	0	+2	+4	6	-0.21	9.0
	2013	0	0	0	0	0	0	0	0	+2	+4	6	-0.21	9.0
	2014	0	0	0	0	0	0	0	0	+5	+4	6	-0.21	8.9
	2015	0	0	0	0	0	0	0	0	+5	+4	6	-0.21	8.9
B (豪情)	2011	0	0	0	0	0	0	0	+2	+4	-6	40	-0.14	9.4
	2012	0	0	0	0	0	0	0	+2	+7	-6	35	-0.28	9.2
	2013	0	0	0	0	0	0	0	+5	+7	-6	30	-0.46	9.0
	2014	0	0	0	0	0	0	0	+5	+7	-6	40	-0.46	9.0
	2015	0	0	0	0	0	0	0	+5	+7	-6	40	-0.46	9.0

续表

同比2010年参数变化值

规格	年份	助剂含量/‰	助剂类型/%	透气度/CU	定量/(g/m²)	亚麻含量/%	滤棒通风率/%	滤棒吸阻/Pa	薄片量/%	梗丝量/%	膨胀量/%	预计产量/万箱	预测 ΔH	预测 H
B（古田）	2011	0	0	0	0	0	0	0	+2	+4	-6	15	-0.14	9.0
	2012	0	0	0	0	0	0	0	+2	+7	-6	12	-0.28	8.9
	2013	0	0	0	0	0	0	0	+5	+7	-6	10	-0.46	8.7
	2014	0	0	0	0	0	0	0	+5	+7	-6	20	-0.46	8.7
	2015	0	0	0	0	0	0	0	+5	+7	-6	20	-0.46	8.7
B（蓝）	2011	0	0	0	0	0	0	0	0	0	0	15	0	7.1*
	2012	0	0	0	0	0	0	0	+6	0	0	20	0	7.1*
	2013	0	0	0	0	0	0	0	+6	0	0	20	0	7.1*
	2014	0	0	0	0	0	0	0	+6	0	0	20	0	7.1*
	2015	0	0	0	0	0	0	0	+6	0	0	20	0	7.1*
加权平均值	2011	—	—	—	—	—	—	—	—	—	—	152	—	8.5
	2012	—	—	—	—	—	—	—	—	—	—	168	—	8.3
	2013	—	—	—	—	—	—	—	—	—	—	175	—	8.2
	2014	—	—	—	—	—	—	—	—	—	—	206	—	8.3
	2015	—	—	—	—	—	—	—	—	—	—	206	—	8.3

注：*代表2010年度该中烟技术中心实测值。

（4）提高三丝掺兑比例、提高梗丝和薄片的占比　2011—2015 年度，主要通过"经典"系列产品的配方改造和低焦产品的开发，逐步提高了"B"品牌卷烟三丝掺兑总量，其年增幅>10%。由于薄片和梗丝的减害效果要优于膨胀丝，在进行配方改造和新产品开发时，优先选择薄片和梗丝进行减害实验。

3. 品牌降焦减害技术的应用效果

（1）品牌危害指数　2011—2015 年度该中烟通过卷烟辅材设计参数和配方设计参数两方面对"B"品牌卷烟产品进行相应的优化调整，实现了"B"品牌主规格卷烟烟气有害成分和危害指数的有效降低，达到了预期的减害效果。品牌危害指数下降约 10%；大部分有害成分均显著降低。

表 7-8 将有害成分和危害指数的预期结果与国家局的实测值进行了比对分析，从结果可知：通过减害预测模型对主规格卷烟的指导应用，各个规格卷烟危害指数如期降低，且偏差基本小于 8%，品牌卷烟烟气 CO、HCN、NNK、氨和 B［a］P 的加权平均释放量基本按期实现降低的目的。

表 7-8　　　　　H 的数学模型预测值与实际测试值的偏差

类别	规格	年份	预测 ΔH	2010 年 H	预测 H	实际 H	H 预测值与实测值偏差	产量/万箱
高焦油产品主要规格	B（软灰）	2011	−1.26		8.3	8.6*	−3.5%	5.4
		2012	−1.70		7.9	8.3*	−4.8%	7.1
		2013	−1.70	9.6*	7.9	8.5	−7.1%	8.9
		2014	−1.80		7.8	8.3*	−6.0%	11.7
		2015	−1.80		7.8	8.3	−6.0%	12.8
	B（红）	2011	−0.40		8.5	8.2	3.7%	16.5
		2012	−0.78		8.1	8.5	−5.9%	20.6
		2013	−0.80	8.9	8.1	8.9	−9.0%	24.1
		2014	−0.80		8.1	8.7	−6.9%	28.2
		2015	−0.80		8.1	9.4	13.8%	28.3
	B（软红）	2011	−0.69		8.9	8.8	1.1%	7.0
		2012	−0.69		8.9	8.6	3.5%	7.0
		2013	−0.87	9.6*	8.7	8.0	8.7%	8.9
		2014	−0.87		8.7	8.3*	4.8%	10.0
		2015	−0.87		8.7	8.3*	4.8%	10.7

续表

类别	规格	年份	预测 ΔH	2010年 H	预测 H	实际 H	H 预测值与实测值偏差	产量/万箱
		2011	-0.73		8.5	8.2	3.6%	38.7
		2012	-0.83		8.4	8.7	-3.4%	53.2
	B（白）	2013	-1.00	9.2	8.2	8.3	-1.2%	55.0
		2014	-1.00		8.2	8.5	-3.5%	51.5
		2015	-1.00		8.2	8.5	-3.5%	44.6
		2011	-0.21		7.3	7.5*	-2.6%	7.5
		2012	-0.60		6.8	6.7	1.5%	11.1
	B（豪迈）	2013	-0.60	7.5*	6.8	6.6	3.0%	6.0
		2014	-0.60		6.8	6.4	6.3%	7.7
		2015	-0.60		6.8	6.3	7.9%	6.4
		2011	-0.21		9.0	9.0	0.0%	5.3
		2012	-0.21		9.0	8.8	2.3%	5.8
	B（金）	2013	-0.21	9.2	9.0	8.5*	5.9%	5.4
		2014	-0.21		9.0	8.7*	3.4%	3.7
高焦油产品主要规格		2015	-0.21		9.0	8.7*	3.4%	3.2
		2011	-0.14		9.4	9.1	3.3%	40.1
		2012	-0.28		9.2	8.1	13.6%	36.2
	B（豪情）	2013	-0.46	9.5	9.0	9.0	0%	44.9
		2014	-0.46		9.0	8.5	5.9%	33.6
		2015	-0.46		9.0	9.1	1.1%	22.2
		2011	-0.14		9.0	9.3	-3.2%	15.4
		2012	-0.28		8.9	8.9	0.0%	12.2
	B（古田）	2013	-0.46	9.2	8.7	8.4	3.6%	13.7
		2014	-0.46		8.7	8.2	6.1%	14.6
		2015	-0.46		8.7	8.6	1.2%	12.1
		2010	-0.47		8.7	—	—	135.9
		2012	-0.72		8.5	—	—	153.2
	加权平均值	2013	-0.94	9.2	8.3	—	—	166.9
		2014	-0.94		8.4	—	—	171.1
		2015	-0.94		8.4	—	—	127.9

续表

类别	规格	年份	预测 ΔH	2010年 H	预测 H	实际 H	H 预测值与实测值偏差	产量/万箱
低焦油产品主要规格	B（蓝）	2011	—		—	6.5	—	21.3
		2012	—		—	7.0	—	22.5
		2013	—	7.1	—	7.1*	—	18.3
		2014	—		—	7.0*	—	16.9
		2015	—		—	7.0*	—	19.0
B主要规格产品		2011	—		8.5	8.4	1.2%	157.2
		2012	—		8.3	8.2	1.2%	175.7
		2013	—	9.2	8.2	8.4	1.2%	185.2
		2014	—		8.3	8.3	0%	188.1
		2015	—		8.3	8.4	1.2%	159.3

（2）重点规格卷烟有害成分及危害指数　2011—2015年度，该中烟选择"B（白）"（三类烟，12 mg）、"B（红）"（二类烟，12 mg）和"B（豪情）"（四类烟，12 mg）作为研究载体，以 NH_3、苯酚和 B［a］P 为重要研究对象，通过应用常规减害技术对产品的减害改造，从而实现"B（白）"、"B（红）"和"B（豪情）"烟气有害成分和危害指数的下降。此外，通过减害技术的应用，降低了"B（蓝）"（三类烟，8 mg）烟气单位焦油有害成分和危害指数的释放量。

①降低"B（白）"卷烟有害成分及危害指数：通过表7-9可知，2011—2015年度通过"助燃剂含量"、"助燃剂类型"、"薄片含量"、"梗丝含量"和"膨胀丝含量"5个参数对"B（白）"卷烟进行相应的优化调整，实现了"B（白）"卷烟烟气 CO、氨、B［a］P、苯酚和危害指数的有效降低。

表7-9　"B（白）"卷烟烟气有害成分及危害指数的年度状况

年度	焦油	危害指数	CO	HCN	NNK	氨	B［a］P	苯酚	巴豆醛
2010	12.7	9.2	12.9	122.6	4.1	7.6	10.7	18.2	18.3
2011	10.5	8.2	11.8	102	4.2	6.1	9.6	11.2	21.9
2012	11.5	8.7	12.9	114.3	4.5	6.7	9.1	14.9	19.8

续表

年度	焦油	危害指数	CO	HCN	NNK	氨	B［a］P	苯酚	巴豆醛
2013	11.1	8.3	11.6	104.2	4.2	7.2	8.4	14.5	19.5
2014	10.5	8.5	11.5	99.8	4.5	7.2	9.3	15.1	19.8
2015	10.6	8.5	12.4	134.0	3.9	6.8	8.0	13.6	20.0

②选择性降低"B（红）"烟气中 B［a］P：通过表 7-10 和图 7-34 可知，2011—2015 年度该中烟通过"膨胀烟丝含量"和"薄片含量"2 个配方参数优化对"B（红）"卷烟进行相应的调整，在焦油变化不大的情况下，选择性降低了"B（红）"卷烟烟气中 B［a］P，B［a］P 选择性降低率的年度平均值接近 14%；此外，2011—2012 年度氨和苯酚也呈现不同程度选择性下降。

表 7-10　　　　　　　"B（红）"卷烟烟气有害成分和危害指数

年度	焦油	危害指数	CO	HCN	NNK	氨	B［a］P	苯酚	巴豆醛
2010	12.8	8.9	12.0	116.1	3.7	7.5	11.4	15.6	19.1
2011	12.3	8.2	12.2	109.3	4.6	5.8	9.1	11.7	20.5
2012	12.4	8.5	12.6	121.3	4.9	6.6	8.5	12.4	18.7
2013	11.5	8.9	11.5	116.5	4.6	7.6	9.9	15.5	19.0
2014	11.6	8.7	12.0	112.5	5.5	6.8	7.8	15.2	19.2
2015	12.1	9.4	13.1	132.5	4.0	7.4	10.2	17.3	22.4

图 7-34　2011～2015 年度"B（红）"卷烟烟气中 B［a］P 选择性降低率

③降低"B（豪情）"烟气中氨、苯酚和危害指数：以"B（豪情）"为载体，降低膨胀丝的使用比例并提高薄片和梗丝的使用比例，同时提高下部烟叶使用比例，实现"B（豪情）"卷烟烟气中苯酚、氨和危害指数的有效降低。如表7-11和图7-35所示："B（豪情）"危害指数逐年下降，平均降低率0.3；苯酚和B［a］P显著下降，其中，苯酚下降幅度>20%，HCN和氨也有一定程度降低。

表7-11　　"B（豪情）"卷烟烟气中苯酚、氨和危害指数

年度	"B（豪情）"配方设计参数			
	薄片	梗丝	膨胀丝	下部烟叶使用比例
2010	10%	13%	6%	3.3%
2011	12%	17%	0	9.7%
2012	12%	20%	0	18.8%
2013	15%	20%	6%	22%
2014	15%	20%	6%	22%
2015	15%	20%	6%	20%

年度	焦油	危害指数	CO	HCN	NNK	氨	B［a］P	苯酚	巴豆醛
2010	12.6	9.5	12.6	124.1	4.9	8.4	10.5	19.1	16.8
2011	12.1	9.1	13.5	114.8	5.1	5.6	10.8	14.0	23.0
2012	11.1	8.1	13.0	99.2	3.7	5.9	9.6	15.3	17.8
2013	10.0	9.0	11.4	119.3	5.6	8.0	8.1	15.0	19.4
2014	10.0	8.5	11.6	111.1	5.1	7.7	7.8	13.8	18.9
2015	10.7	9.1	12.9	120.8	6.0	7.6	8.6	13.1	20.5

④降低"B（蓝）"烟气中单位焦油危害指数和有害成分：以"B（蓝）"为载体，通过调整国内主要原料产地的使用比例（即减小云南烟叶的使用比例并增加贵州和该烟叶使用比例），并提高薄片的使用比例，实现"B（蓝）"卷烟单位焦油B［a］P、苯酚和危害指数的有效降低。如表7-12和图7-36所示：2011—2015年度"B（蓝）"卷烟单位焦油危害指数均同比2010年下降；单位焦油B［a］P释放量呈逐年下降趋势，平均降低率为6%左右；单位焦油苯酚释放量同比2010年也呈现不同程度下降。其他有害成

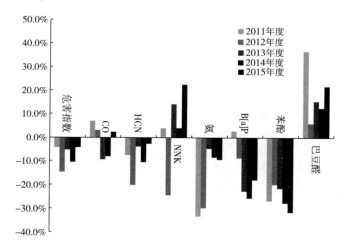

图7-35　"B（豪情）"卷烟烟气中有害成分和危害指数降低率的年度变化

分变化如下：单位焦油 CO 呈现下降趋势；单位焦油巴豆醛呈现上升趋势；其他有害成分单位焦油释放量变化较小。

表 7-12　　　　降低"B（蓝）"危害指数和有害成分释放量结果

年度	"B（蓝）"配方设计参数			
	薄片	梗丝	膨胀丝	国内主要原料产地使用比例
2010	3%	13%	12%	云：（贵+闽）= 1：1.4
2011	3%	13%	12%	云：（贵+闽）= 1：1.75
2012	9%	13%	12%	云：（贵+闽）= 1：1.50
2013	9%	13%	12%	云：（贵+闽）= 1：1.55
2014	9%	13%	12%	云：（贵+闽）= 1：1.60
2015	9%	13%	12%	云：（贵+闽）= 1：1.63

年度	焦油	危害指数	CO	HCN	NNK	氨	B[a]P	苯酚	巴豆醛
2010	8.6	7.1	10.1	90.2	4.0	5.6	9.2	13.5	11.3
2011	8.8	6.5	8.9	71.9	3.4	5.4	7.7	11.3	14.5
2012	9.2	7.0	9.8	102.9	3.8	5.5	6.6	13.8	13.2
2013	9.5	7.1	9.4	95.2	4.0	7.0	7.2	11.3	14.7
2014	9.0	7.0	9.3	92.5	4.0	5.9	6.8	11.1	14.0
2015	8.1	6.5	8.7	95.0	3.0	5.5	7.1	12.6	13.3

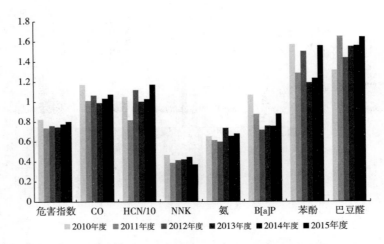

图 7-36 降低 "B（蓝）" 单位焦油危害指数和有害成分释放量结果

参考文献

［1］ Leonard R. E., Effect of tobacco type and paper permeability on the delivery of certain components of cigarette smoke. Kodak tobacco smoke filter know-how, FTR-29, 1976.

［2］ Townsend D. E., Norman A. B., The effects of cigarette paper permeability and air dilution on carbon monoxide production and diffusion from the tobacco rod. 36th TSRC, 1980.

［3］ Browne C. N., The Design of Cigarettes. 1979.

［4］ Lewis D. A., Colbeck I., Mariner D. C., Dilution of mainstream tobacco smoke and its effects upon the evaporation and diffusion of nicotine. J. Aerosol Sci., 1995, 26：841-846.

［5］ 于川芳，罗登山，王芳，等. 卷烟 "三纸一棒" 对烟气特征及感官质量的影响（一）［J］. 中国烟草学报，2001，7（2）：1-7.

［6］ 于川芳，罗登山，王芳，等. 卷烟 "三纸一棒" 对烟气特征及感官质量的影响（二）［J］. 中国烟草学报，2001，9（3）：7-10.

［7］ 魏玉玲，徐金和，胡群，等. 卷烟材料组合搭配对主流烟气量及过滤效率的影响［J］. 数学的实践与认识，2008，38（23）：91-100.

［8］ 魏玉玲，胡群，牟定荣，等. 材料多因素对30mm滤嘴长卷烟主流烟气量及过滤效率的影响［J］. 昆明理工大学学报（理工版），2008，33（4）：84-90.

［9］ 魏玉玲，王建，缪明明，等. 材料多因素对24mm滤嘴长卷烟烟气递送量及过滤效率的影响［J］. 数理统计与管理，2008，27（5）：801-806.

［10］ 魏玉玲，冯洪涛，代家红，等. 27mm滤嘴长卷烟材料多因素对主流烟气递送量及过

滤效率的影响 ［J］．中国烟草学报，2008，14（5）：15-21.

［11］ 魏玉玲，徐金和，廖臻，等．卷烟材料多因素对卷烟通风率及过滤效率的影响
　　　 ［J］．烟草科技，2008，11（9）：13.

［12］ 刘华．卷烟材料与焦油量关系的回归设计与分析 ［J］．烟草科技，2008，5：9-11.

［13］ 魏玉玲，冯洪涛，代家红，等．27mm 滤嘴长卷烟材料多因素对主流烟气递送量及过
　　　 滤效率的影响 ［J］．中国烟草学报，2008，14（5）：15-21.

［14］ 魏玉玲，徐金和，廖臻，等．卷烟材料多因素对卷烟通风率及过滤效率的影响
　　　 ［J］．烟草科技，2008，11（9）：13.

［15］ Wilson S. A., Smoke composition changes resulting from filter ventilation. moke composition
　　　 changes resulting from filter ventilation. Tob. Sci. Res. Conf., 2001, 55：65.

［16］ Christophe L M., Lang L B., Gilles L B., etc, Influence of cigarette paper and filter venti-
　　　 lation on Hoffmann analytes ［C］. 58th TSRC, 2004.

［17］ Case P. D., Branton P. J., Baker R. R., etc, The effect of cigarette design variables on as-
　　　 says of interest to the Tobacco Industry：CORESTA 2005.